ABITUR 2013

Prüfungsaufgaben
mit Lösungen

Physik

Gymnasium
Bayern

STARK

ISBN 978-3-8490-0031-8

3. neu bearbeitete und ergänzte Auflage
www.stark-verlag.de

Inhalt

Vorwort
Stichwortverzeichnis

Hinweise und Tipps zum Abitur

Schriftliche Abiturprüfung I
Mündliche Abiturprüfung (Kolloquium) III
Bewährte Strategien für das Lösen physikalischer Aufgabenstellungen VIII
Operatoren IX
Zum Umgang mit diesem Buch XI

Übungsaufgaben zur schriftlichen Abiturprüfung

Themenbereich I: Elektromagnetische Felder, Relativitätstheorie
Übungsaufgabe 1: Elektronenbeugung 1
Übungsaufgabe 2: Phänomene bei der Wellenausbreitung 5
Übungsaufgabe 3: Gewitterwolke 9
Übungsaufgabe 4: Ungedämpfte elektromagnetische Schwingungen und Wellen 12
Übungsaufgabe 5: Halleffekt 18
Übungsaufgabe 6: Hypothetische Protonenbeschleuniger 20
Übungsaufgabe 7: Schwingkreis 25

Themenbereich II: Aufbau der Materie
Übungsaufgabe 8: Photonen 28
Übungsaufgabe 9: Fotoeffekt 30
Übungsaufgabe 10: Materiewellen 34
Übungsaufgabe 11: Röntgenstrahlung 37
Übungsaufgabe 12: Absorptionsspektren 41
Übungsaufgabe 13: Altersbestimmung beim Wein 45
Übungsaufgabe 14: Kernspaltung 49

Fortsetzung nächste Seite

Themenbereich III: Astrophysik

Übungsaufgabe 15: Jupitermond Europa 54
Übungsaufgabe 16: Rotation der Sonne 57
Übungsaufgabe 17: Eros und NEAR 61
Übungsaufgabe 18: Sonnenprotuberanzen und Polarlichter 65
Übungsaufgabe 19: Unsere Galaxis 69

Aufgaben im Stil der neuen Abiturprüfung

Prüfungsaufgabe 1 (Aufgabe zu I + Aufgabe zu II oder III)

Themenbereich I: Elektromagnetische Felder, Relativitätstheorie 73
Themenbereich II: Aufbau der Materie 84
Themenbereich III: Astrophysik 93

Prüfungsaufgabe 2 (Aufgabe zu I + Aufgabe zu II oder III)

Themenbereich I: Elektromagnetische Felder, Relativitätstheorie 101
Themenbereich II: Aufbau der Materie 110
Themenbereich III: Astrophysik 119

Offizielle Musterabituraufgaben

I.1: Massenbestimmung von Elektronen, Bewegung im Magnetfeld, Gestörter Rundfunkempfang 127
I.2: Elektrische Feldstrukturen, Gold-Cap-Kondensatoren, CD als Beugungsgitter 136
II.1: Neutron, Wellenfunktionen 144
II.2: Spektren, Atomkerne 151
III.1: Die Sonne, Beobachtungen im Virgohaufen 160
III.2: Kollisionen im Sonnensystem, Sirius als Doppelstern, Galaxien im Sternbild „Andromeda“ 167

Abituraufgaben 2011

I.1: Elektrisches Feld, Ionentherapie, Spulenexperimente 2011-1
I.2: Elektroskop und Plattenkondensator, Teilchenbeschleuniger, Interferenz mit Mikrowellen 2011-11
II.1: Der Fotoeffekt, Kernfusion 2011-18
II.2: Franck-Hertz-Versuch, Nuklearbatterien, Antimaterie 2011-26
III.1: Ida – ein Asteroid mit Mond, Die Sonne, Wolf 359 2011-34
III.2: Der Stern Epsilon Eridani, Exoplanet um Epsilon Eridani 2011-43

Abituraufgaben 2012

I.1: Protonen und Pionen in der Medizin, DVB-T – „Überall-Fernsehen“, Interferenzexperimente mit Laserlicht.................... 2012-1
I.2: Linearbeschleuniger, Kapazitiver Dehnungsmessstreifen, Induktionskochfeld 2012-8
II.1: Eindimensionaler Potenzialtopf, Altersbestimmung mit der ^{14}C-Methode, ... 2012-13
II.2: Der Radioisotopengenerator des Marsrovers „Curiosity“, Messinstrumente an Bord des Marsrovers 2012-19
III.1: Sedna, Ein Raser in unserer Galaxie, ... 2012-25
III.2: Die kosmische Entfernungsleiter, Die Rotationskurven des Sonnensystems und der Milchstraße.................................... 2012-34

Jeweils zu Beginn des neuen Schuljahres erscheinen die neuen Ausgaben der Abiturprüfungsaufgaben mit Lösungen.

Autoren der Übungsaufgaben und sämtlicher Lösungen

Themenbereiche I und II: OStR Florian Borges
Themenbereich III: StD Ferdinand Hermann-Rottmair

Vorwort

Liebe Schülerinnen und Schüler,

Sie haben Physik in der Oberstufe des achtjährigen Gymnasiums in Bayern belegt und möchten in diesem Fach Ihr Abitur ablegen. Das Übungsbuch, das Sie jetzt in Ihren Händen halten, gibt Ihnen die Möglichkeit, sich optimal auf diese Prüfung vorzubereiten. Zudem eignet sich der Band hervorragend dazu, sich gezielt auf die Schulaufgaben und Tests in Physik während der Qualifikationsphase vorzubereiten:

- Sie erhalten zunächst **Hinweise zum Abitur in Physik** mit Informationen zu Ablauf, Struktur und Inhalt der schriftlichen und mündlichen Abiturprüfung, dazu viele weitere Tipps, die Ihnen beim Lösen der Prüfungsaufgaben helfen werden.
- Es folgen **Übungsaufgaben**, die in überschaubaren Einheiten den Prüfungsstoff thematisch aufbereiten und Ihnen so eine gezielte, individuell auf Ihre Bedürfnisse abgestimmte Vorbereitung ermöglichen.
- Mit den **Aufgaben im Stil der neuen Abiturprüfung** stehen Ihnen zwei komplette Prüfungsvorschläge zu Verfügung. Sie sind exakt auf den Stil der Prüfungsaufgaben abgestimmt, d. h., in der Abiturprüfung werden auf Sie in Umfang, Form und Schwierigkeitsgrad vergleichbare Fragestellungen zukommen.
- Der letzte Buchabschnitt enthält das **offizielle Musterabitur** des Staatsinstituts für Schulqualität und Bildungsforschung (ISB), das Modellcharakter für die Abiturprüfung besitzt, sowie die **Abiturprüfungen 2011 und 2012**.
- Auf sämtliche Aufgaben folgen separate **Tipps zum Lösungsansatz**, die Ihnen das selbstständige Lösen der Aufgaben erleichtern, sowie **vollständige, kommentierte Lösungsvorschläge**.

Sollten nach Erscheinen dieses Bandes noch wichtige Änderungen in der Abiturprüfung 2013 vom Kultusministerium bekannt gegeben werden, finden Sie aktuelle Informationen dazu im Internet unter www.stark-verlag.de/info.asp?zentrale-pruefung-aktuell.

Die Autoren wünschen Ihnen viel Erfolg in der Abiturprüfung!

Florian Borges　　　　Ferdinand Hermann-Rottmair

Stichwortverzeichnis

Absorptionslinie 106
Abstand Erde – Sonne 2011-38
Äquipotenziallinien 9, 82, 140; 2011-6
Antimaterie 2011-27
Aphel 2011-34
Apheldistanz 2011-38; 2012-25, 28
Astrometrie 97
Asteroid 2011-34, 38; 2012-25
Auflösungsvermögen eines Gitters 40, 63
Austrittsarbeit 32

Bahngeschwindigkeit 54; 2011-44
Bestrahlungsstärke 161
Betastrahlung 2011-25
Bragg'sche Beziehung 37, 39
Breite
• heliografische~ 38

C14-Methode 41; 2012-14, 18

de Broglie-Wellenlänge 1, 34, 90; 2012-16
Deklination 65
Delta Cepheid 168; 2012-35
Dichte 93, 97
Dipol 5; 2012-6
Doppelstern 167
Doppler
• ~verschiebung 40, 164; 2012-39
• Wobble 97
Drehkristallmethode 37, 39
Durchmesser
• scheinbarer~ 100, 65

Ekliptik 167, 170
elastischer Stoß 149
elektrische Feldlinien 75, 83, 136, 140; 2011-1, 6
Elektroneninterferenz 1
Elongation 99
Endstadium 2012-31
Energieniveauschema 2012-23
Entfernung
• ~sbestimmung 54; 2011-43
• ~smodul 45, 100, 172; 2011-41, 47; 2012-30, 39
Entwicklungszeit 72
Epsilon Eridani 2011-43
Erdmagnetfeld 65, 68
Exoplanet 97; 2011-43
Expansion
• kosmische~ 172
Exzentrizität
• numerische~ 41; 2011-34, 45

Fallbeschleunigung 42, 64; 2011-34, 38
Filament 66
Fluchtgeschwindigkeit 42, 64
Foto
• ~effekt 2011-18, 22
• ~sphäre 65, 164
Franck-Hertz
• ~-Rohr 90; 2011-30
• ~-Versuch 2011-26, 30
Fraunhoferlinien 44
Fullerene 34

Galaxie
• elliptische~ 161
Gewitter 9
Glanzwinkel 37, 39
Gravitationskraft 164; 2011-38
Grenzwellenlänge 2011-22

Halbachse
• große ~ 97; 2011-34, 38, 44, 50; 2012-25, 28
Hallspannung 82

Hauptreihenstern 106, 167; 2011-35; 2012-31, 34
Heizwert 30
Helligkeit
• absolute~ 45, 93, 100, 65, 124, 164; 2011-41, 43, 47; 2012-30
• ~sentwicklung 120, 125
• scheinbare~ 93, 94, 98, 65, 120, 125
• visuelle~ 45
Hertzsprung-Russell-Diagramm 69, 72, 167, 171; 2011-35, 42 f., 48; 2012-26, 31, 34, 39
Himmel
• ~säquator 123; 2011-43
• ~snordpol 2011-47
Hipparcos 65
Horizont 2011-47
Hubble
• ~beziehung 2012-39
• ~effekt 172
• ~gesetz 168, 172; 2011-50
Huygensprinzip 5, 135

Ida 2011-43
Induktionsgesetz 2011-2; 2012-9, 12
induktive Kopplung 15
Influenz 2011-14
Interferenz 2011-12, 17; 2012-2

kapazitive Kopplung 15
Kepler'sches Gesetz 55, 170; 2012-28, 37
Kern
• ~bindungsenergie 152; 2011-19, 24
• ~fusion 2011-19
Kleinwinkelnäherung 43
Knie 72
Komet 41, 63, 120; 2011-34, 38
Konjugation
• obere~ 99
• untere~ 99; 2012-34
kosmisches Entfernungsleiter 2012-34
konstruktive Interferenz 156
Kugelsternhaufen 69; 2012-33
Kuipergürtel 2012-25
Kulmination
• obere~ 123; 2011-47
Kulminationshöhe 65
kulminieren 65

Lenz'sche Regel 51
Leuchtkraft 56, 45, 93, 98, 65, 161, 164; 2011-34 f., 43
Linearbeschleuniger 2012-8
Lokale Gruppe 172
Lorentzkraft 51, 105; 2011-7; 2012-4

magnetischer Fluss 78
Masse-Leuchtkraft-Beziehung 98, 170; 2011-41, 51
Massen
• ~defekt 51, 164; 2012-19
Materie
• dunkle~ 2012-40
Meißnerschaltung 12, 14, 27
Milchstraße 2011-43, 49; 2012-26, 33, 35
Mikrowellen 2011-12
Moderator 33
Modulationsverfahren 12, 5
Morgenstern 99
Mutter-Tochter-Zerfall 88, 41

Natriumdampflampe 41
Neutronenstern 166
Nuklearbatterien 2011-26

Oberflächenbeschleunigung 93
Oberflächentemperatur 69, 93, 98, 124; 2011-34, 40, 45, 51; 2012-25, 29, 34, 39
Opposition 54, 55
Orbitale 151

Parallaxe
• trigonometrische~ 123; 2011-35, 41, 47, 49
Perihel 120, 125; 2011-34; 2012-25
• ~abstand 63, 120
• ~distanz 2011-38
Periodendauer 171
Perioden-Helligkeits-Beziehung 171
Phasensprung 8
photometrische Methoden 2011-49

Photon 106
Photonenenergie 28
Piezoeffekt 141
Planck-Konstante 2011-23
Planetoid 63
Plattenkondensator 10, 136; 2011-1, 6, 11
Pluto 167
Polarisation 8
Polarlicht 65
Polhöhe 2011-47
Potenzialtopf 89, 145, 149; 2012-13, 17
P-p-Zyklus 164

Quantenzahl 2012-16
Quasar 168
Quecksilberdampflampe 30
Q-Wert 148

Radialgeschwindigkeit 168, 172; 2011-44; 2012-26, 32
Raumgeschwindigkeit 2012-26, 33
relativistische Rechnung 23; 2011-7, 16
Resonanzabsorption 42, 44
Riesen 170
• roter 2011-42
Röntgenröhre 38; 2012-24
Rotation
• der Sonne 106
• ~sdauer
• siderische~ 38, 40
• synodische~ 38, 40
Rotationskurve
• Sonnensystem 2012-35, 40
• Milchstraße 2012-35, 40
Rydbergkonstante 106

Schmetterlingsdiagramm 40
Schraubenlinie 106
Schwarzes Loch 166
Schwingkreis 12
Selbstinduktion 2011-2
Serienformel 106
Solarkonstante 56; 2011-34, 38
Sonne 106; 2011-34
• ~nflecken 38, 40, 164; 2011-35
• ~nmasse 164
• ~nprotuberanz 65 f.
• ~nspektrum 65, 106
• ~nwind 65
Spektralklasse 72, 93, 124; 2012-38
Spektrum
• Absorptions~ 66
• charakteristisches~ 40; 2012-20
• diskretes~ 33; 2012-20
• kontinuierliches~ 33, 66
spezifische Ladung 105
Stefan-Boltzmann-Gesetz 56, 98, 124; 2011-40; 2012-29, 30
stehende Wellen 2011-17; 2012-5
• ~im Potenzialtopf 145
Sternenentwicklung 2011-48
Sternhaufen
• offene~ 45; 2012-33
Sternradius 98; 2012-26, 30
Strahlung
• ~sgleichgewicht 54, 56; 2012-25
• ~sleistung 2012-29
• ~smaximum 65
Supernova 161, 166

Tangentialgeschwindigkeit 2012-26, 32
Thomsonformel 14, 27; 2012-12
Transitplanet 93
Tritiummethode 45

Überriesen 170; 2012-26
Umlaufzeit
• siderische~ 63; 2012-37
• synodische~ 2012-37

Vakuumfotozelle 32
Venus 94
• ~phasen 99
Verweildauer 2011-42

Wahrscheinlichkeitsverteilung 4
Wasserstoff
• ~brennen 106
• ~spektrum 151, 211; 2012-23
Wellenfunktion 150
Wien'sches
• Filter 127, 132
• Verschiebungsgesetz 72, 125; 2011-40; 2012-38

Winkelabstand 2011-45, 51
Zentralbereich 45
Zentralkraft 164
Zentripetalkraft 2011-38
Zerfallsgesetz 47, 33, 149; 2012-22
Zwerg
• brauner~ 97
• roter~ 2011-35
• weißer~ 167, 171; 2011-42
Zwergplanet 167
Zyklotron 2011-11, 15

Hinweise und Tipps zum Abitur

Schriftliche Abiturprüfung

Struktur

Im Physikabitur werden vom Kultusministerium zentral sechs Aufgaben gestellt, von denen Ihr Kursleiter Ihrem Kurs **zwei aus verschiedenen Themenbereichen** vorlegt. Dabei muss in jedem Fall einer der beiden Aufgabenvorschläge zum Thema „Elektromagnetische Felder, Relativitätstheorie" der 11. Jahrgangsstufe ausgewählt werden, die andere Aufgabe ist entweder eine der beiden Alternativen aus dem Bereich „Aufbau der Materie" (12. Jahrgangsstufe des Standardphysikkurses) oder, falls Sie für die 12. Klasse die Lehrplanalternative „Astrophysik" gewählt haben, eine der beiden Astrophysikaufgaben. Sie selber haben also keine Auswahlmöglichkeit und müssen beide Ihnen vorgelegten Aufgaben bearbeiten.

Die **Prüfungsdauer** beträgt 180 Minuten.

Zugelassene **Hilfsmittel** sind ein elektronischer Taschenrechner (nicht programmierbar), die Mathematik-Merkhilfe und eine zugelassene naturwissenschaftliche Formelsammlung (in denen die Merkhilfe als Anhang integriert ist):

- Formelsammlung Naturwissenschaften, Gymnasium Bayern, Eigenverlag Johannes Almer, Prien, ISBN 978-3-00-032043-9
- Formelsammlung Naturwissenschaften, Gymnasium Bayern, Cornelsen Verlag, Berlin/München, ISBN 978-3-464-54223-1
- Naturwissenschaftliche Formelsammlung für die bayerischen Gymnasien, Duden Schulbuchverlag, Berlin/C. C. Buchners Verlag, Bamberg, ISBN 978-3-8355-3112-3
- Formeln und Tabellen aus Physik, Chemie, Mathematik, J. Lindauer Verlag, München, ISBN 978-3-87488-190-6

Prüfungsrelevante Themen und Inhalte

Der Prüfungsstoff gliedert sich in drei Themenbereiche, wobei sowohl die theoretischen Grundlagen als auch die Anwendungen in Natur und Technik behandelt werden:

Themenbereich I: Elektromagnetische Felder, Relativitätstheorie

- statisches elektrisches und magnetisches Feld
- Bewegung geladener Teilchen in Feldern
- Elemente der speziellen Relativitätstheorie
- elektromagnetische Induktion
- elektromagnetische Schwingungen und Wellen
- Anwendungen, z. B. Mobiltelefon oder Mikrowellenherd

Themenbereich II: Aufbau der Materie
- Eigenschaften von Quantenobjekten
- Atom- und Kernmodelle, Standardmodell der Elementarteilchenphysik
- Radioaktivität und Kernreaktionen
- Anwendungen in Medizin, Wissenschaft und Technik, z. B. Materialforschung oder Energieversorgung

Themenbereich III: Astrophysik
- Astronomische Objekte und ihre tägliche und jährliche Bewegungen
- Sonnensystem und Physik der Sonne
- Sterne (Entfernungsbestimmung, Kenngrößen, Klassifikation, Entwicklung)

Der Kursleiter wird die beiden Aufgaben so auswählen, dass sein Kurs das bestmögliche Ergebnis erzielen kann. Dazu ist es sinnvoll, den im Kurs behandelten Stoff möglichst wenig durch das „Ausschließen" bestimmter Inhalte einzuschränken. Andererseits ist es für den Kursleiter hilfreich, die Vorlieben seiner Schüler zu kennen und zu berücksichtigen. Setzen Sie daher durchaus Schwerpunkte, geben Sie Ihrem Kursleiter aussagekräftige Hinweise zu Ihren Wunschthemen, aber lassen Sie möglichst keinen Themenbereich völlig unvorbereitet, denn gelegentlich sind die Aufgaben in eigentlich unerwünschten Gebieten sehr angenehm zu bearbeiten und die Lehrkraft dadurch im Zwiespalt.

Zur Bewertung der schriftlichen Prüfung

In jeder der beiden Aufgaben einer Prüfungsaufgabe können maximal 60 Bewertungseinheiten (BE), insgesamt also **maximal 120 BE** erreicht werden. Die Bewertung der Aufgaben erfolgt nach folgendem Schlüssel:

Notenpunkte	Notenstufen	Bewertungseinheiten	Intervalle in %
15 14 13	+1 1 1–	120–115 114–109 108–103	15
12 11 10	+2 2 2–	102–97 96–91 90–85	15
9 8 7	+3 3 3–	84–79 78–73 72–67	15
6 5 4	+4 4 4–	66–61 60–55 54–49	15
3 2 1	+5 5 5–	48–41 40–33 32–25	20
0	6	24 – 0	20

In die Bewertung gehen zunächst einmal die **fachliche Richtigkeit** und **Vollständigkeit** ein. Ein weiteres wichtiges Bewertungskriterium stellt die **Darstellungsqualität** dar, in welche der richtige Einsatz der Fachsprache und die Strukturiertheit der Ausführungen einfließen. Sollten Sie in Ihrer Lösung unkonventionelle aber richtige Wege gehen, so werden diese natürlich entsprechend gewürdigt.
Selbstverständlich geht auch die **Sprachrichtigkeit** (Rechtschreibung, Grammatik, Zeichensetzung) bei Erläuterungen oder Beschreibungen in die Bewertung ein. Hierbei führen Verstöße gegen die sprachliche Korrektheit oder die gute äußere Form möglicherweise zu Punktabzügen.

Mündliche Abiturprüfung (Kolloquium)

Struktur

Die dreißigminütige mündliche Abiturprüfung besteht aus zwei Prüfungsteilen von etwa 15 Minuten Dauer:

- einem Kurzreferat, das Sie zu dem Ihnen gestellten Thema (ca. 10 Minuten) halten, anschließend findet ein Gespräch darüber statt (ca. 5 Minuten);
- einem Gespräch (ca. 15 Minuten) zu Problemstellungen aus den beiden weiteren Ausbildungsabschnitten, die Sie gewählt haben.

Zur Wahl des Themenbereiches schreibt die Schulordnung vor:

- Zu allen vier Ausbildungsabschnitten werden vom Prüfungsausschuss Themenbereiche festgelegt (mehr als zwei pro Halbjahr), über deren Inhalte Sie geprüft werden. Spätestens vier Wochen vor dem Prüfungstermin müssen Sie sich für einen der angebotenen Themenbereiche entscheiden.
- Das Thema wird Ihnen etwa 30 Minuten vor der Prüfung bekannt gegeben.

Prüfer im Colloquium ist der Kursleiter der 12. Jahrgangsstufe. Weiter ist noch ein Physiklehrer an der Prüfung beteiligt, der ebenfalls durch Fragen zum Prüfungsstoff helfend in das Gespräch eingreifen kann. (Dies wird vermutlich dann geschehen, wenn der Prüfling in der 11. Jahrgangsstufe nicht im Kurs des Prüfers war, weil aus zwei Parallelkursen nur ein weiterführender Kurs entstanden ist.)

Zugelassene Hilfsmittel bei der Vorbereitung sind:

- eine zugelassene physikalische Formelsammlung
- die mathematische Merkhilfe (meist in die Formelsammlung integriert)
- Taschenrechner

Aus dieser Aufstellung ergibt sich, dass Sie keinerlei Skripten oder Aufzeichnungen in den Vorbereitungsraum mitnehmen können.

Bewertung

Die Note einer mündlichen Abiturprüfung wird vierfach gewertet (max. 60 Punkte) und zählt zum Abitur. Bei der Bewertung der mündlichen Prüfungen ist neben den fachlichen Kenntnissen und Fähigkeiten die Gesprächsfähigkeit angemessen zu berücksichtigen.

Bezüglich der **Gesprächsfähigkeit** (Fähigkeit zum themengebundenen und partnerbezogenen Gespräch) wird beurteilt, inwieweit Sie sich fähig gezeigt haben,

- sich von Ihren in der Vorbereitungszeit erstellten Notizen zu lösen und das Ergebnis seiner Überlegungen in freier Rede zusammenhängend vorzutragen,
- Ihre Ausführungen logisch zu gliedern,
- komplexe Sachverhalte klar, übersichtlich und anschaulich darzustellen und dabei das Wesentliche herauszustellen,
- Ihren eigenen Stadtpunkt zu begründen und von anderen Positionen abzuheben,
- sich auf das Gespräch zu konzentrieren, auf Fragen, Einwände, Anregungen des Prüfers einzugehen und gegebenenfalls Hilfen aufzugreifen.

Bei der **Beurteilung der fachlichen Kenntnisse** wird Ihre Fähigkeit geprüft,

- das Thema zu erfassen,
- fachspezifische Verfahrensweisen anzuwenden und sich der Fachsprache korrekt zu bedienen,
- Sachverhalte und Probleme zutreffend zu beurteilen.

Diese Beurteilungskriterien sind naturgemäß sehr allgemein gehalten, da sie für alle Prüfungsfächer gleichermaßen gelten sollen. In Physik wird von Ihnen nicht erwartet, dass Sie Ihren eigenen Standpunkt zu einem Problem von anderen Positionen abheben können, da Sie in der Schule in den meisten Fällen nur eindeutige Sachverhalte kennen lernen. (Eine Ausnahme sind persönliche Folgerungen aus physikalischen Erkenntnissen, z. B.: Nutzung der Atomkraft). Ihre Prüfer werden diese allgemeinen Kriterien somit sicherlich sinnvoll auf die Belange der Physik anwenden.

Beispiel

Nehmen wir an, Sie hätten den Themenbereich *Bewegte Ladungen in elektrischen und magnetischen Feldern* als Prüfungsstoff gewählt. Wie oben dargestellt, erhalten Sie aus diesem Bereich ein Thema, auf das Sie sich dann unter Aufsicht eine halbe Stunde vorbereiten können. Ein mögliches Thema ist zum Beispiel:

„Beschreiben Sie den Halleffekt und erklären Sie, wie er zur Messung eines Magnetfeldes verwendet werden kann.“

Vorbereitung

Arbeiten Sie den von Ihnen gewählten Themenbereich noch einmal sorgfältig anhand Ihres Buches und Ihrer Aufzeichnungen aus dem Unterricht durch und achten Sie dabei auf folgende Dinge:

- Werden im Buch bzw. im Heft wichtige Versuche beschrieben?
  Beim oben gewählten Thema sind dies z. B.
  - das Fadenstrahlrohr,
  - der Halleffekt,
  - das Wienfilter.
- Überlegen Sie, wozu diese Versuchsanordnungen verwendet wurden:
  - Fadenstrahlrohr → Bestimmung der Elektronenmasse
  - Halleffekt → Messung von Magnetfeldern
  - Wienfilter → Auswahl von Teilchengeschwindigkeiten

- Zeichnen Sie die Versuchsaufbauten in Schaltskizzen und prägen sich diese ein.
- Suchen Sie in den Übungs- und abiturähnlichen Aufgaben dieses Buches Aufgabenstellungen, die sich auf die oben beschriebenen Versuche beziehen. Bearbeiten Sie diese Aufgaben möglichst selbstständig. Dabei finden Sie möglicherweise schon Hinweise, wie diese Grund versuche abgewandelt werden können.

Prüfungsverlauf

Die folgenden Hinweise helfen Ihnen, sich auf das Referat vorzubereiten.

- Lesen Sie die Aufgabenstellung genau durch und überlegen Sie dabei, ob ein Versuch, den Sie genauer gelernt haben, zu diesem Thema passt.
- Sollte dies der Fall sein, so zeichnen Sie eine Versuchsskizze und beschriften diese ausführlich. Achten Sie auch auf die Funktion der einzelnen Schaltelemente und überlegen Sie sich, wie man einzelne Messgrößen bestimmen kann.
- Dies wird Ihnen dann im Prüfungsverlauf die ersten Minuten des Referats erleichtern, denn Sie können die Skizze auf die Tafel übertragen und dabei auf die wichtigen Schaltelemente und deren Bedeutung für den Versuchsablauf hinweisen.
- Erfahrungsgemäß sprechen Schüler lieber (und leichter) über eine anschauliche Schaltskizze als über einen rein theoretischen Vorgang. Das Zeichnen ist auch ein gutes Mittel, eine eventuell vorhandene Nervosität zu bekämpfen!
- Der Prüfer wird sich bei seinen Fragen zum Referat vielleicht ebenfalls auf Ihre Skizze beziehen oder auf weitere Anwendungen dieses Versuchs eingehen. Damit haben Sie die erste Hürde der Prüfung hoffentlich einigermaßen glimpflich überstanden.

Konkret umgesetzt auf das Beispielthema „Halleffekt“ könnte eine Bearbeitung folgendermaßen aussehen: Zeichnen Sie sich während Ihrer Vorbereitungszeit die nebenstehende Schaltskizze. Dabei sollten Sie auf folgende Dinge, die sich als **Fragen** anbieten, genau achten:

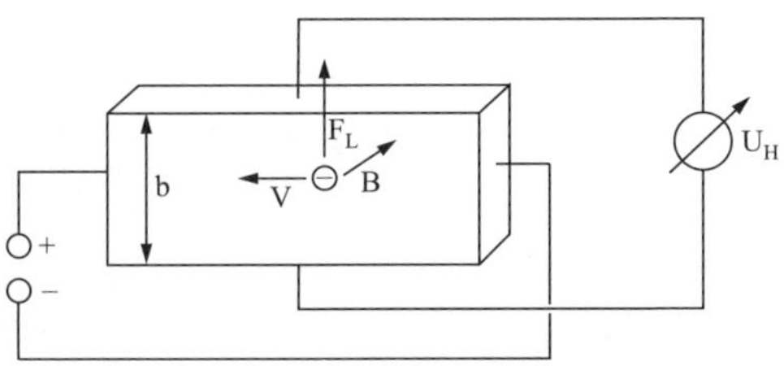

a) Wo muss die Versorgungsspannung angelegt werden und welche Spannungsart ist dabei zu wählen?

b) Wie beeinflussen die Bewegungsrichtung der Elektronen und die Richtung des Magnetfeldes die Ablenkrichtung der Elektronen?

c) Durch welche Formel wird die Lorentzkraft auf die Elektronen berechenbar?

d) Warum stellt sich nach einiger Zeit ein Gleichgewichtszustand ein, d. h., warum werden nicht beliebig viele Elektronen abgelenkt?

e) Wie kann man den Gleichgewichtszustand in einer physikalischen Gleichung ausdrücken?

Korrekte Antworten zu den Fragen sind:

a) Die Versorgungsspannung muss an den Enden des Plättchens angelegt werden. Sie muss eine Gleichspannung sein, damit sich die Ladungsträger stets in eine Richtung bewegen.

b) Die Magnetfeldlinien müssen senkrecht zur Stromrichtung stehen. Durch die entstehende Lorentzkraft werden die Elektronen sowohl senkrecht zur Stromrichtung als auch senkrecht zur Magnetfeldrichtung abgelenkt.

c) Für die Lorentzkraft gilt: $F_L = Q \cdot v \cdot B$; dabei ist v die Geschwindigkeit der geladenen Teilchen, Q ihre Ladung und B die magnetische Flussdichte.

d) An der Oberkante des Plättchens entsteht ein Elektronenüberschuss, an der Unterkante ein Elektronenmangel, d. h., es baut sich ein elektrisches Feld zwischen den beiden Kanten auf, wodurch eine elektrische Kraft entsteht, die gegen die Lorentzkraft wirkt.

e) Es entsteht ein Kräftegleichgewicht zwischen Lorentzkraft und Coulombkraft:

$$Q \cdot v \cdot B = Q \cdot \frac{U_H}{b} \quad \Rightarrow \quad U_H = (v \cdot b) \cdot B \qquad \text{b: Breite des Leiters}$$

Die Hallspannung U_H ist also proportional zur magnetischen Flussdichte.

Weitere mögliche Fragen, die sich hier anbieten, sind z. B.:

- Kann man durch den Halleffekt eine Aussage über die mittlere Geschwindigkeit der Leitungselektronen erhalten?
- Wie ändert sich die Polung der Hallspannung, wenn sich
  - nur negative,
  - nur positive,
  - sowohl negative als auch positive Ladungsträger bewegen?
- Lässt sich mit einer Hallsonde die Richtung des magnetischen Feldes eindeutig bestimmen?

Laut Schulordnung werden Sie in weiteren 15 Minuten über den **Stoff zweier weiterer Semester** geprüft. Zu dieser Prüfung lassen sich nur sehr allgemeine Ratschläge geben, da sie von Kurs zu Kurs verschieden sein kann. Sie machen sicher nichts in Ihrer Vorbereitung falsch, wenn Sie nach einem ähnlichen Muster vorgehen wie bei Ihrem Schwerpunktthema.

Lesen Sie auch zu den Themenbereichen für diese Semester die Texte im Buch, in Ihren Aufzeichnungen und versuchen Sie dabei die folgenden Fragen zu beantworten:

- Welche Versuche wurden in den beiden gewählten Semestern ausführlich besprochen?
- Warum wurden sie genauer behandelt? Liefern sie z. B. eine Naturkonstante wie die Elementarladung oder die Masse des Elektrons?
- Welche Aufgaben werden zu diesen Semestern im schriftlichen Abitur gestellt? (Die Aufgaben liefern manchmal Hinweise auf „Grundversuche“ des Semesters!)
- Prägen Sie sich Schaltskizzen dieser Versuche ein.

- Machen Sie sich Lösungsskizzen zu den Fragen, die in den Abituraufgaben gestellt werden. Formulieren Sie dabei die Ansätze möglichst auch in Worten und nicht nur mit physikalischen Formeln, z. B.:
  - Kräftegleichgewicht (Lorentzkraft = Zentralkraft)
  - Energieerhaltung (kinetische Energie = Arbeit im E-Feld)
  - Newton'sches Gesetz (Masse mal Beschleunigung = Coulombkraft)

Wenn Sie sich dieses Wissen erarbeitet haben, kann Sie keine Frage mehr sonderlich überraschen.

Themen für weitere mögliche Prüfungsgespräche sind z. B. aus der

- 11. Klasse:
  - Messung der elektrischen Feldstärke
  - Das Fadenstrahlrohr und die Bestimmung der Masse des Elektrons
  - Der Halleffekt und der Hallsonde
  - Das Wienfilter
  - Der Massenspektrograf
  - Der elektromagnetische Schwingkreis
  - Die Meißner'sche Rückkopplungsschaltung
  - Der elektrische Dipol
  - Interferenzversuche zur Wellenausbreitung der elektromagnetischen Strahlung
  - Wellenlängenbestimmung von Licht
  - Die Erzeugung von Wechselspannung durch Induktion
- 12. Klasse:
  - Teilchencharakter von Photonen
  - Elektronenbeugung
  - Beschreibung des Verhaltens von Quantenobjekten
  - Das Elektron im eindimensionalen Potentialtopf
  - Quantenphysikalisches Modell des Wasserstoffatoms
  - Franck-Hertz-Versuch
  - Röntgenstrahlung (Erzeugung und Spektrum)
  - Die natürliche Radioaktivität und deren Nachweis
  - Absorption von radioaktiver Strahlung
  - Wirkung radioaktiver Strahlung
  - Altersbestimmung mit radioaktiven Isotopen
  - Kernreaktionen
  - Kernspaltung
  - Aufbau der Materie und Teilchenfamilien des Standartmodells
- 12. Klasse, Lehrplanalternative Astrophysik:
  - Astronomische Koordinatensysteme
  - Arbeiten mit der Sternscheibe
  - Die Venus (oder andere Planeten)
  - Kometen (Eingehen auf aktuelle Ereignisse bietet sich an)
  - Experimentelle Bestimmung von Grunddaten der Sonne
  - Die aktive Sonne

- Temperatur und Druck in der Sonne
- Energieerzeugung der Sonne
- Astronomische Entfernungsbestimmungen
- Entstehung der Sterne
- Sternendstadien
- Quasare (z. B. am Beispiel 3C273)
- Auswertung einer Supernova
- Doppelsternsysteme (Beispiel: Sirius)
- Die Milchstraße

Bewährte Strategien für das Lösen physikalischer Aufgabenstellungen

- Lesen Sie sich jedes der beiden gestellten Themen zunächst in Ruhe und vollständig durch, bevor Sie mit der Bearbeitung beginnen.
- Schreiben Sie alle bei einer Teilaufgabe angegebenen Größen zusammen und rechnen Sie diese gegebenenfalls in gemeinsame oder Basiseinheiten um.
- Skizzen können Ihnen oft bei der Analyse der Aufgabenstellung helfen, tragen Sie gegebenenfalls wichtige Größen ein.
- Erhaltungssätze (Energie-, Impulserhaltungssatz) führen häufig schnell und elegant zum Ergebnis. Überprüfen Sie deshalb, ob sich eine solche Anwendung gerade anbietet.
- Untersuchen Sie ihre Skizze auf mögliche funktionale, trigonometrische oder geometrische Zusammenhänge, die für den Lösungsansatz wichtig sein könnten (z. B. Pythagoras, Sinus, Kosinus, Tangens in rechtwinkligen Dreiecken, Symmetrien, Ähnlichkeit, Proportionalitäten).
- Rechnen Sie bei der Durchführung einer Berechnung die physikalischen Einheiten der Ausgangsgrößen sorgfältig in die Ergebniseinheit um. Sie verfügen dadurch über einen wertvollen, zusätzlichen Fehlerindikator, der oft sogar einen deutlichen Hinweis auf die Fehlerstelle beinhaltet (wenn sich beispielsweise statt der Einheit kg bei Ihnen $\frac{kg}{s^2}$ ergeben, ist Ihnen vermutlich irgendwo eine Zeit aus dem Zähler in den Nenner gerutscht, sodass sich die Sekunden nicht mehr kürzen lassen).
- Überlegen Sie am Ende jeder Berechnung, ob die Größenordnung des Ergebnisses plausibel ist. Diese Routine hilft einerseits Fehler mit Zehnerpotenzen vermeiden (so ist etwa eine zulässige Schneehöhe von 20 000 km auf einem Skihüttendach aus Holz vermutlich nicht korrekt berechnet worden). Andererseits können Sie dadurch auch die prinzipielle Richtigkeit des gewählten Rechenwegs prüfen: Erhalten Sie beispielsweise Geschwindigkeiten jenseits 10 % der Lichtgeschwindigkeit, so müssen Sie auch ohne vorliegenden Rechenfehler die Rechnung nochmals, aber jetzt unter Verwendung relativistischer Formeln, durchführen.
- Lesen Sie stets nach Bearbeitung einer Teilaufgabe diese nochmals durch und stellen Sie dadurch sicher, dass Sie nicht einen Teil der Aufgabe übersehen oder vergessen haben.

- Beachten Sie die erreichbaren Bewertungseinheiten, sie sagen oft viel über den erwarteten Umfang einer Antwort. Üblicherweise werden Zeichnungen wegen des zeitlichen Aufwandes reichlich bepunktet (gelegentlich darf man sich aber auch wundern, wie vergleichsweise leicht auch mal viele Punkte verdient sind). Diese Information sollte Sie also stets interessieren, aber niemals aus der Ruhe bringen.
- Gelegentlich raufen sich die Kursleiter bei der Eröffnung der Abituraufgaben die Haare, weil einzelne „schöne" Themen durch einen kantigen Einstieg erschwert werden. Sollte ausgerechnet in Ihrem Jahrgang dieser Fall eintreten, dann lassen Sie sich durch eine unverständliche Aufgabe 1 a nicht verunsichern, sondern versuchen Sie einstweilen eine andere Teilaufgabe. Üblicherweise werden auch bei Weiterverwendung von Zwischenergebnissen diese meist angegeben, sodass dieses Verfahren erfreulich oft möglich ist.
- Sollte eine Aufgabenstellung tatsächlich eine Wissenslücke bei Ihnen derart treffen, dass Sie keinerlei Vorstellung von einem möglichen Lösungsweg haben, dann sollten Sie umgehend die Formelsammlung oder Merkhilfe zur Hand nehmen, im Stichwortregister (hinten!) geeignete Schlagwörter finden und die entsprechenden Seiten durchsehen: Oftmals bietet sich bei den gegebenen und der gesuchten Größe nur eine Formel zur Lösung der Aufgabe an.
- Für die Vorbereitungsphase hat sich bewährt: Bearbeiten Sie so viele Übungs- und abiturähnliche Aufgaben wie möglich; das vorliegende Buch bietet Ihnen hier eine Fülle an Material. Am besten stellen Sie für die Osterferien vor dem Abitur einen tagesgenauen Zeitplan auf, wann Sie welches Thema bearbeiten. Dabei ist es sinnvoll, zunächst nacheinander einzelne Themen des gleichen Bereiches zu bearbeiten, dann abwechselnd aus verschiedenen Bereichen, daraufhin dann zwei Themen wie im „Ernstfall", aber zunächst ohne Zeitlimit, und schließlich dann mit der Zeitbegrenzung. Lassen Sie sich evtl. auch von jemand anderem zwei noch nicht bearbeitete Aufgaben auswählen, die Sie dann lösen. Sie sollten dann bei dem ersten Blick auf die „echten" Abituraufgaben das Gefühl haben, diese schon lange zu kennen. Dann war die Vorbereitung sicherlich ausreichend und Sie müssen die Früchte Ihrer Arbeit nur noch ernten!

Operatoren

Aus der **Aufgabenformulierung** kann im Allgemeinen auf die Art und den Umfang der zu erbringenden Leistung geschlossen werden. Sie sollten sich deshalb bei der Vorbereitung auf Ihre Prüfung mit den üblichen „Signalwörtern", den sogenannten Operatoren, vertraut machen (siehe Zusammenstellung auf den folgenden Seiten). Wenn also beispielsweise „Zeichnen Sie …" verlangt ist, müssen Sie eine möglichst exakte Darstellung anfertigen, eine einfache Skizze reicht dann nicht aus.

Operator	Bedeutung	Beispiel
analysieren	gegebene Quellen auf ihren Nutzen bei der Lösung eines Problems hin untersuchen	Analysieren Sie die Aussagen Einsteins im Hinblick auf die Vorstellungen vom Licht.
angeben, formulieren	bekannte Inhalte wiederholen oder zusammenfassen	Geben Sie ein Beispiel für den Impulserhaltungssatz an.
anwenden	Modellvorstellungen, Gesetze und mathematische Beziehungen auf vorgegebene, auch neue Sachverhalte übertragen	Wenden Sie den Energie- und den Impulserhaltungssatz an.
auswerten	Ergebnisse von Experimenten mit vorgegebenen Fragestellungen festhalten und einordnen	Werten Sie die Ergebnisse bezüglich ihrer Genauigkeit.
berechnen	Angabe der Maßzahl einer Größe oder eines geeigneten Terms, wobei auf dem Weg ein exaktes analytisches Verfahren zu nutzen ist	Berechnen Sie die Gravitationsfeldstärke 5 000 km über der Erdoberfläche.
beschreiben	Merkmale, Eigenschaften, Vorgänge oder Zusammenhänge durch umfassende Angaben zusammenhängend und geordnet darstellen	Beschreiben Sie das experimentelle Vorgehen bei der Bestimmung der spezifischen Ladung des Elektrons ($\frac{e}{m}$).
bestimmen, ermitteln	Angabe der Maßzahl einer Größe oder eines Terms, wobei ein Näherungsverfahren (z. B. Auszählung der Fläche) genutzt werden kann	Ermitteln Sie die Volumenarbeit unter den gegebenen Isothermen.
bezeichnen, beschriften, benennen	Bestandteile von Versuchsaufbauten und Schemata kenntlich machen	Beschriften Sie das Energieniveauschema.
darstellen, zeichnen	Sachverhalte beschreiben und durch eine vorgegebene Darstellungsform veranschaulichen	Stellen Sie den Zusammenhang in einem t-s-Diagramm grafisch dar.
definieren	einen Begriff durch die Angabe seiner wesentlichen Merkmale eindeutig bestimmen	Definieren Sie den Begriff Strahlung.
erklären, begründen	eine bestimmte Erscheinung zusammenhängend und geordnet darstellen; die Angabe der Bedingungen und der wirkenden Gesetze ist notwendig.	Erklären Sie an zwei Beispielen die grundsätzlichen Wirkmechanismen bei der Induktion einer elektr. Spannung.
erläutern	Sachverhalte (Vorgänge, Arbeitsweisen) unter Angabe zusätzlicher Informationen (Beispiele, Fakten) anschaulich und verständlich darstellen	Erläutern Sie mithilfe einer geeigneten Skizze die Funktionsweise einer Elektronenstrahlröhre.
erläutern, diskutieren	Eigene Gedanken zu einer Problemstellung entwickeln und zu einem begründeten Urteil kommen	Diskutieren Sie den Einsatz von radioaktiven Präparaten in der Medizin.

Operator	Bedeutung	Beispiel
experimen-tieren	Planmäßige und zielgerichtete praktische Untersuchung eines zumeist vorgegebenen Problemfeldes, indem die Messwerte erfasst und ausgewertet und die Ergebnisse systematisiert werden	Bestimmen Sie experimentell die Wärmekapazität des vorgegebenen Kalorimeters.
interpretieren	mögliche Ursachen und Bedingungen für bestimmte Erscheinungen darstellen und Zusammenhänge verdeutlichen	Interpretieren Sie das Ergebnis des Franck-Hertz-Versuchs.
kennzeichnen, charakteri-sieren, identifizieren	Das Typische und Wesentliche eines Sachverhalts nach bestimmten Gesichtspunkten benennen und beschreiben	Charakterisieren Sie die Kopplungsarten zwischen zwei Schwingkreisen.
nachweisen	Argumente anführen oder experimentell erfassen, die aufzeigen, dass eine Aussage richtig ist. Häufig ist der Nachweis auch über eine mathematische Betrachtung oder Herleitung zu führen.	Weisen Sie experimentell nach, dass die Wurfweite s_W beim schrägen Wurf der folgenden Gleichung genügt: $s_W = \frac{v_0^2 \cdot \sin(2\alpha)}{g}$
nennen, aufzählen	Fakten, Begriffe, Namen ohne weitere Erläuterung wiedergeben	Nennen Sie die Newton'schen Axiome.
vergleichen	Gemeinsamkeiten und /oder Unterschiede feststellen und eventuell Schlussfolgerungen ableiten	Vergleichen Sie den experimentellen Wert mit dem Wert aus dem Tafelwerk.
werten, bewerten, beurteilen, entscheiden	Die Bedeutung von Prozessen oder Aussagen für den Menschen aus aktueller oder historischer Sicht benennen und ein begründetes Urteil abgeben	Bewerten Sie den Vorschlag, alle Atomkraftwerke auf der Welt innerhalb kürzester Zeit vom Netz zu nehmen.

Zum Umgang mit diesem Buch

Im Anschluss an diese Hinweise finden Sie nacheinander

- eine Sammlung **thematisch geordneter Übungsaufgaben** zur gezielten, schrittweisen Erarbeitung und Wiederholung des Prüfungsstoffs,
- zwei Vorschläge für eine komplette **Prüfungsaufgabe im Stil der neuen Abiturprüfung** (jeweils zusammengesetzt aus einer Aufgabe aus dem Themenbereich I und einer Aufgabe aus den Bereichen II und III),
- die **offiziellen Musteraufgaben** des bayerischen Kultusministeriums (herausgegeben vom Staatsinstitut für Schulqualität und Bildungsforschung, ISB),
- die **Abiturprüfungsaufgaben 2011 und 2012**.

Auf alle Einzel- und Gesamtaufgaben folgen im Anschluss an die Aufgabenstellung separate Tipps und Hinweise zu sämtlichen Teilaufgaben sowie komplett ausgearbeitete Musterlösungen mit Erläuterung des Lösungswegs.

Die **Tipps und Hinweise** helfen Ihnen, die Aufgaben **möglichst selbstständig** zu lösen – für die Vorbereitung auf die Prüfung ist es wichtig, dass Sie versuchen, allein mit der Aufgabenstellung zu Recht zu kommen. Nutzen Sie daher immer zuerst die Tipps, wenn Sie bei der Lösung der einzelnen Teilaufgaben ins Stocken geraten – Sie erhalten dann einen **Denkanstoß**, der Ihnen weiterhilft. Gehen Sie dabei schrittweise vor, d. h. lesen Sie den jeweiligen Tipp erst bei Bedarf.

Die **Musterlösung** dient zum einen zur **Kontrolle**, ob Sie die Aufgabe richtig und vollständig gelöst haben, zum anderen gibt Sie Ihnen eine ausführliche **Hilfestellung**, wenn Sie trotz der Tipps Schwierigkeiten bei der Bearbeitung haben (Tipps und Kommentare sind durch eine Raute ⧫ am linken Textrand gekennzeichnet).

Sie sollten Ihr Lern- und Übungspensum so planen, dass Sie zu Beginn Ihrer Vorbereitung mithilfe der thematisch orientierten Übungsaufgaben den Prüfungsstoff nach Ihrem persönlichem Bedarf wiederholen und festigen; der überschaubare Umfang der Aufgaben erleichtert Ihnen den Einstieg und führt zu raschem Trainingserfolg. Anschließend sollten Sie die abiturähnlichen Aufgaben angehen. Am Ende Ihrer Prüfungsvorbereitung sollten Sie in der Lage sein, die vollständigen Prüfungsaufgaben weitgehend ohne Hilfestellung und in der vorgesehenen Zeit zu lösen.

Abitur Physik (Bayern G8) – Elektromagnetische Felder, Relativitätstheorie
Übungsaufgabe 1: Elektronenbeugung

Dem Tübinger Professor Claus Jönsson gelang 1961 ein spektakuläres Experiment, bei dem er die Wellennatur der Elektronen durch Doppelspaltinterferenz nachweisen konnte.

a) Entscheiden Sie sich für eher schnelle oder eher langsame Elektronen für dieses Experiment und begründen Sie Ihre Entscheidung.

Durch galvanische Verfahren gelang es Jönsson, für diesen Versuch einen Spaltabstand von 0,0020 mm herzustellen.

b) Berechnen Sie den Abstand der Interferenzmaxima bei einem Schirmabstand von 20 cm und einer Beschleunigungsspannung von 30 V für die Elektronen.

c) Skizzieren Sie eine Wahrscheinlichkeitsverteilung für eine große Zahl von Elektronen auf dem Schirm.

Eine Bowlingkugel ($m = 1{,}0$ kg) rollt mit der Geschwindigkeit $v = 1{,}0\ \frac{m}{s}$.

d) Berechnen Sie die Materiewellenlänge und beurteilen Sie, ob in diesem Fall mit deutlichen Wellenerscheinungen zu rechnen ist.

Tipps und Hinweise zu Übungsaufgabe 1

Tipp zu Teilaufgabe a

- De Broglie hat eine Formel für den Zusammenhang von Materiewellenlänge und Geschwindigkeit gefunden.

Tipps zu Teilaufgabe b

- Berücksichtigen Sie die verlustfrei angenommene Umwandlung von elektrischer Feldenergie in Bewegungsenergie der Elektronen.
- Berechnen Sie zunächst die de-Broglie-Wellenlänge, daraus den Beugungswinkel und schließlich den Abstand der Maxima.

Tipp zu Teilaufgabe c

- Denken Sie an die Interferenz „klassischer" Wellen wie Licht.

Tipp zu Teilaufgabe d

- Verwenden Sie die Formel von de Broglie.

Lösungen zu Übungsaufgabe 1

a) Für die Interferenzphänomene ist die Wellennatur der Elektronen entscheidend, die klassisch als Teilchen aufgefasst werden. Die ihnen von de Broglie zugeordnete Wellenlänge ist

$$\lambda = \frac{h}{p} = \frac{h}{m \cdot v},$$

also umgekehrt proportional zur Geschwindigkeit v. Wegen des kleinen Zählers sollte auch der Nenner möglichst klein werden, um eine Wellenlänge zu erhalten, die mit einer realisierbaren Doppelspaltanordnung die gewünschten Interferenzeffekte liefert. Die Elektronen müssen folglich **möglichst langsam** sein.

b) Bei 30 V Beschleunigungsspannung erhalten die (als zunächst ruhend angenommenen) Elektronen eine kinetische Energie von $e \cdot U = \frac{1}{2} m \cdot v^2$ und damit die Geschwindigkeit

$$v = \sqrt{\frac{2e \cdot U}{m}}.$$

Die de-Broglie-Wellenlänge beträgt somit:

$$\lambda = \frac{h}{m \cdot v} = \frac{h}{m \cdot \sqrt{\frac{2e \cdot U}{m}}} = \frac{h}{\sqrt{2m \cdot e \cdot U}}$$

$$= \frac{6{,}63 \cdot 10^{-34}\,\text{Js}}{\sqrt{2 \cdot 9{,}11 \cdot 10^{-31}\,\text{kg} \cdot 1{,}6 \cdot 10^{-19}\,\text{As} \cdot 30\,\text{V}}} \approx 2{,}2 \cdot 10^{-10}\,\text{m}$$

Für das erste Interferenzmaximum beträgt der Gangunterschied gerade eine Wellenlänge, also folgt für den zugehörigen Beugungswinkel (Abbildung 1 links):

$$\sin\alpha = \frac{\Delta s}{b} = \frac{\lambda}{b} = \frac{2{,}2 \cdot 10^{-10}\,\text{m}}{0{,}0020\,\text{mm}} = \frac{2{,}2 \cdot 10^{-10}\,\text{m}}{2{,}0 \cdot 10^{-6}\,\text{m}} \approx 1{,}1 \cdot 10^{-4}$$

Der Abstand der beiden Maxima 1. Ordnung lässt sich gemäß der Skizze in Abbildung 1 rechts berechnen. Mithilfe der Klein-Winkel-Näherung erhält man:

$$\sin\alpha \approx \tan\alpha = \frac{\frac{d}{2}}{a} = \frac{d}{2a}$$

$$\Rightarrow \quad d = 2a \cdot \sin\alpha = 2 \cdot 0{,}20\,\text{m} \cdot 1{,}1 \cdot 10^{-4} = \underline{\underline{4{,}4 \cdot 10^{-5}\,\text{m} = 44\,\mu\text{m}}}$$

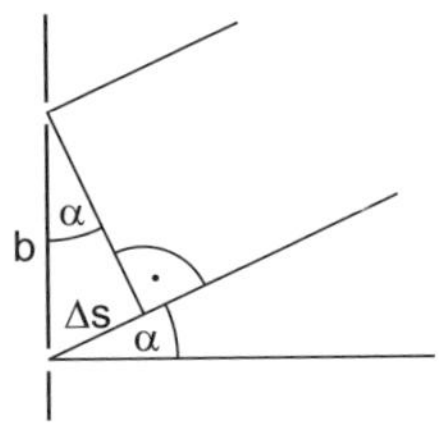

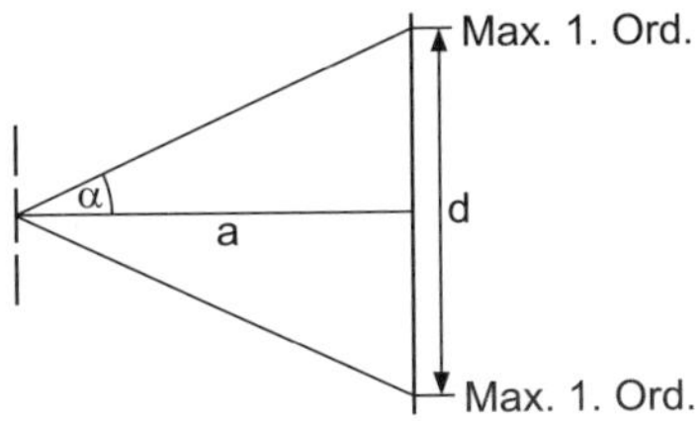

Abb. 1

c) Wahrscheinlichkeitsverteilung (Ψ:Wahrscheinlichkeitsamplitude):

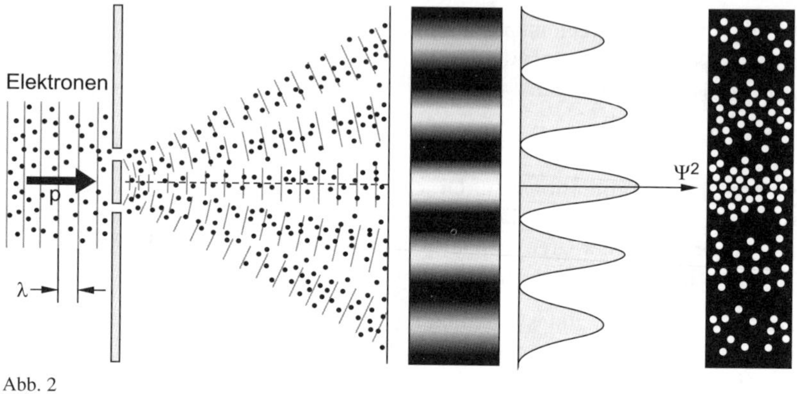

Abb. 2

d) Mit den angegebenen Größen ist die Materiewellenlänge der Bowlingkugel

$$\lambda = \frac{h}{m \cdot v} = \frac{6{,}63 \cdot 10^{-34}\,\text{Js}}{1{,}0\,\text{kg} \cdot 1{,}0\,\frac{\text{m}}{\text{s}}} \approx 6{,}63 \cdot 10^{-34}\,\text{m},$$

also so klein, dass hier eindeutig der Teilchencharakter überwiegt.

Das sieht man z. B. daran, dass der Beugungswinkel 1. Ordnung, dessen Sinus gemäß Teilaufgabe b proportional zur Wellenlänge ist, praktisch null ist.

Abitur Physik (Bayern G8) – Elektromagnetische Felder, Relativitätstheorie
Übungsaufgabe 2: Phänomene bei der Wellenausbreitung

Auf Christiaan Huygens geht das Huygensprinzip der Wellenausbreitung zurück.

a) Erklären Sie – auch anhand geeigneter Zeichnungen mit jeweils einer einlaufenden Wellenfront –, wie nach der Vorstellung von Huygens die Phänomene Reflexion, Brechung und Beugung auftreten können.

b) Bei der Brechung an der Grenzfläche zwischen zwei optisch verschiedenen Medien ändert sich die Ausbreitungsgeschwindigkeit c einer einlaufenden Welle. Erläutern Sie anhand der Beziehung $c = \lambda \cdot f$, ob sich bei der Brechung die Wellenlänge, die Frequenz oder beide ändern.

Autofahrern wird für das Fahren bei starker Sonneneinstrahlung gelegentlich eine Polarisations-Sonnenbrille empfohlen, die angeblich die Reflexe ausfiltert.

c) Beschreiben Sie das Phänomen der Polarisation und beurteilen Sie, ob der angebliche Effekt tatsächlich festgestellt werden kann.

Ein rechteckiger Drahtrahmen wird in geeignete Spülmittellösung getaucht. Beim Herausziehen bildet sich eine dünne Seifenhaut, die senkrecht gehalten wird und – bevor sie dann irgendwann platzt – beim Betrachten ein sich änderndes Farbenspiel zeigt, wie man dies von Seifenblasen kennt.

d) Beschreiben und begründen Sie die Farberscheinungen an dieser Seifenhaut, deren Dicke wegen der Schwerkraft und der senkrechten Lagerung keilförmig von oben nach unten zunimmt.

Tipps und Hinweise zu Übungsaufgabe 2

Tipp zu Teilaufgabe a

- Wichtiges Stichwort: Elementarwelle.

Tipp zu Teilaufgabe b

- Verwenden Sie den Zusammenhang zwischen Ausbreitungsgeschwindigkeit, Wellenlänge und Frequenz.

Tipp zu Teilaufgabe c

- Klären Sie zunächst die Frage, ob bei einer Lichtreflexion auch Polarisation auftritt.

Tipps zu Teilaufgabe d

- Beachten Sie, dass hier sowohl Reflexion an der vorderen als auch an der hinteren Grenzschicht der Seifenhaut auftritt.
- Die Seifenhaut unterliegt der Schwerkraft.

Lösungen zu Übungsaufgabe 2

a) Nach dem Prinzip von Huygens erzeugt jede Welle in jedem Punkt eine neue Elementarwelle, also in der „Ebene" (Wasseroberfläche bei Wasserwellen) eine Kreiswelle, im Raum eine Kugelwelle. Alle diese unzähligen Elementarwellen interferieren miteinander und liefern tatsächlich auch theoretisch alle beobachteten Wellenphänomene:
Bei der **Reflexion** trifft ein Wellenfront i. A. schräg auf eine Oberfläche, die Elementarwellen werden zeitlich verzögert ausgelöst und ergeben zusammen wieder eine schräg auslaufende Wellenfront gemäß dem Reflexionsgesetz (Abbildung 1, nicht maßstäblich).

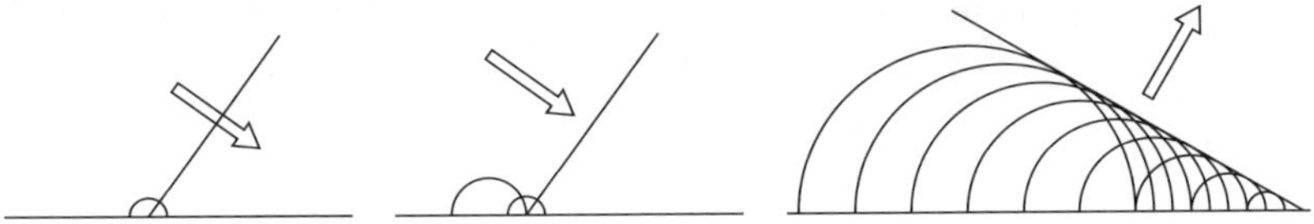

Abb. 1

Bei der **Brechung** trifft die Front wieder i. A. schräg auf die Grenzfläche eines Mediums, das i. d. R. eine andere optische Dichte hat und deswegen eine andere Ausbreitungsgeschwindigkeit der Welle zur Folge hat.
Da die Anregungsfrequenz an der Grenzfläche aber durch die einfallende Welle vorgegeben ist und sich nicht ändert (vgl. Frage b), wird die Wellenlänge kleiner oder größer und der Knick in der Ausbreitungslinie dadurch verständlich (Abbildung 2).

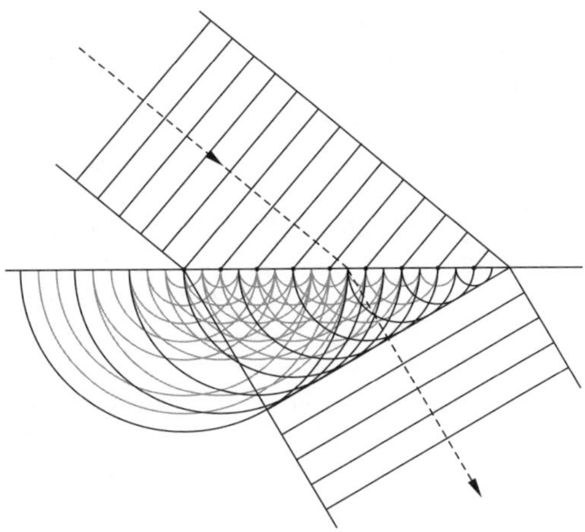

Abb. 2

Auch bei der **Beugung** ist es ohne Welleneigenschaften nicht zu erklären, warum hinter einem Hindernis auch im „Schatten" Wellen feststellbar sind. Die Entstehung von Elementarwelle am Hindernis, die sich in alle Richtungen ausbreiten, erklärt das Vorhandensein der Wellen auch in diesem Bereich.

b) Wie in Teilaufgabe a erwähnt, wird nach Huygens Theorie beim Übergang der Welle von einem Medium in ein anderes punktweise eine große Anzahl von Elementarwellen ausgelöst. Dabei ist die **Erregungsfrequenz** vorgegeben durch die einfallende Welle und bleibt **gleich**. Bei abnehmender Ausbreitungsgeschwindigkeit (etwa bei Licht nach dem Übergang von Luft in Wasser) muss somit gemäß $c = \lambda \cdot f \Leftrightarrow \lambda = \frac{c}{f}$ die **Wellenlänge** – und nur diese – **kleiner** werden.

c) Elektromagnetische Wellen sind Querwellen, die Schwingung findet also senkrecht zur Ausbreitungsrichtung statt (anders als bei Längswellen wie dem Schall). Das Licht einer Glühlampe oder der Sonne schwingt in allen Richtungen, man bezeichnet es als **unpolarisiert**. Schwingt das Licht stets in ein und derselben Ebene, spricht man von **linear polarisiertem Licht** (z. B. Laserlicht).
Ein **Polarisationsfilter** (kurz: Polfilter) filtert aus dem unpolarisiertem Licht linear polarisiertes Licht heraus. Er verhält sich wie parallele Stangen bei Seilwellen: Schwingt eine Welle in Richtung der Zwischenräume, dann kann sie passieren, sonst nicht. Beim Polfilter sind diese Spalte sehr fein, das Licht hinter dem Filter schwingt ausnahmslos in der einen Richtung. Ein weiteres, um 90 Grad um die Ausbreitungsrichtung gedrehtes Polfilter lässt dann gar kein Licht mehr durch, weil der Anteil der in „seiner" Richtung schwingenden Lichtwellen null ist. Der angepriesene Effekt im Straßenverkehr ist tatsächlich feststellbar, denn seitlich reflektiertes Licht ist auch polarisiert und kann daher durch eine richtig angeordnete Polarisationsfolie ausgefiltert werden.

d) Stellt man sich die Seifenblasenhaut in übertriebenem Maße als keilförmige Mauer vor, die unten dicker ist als oben (Abbildung 3), erkennt man folgenden Strahlengang: Ein Teil des einfallenden Lichts (Strahl 1) wird wegen der Durchsichtigkeit der Seifenlösung gleich an der Vorderseite reflektiert (Strahl 2). Der restliche Teil teilweise tritt unter Brechung in die Haut ein und wird (abgesehen von dem hier uninteressanten Teil, der dort wieder unter Brechung in die Luft austritt) an der gegenüberliegenden Grenzschicht reflektiert, durchläuft die Haut ein zweites Mal und tritt (teilweise) unter Brechung aus (Strahl 3). Der Gangunterschied zwischen den „vorne" und „hinten" reflektierten Strahlen ist verantwortlich für die Farberscheinungen, wobei noch zu berücksichtigen ist, dass bei der „vorderen" Reflexion ein Phasensprung von 180 Grad auftritt (Reflexion an der Grenzschicht zu einem optisch dichteren Medium).

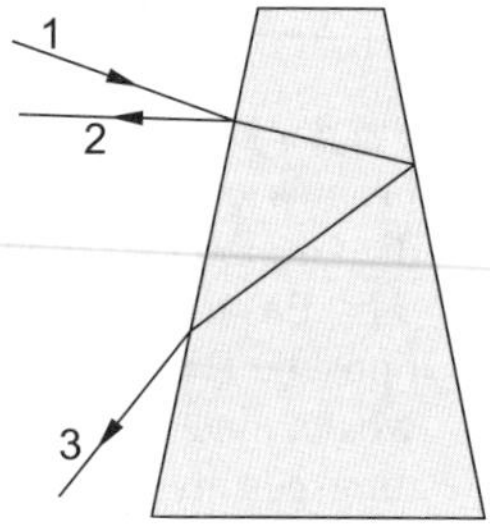

Abb. 3

Beträgt nun der Gangunterschied ein Vielfaches der Wellenlänge von beispielsweise blauem Licht, dann interferieren die Strahlen 2 und 3 konstruktiv und man sieht blau; die anderen Farben werden mehr oder weniger stark ausgelöscht. Nach unten nimmt die Dicke des Keils und damit der Gangunterschied zu; man sieht folglich größere Wellenlängen. Kurz vor dem Platzen der Seifenhaut ist diese so dünn, dass kein Gangunterschied mehr zu berücksichtigen ist und wegen des Phasensprungs an der Rückseite sich die beiden reflektierten Anteile gegenseitig auslöschen: Man sieht schwarz.

Abitur Physik (Bayern G8) – Elektromagnetische Felder, Relativitätstheorie
Übungsaufgabe 3: Gewitterwolke

Eine Gewitterwolke in 500 m Höhe wird als positiv geladene Kondensatorplatte (10 km^2 Flächeninhalt) betrachtet, der flache Erdboden als geerdete, gegenüber liegende Platte. Zwischen Wolke und Erde herrscht eine Spannung von 8,0 MV.

a) Berechnen Sie die Feldstärke E des homogen angenommenen elektrischen Feldes.

Ein Nebeltröpfchen von 2,0 mm Durchmesser schwebt zwischen Erdboden und Wolke.

b) Welche Ladung trägt das (kugelförmige) Tröpfchen? (Dichte $1{,}0\ \frac{g}{cm^3}$).

Blitzforscher holen sich (wenn die Feldstärke in Bodennähe hoch genug ist) im wahrsten Sinne die „Blitze vom Himmel", indem sie Raketen in Richtung Gewitterwolke schießen, die über einen langen, dünnen Draht mit der geerdeten Messstation verbunden sind. Der Blitz schlägt dann in die Spitze der Rakete und fließt über den Draht zur Erde ab, der Draht verdampft dabei vollständig.

c) Zeichnen Sie in folgender Abbildung ein Äquipotenziallinienbild ein.

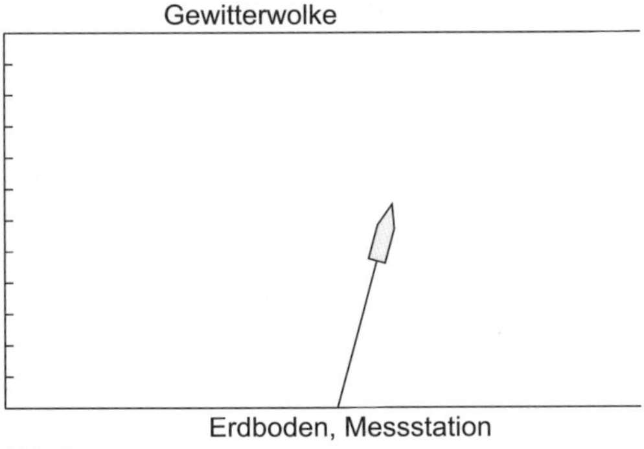

Abb. 1

d) Begründen Sie die erhöhte Gefahr eines Blitzeinschlags bei einem freistehenden Baum und erläutern Sie kurz die Wirkungsweise eines Blitzableiters.

Tipps und Hinweise zu Übungsaufgabe 3

Tipp zu Teilaufgabe a

Verwenden Sie eine Standardformel für den Plattenkondensator.

Tipp zu Teilaufgabe b

Beim Schweben heben sich alle vertikal angreifenden Kräfte gegenseitig auf.

Tipp zu Teilaufgabe c

Äquipotenziallinien enthalten Punkte gleicher Spannung gegen die Erde.

Tipp zu Teilaufgabe d

Berücksichtigen Sie die Auswirkung gekrümmter Oberflächen auf die elektrische Feldstärke dort.

Lösungen zu Übungsaufgabe 3

a) Da die Anordnung als Plattenkondensator interpretiert werden kann, ist

$$E = \frac{U}{d} = \frac{8 \cdot 10^6\ \text{V}}{500\ \text{m}} = \underline{\underline{16\ \frac{\text{kV}}{\text{m}}}}.$$

b) Wenn der Tropfen schwebt, sind seine Gewichtskraft und die elektrostatische Kraft gleich groß:

$$F_g = F_{el}$$

Die Gewichtskraft lässt sich mithilfe der Dichte aus dem Tröpfchenvolumen berechnen,

$$F_g = m \cdot g = \rho \cdot V \cdot g = \rho \cdot \frac{4}{3} r^3 \cdot \pi \cdot g,$$

für die elektrische Feldkraft gilt:

$$F_{el} = E \cdot Q$$

Durch Gleichsetzen und Umstellen erhält man für die Ladung:

$$Q = \frac{F_{el}}{E} = \frac{\rho \cdot \frac{4}{3} r^3 \cdot \pi \cdot g}{E}$$

$$= \frac{1{,}0 \cdot 10^3\ \frac{\text{kg}}{\text{m}^3} \cdot \frac{4}{3} \cdot (1{,}0 \cdot 10^{-3}\ \text{m})^3 \cdot \pi \cdot 9{,}81\ \frac{\text{m}}{\text{s}^2}}{16 \cdot 10^3\ \frac{\text{V}}{\text{m}}} \approx \underline{\underline{2{,}6 \cdot 10^{-9}\ \text{C}}}$$

Einheitenkontrolle:

$$1\,\frac{\frac{\text{kg}}{\text{m}^3}\cdot\text{m}^3\cdot\frac{\text{m}}{\text{s}^2}}{\frac{\text{V}}{\text{m}}} = 1\,\frac{\text{kg}\cdot\frac{\text{m}}{\text{s}^2}}{\frac{\text{V}}{\text{m}}} = 1\,\frac{\text{N}}{\frac{\text{V}}{\text{m}}} = 1\,\frac{\text{Nm}}{\text{V}} = 1\,\frac{\text{J}}{\text{V}} = 1\,\frac{\text{VAs}}{\text{V}} = 1\,\text{As} = 1\,\text{C}$$

c) In großer Entfernung zur Rakete verlaufen die Äquipotenziallinien parallel zur Erdoberfläche (Plattenkondensator), um die Rakete selbst gekrümmt. Die Krümmung und die Dichte der Linien sind an der Spitze am größten (Abbildung 2).

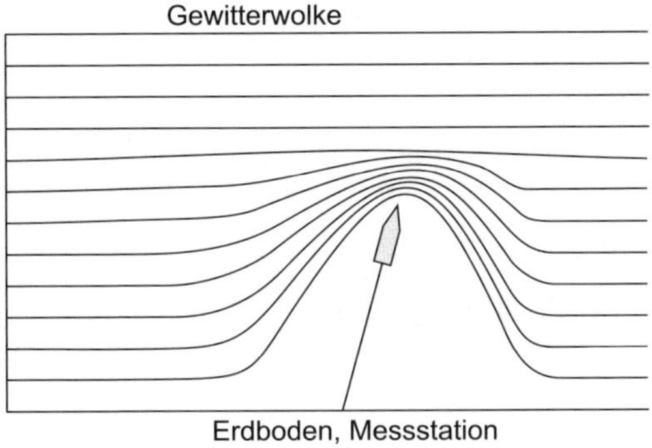

Abb. 2

d) Wie an der Raketenspitze ist an jeder geerdeten Spitze (also auch am oberen Baum- oder am Blitzableiterende) die elektrische Feldstärke v. a. aufgrund der starken Krümmung der Oberfläche sehr hoch, sodass der Blitz bevorzugt dort „ausgelöst" wird, also einschlägt.
Der Blitzableiter dient dazu, die Ladungen kontrolliert abfließen zu lassen und damit Schaden am Gebäude zu vermeiden.

Abitur Physik (Bayern G8) – Elektromagnetische Felder, Relativitätstheorie
Übungsaufgabe 4: Ungedämpfte el.-magn. Schwingungen und Wellen

Die Grundlage der modernen Funkübertragungstechnik ist der elektromagnetische Schwingkreis, der – nach einer Anregung sich selbst überlassen – mit einer typischen Frequenz gedämpft zu „schwingen“ beginnt.

a) Zeichnen Sie eine Schwingkreisschaltung und berechnen Sie allgemein aus den Kenngrößen der verwendeten Bauteile die Eigenfrequenz f_0.

b) Begründen Sie die Dämpfung dieser Schwingung.

c) Beschreiben Sie anhand einer Skizze die Funktionsweise einer Meißnerschaltung zur Erzeugung einer ungedämpften Schwingung.

Der Schwingkreis schwinge nun ungedämpft. Während einer Periodendauer lassen sich extreme Werte von Stromstärke und Spannung feststellen.

d) Skizzieren Sie jeweils den Schwingkreis sowie geeignete Feldlinien und kommentieren Sie die Bilder kurz.

Bei den Mobiltelefonen wird eine Sendefrequenz von 900 MHz verwendet. Der Schwingkreis ist hier „geöffnet", sodass elektrisches und magnetisches Wechselfeld sich mit Lichtgeschwindigkeit im gesamten Raum ausbreiten können.

e) Beschreiben Sie den Übergang vom Ausgangsschwingkreis zur Handyantenne und berechnen Sie die Wellenlänge.

Für die eigentliche Übertragung sorgt die Trägerwelle mit der genannten Trägerfrequenz. Dieser Trägerwelle werden die Informationen „aufmoduliert“.

f) Erläutern Sie zwei mögliche Modulationsverfahren.

In bewohnten Gegenden mit sehr schwachem Handynetz gibt es gelegentlich Orte, an denen trotzdem guter Empfang möglich ist.

g) Begründen Sie dieses Phänomen.

Tipps und Hinweise zu Übungsaufgabe 4

Tipp zu Teilaufgabe a

- Verwenden Sie zur Berechnung der Eigenfrequenz die Thomsonformel.

Tipp zu Teilaufgabe b

- Berücksichtigen Sie den ohmschen Widerstand der Bauteile.

Tipp zu Teilaufgabe c

- Beachten Sie, dass durch geeignete Kopplung die Energieverluste im eigentlichen Schwingkreis im richtigen „Rhythmus" wieder ausgeglichen werden müssen.

Tipp zu Teilaufgabe d

- Skizzieren Sie verschiedene „Momentaufnahmen" in Zeitabständen einer viertel Periodendauer (Start bei z. B. voll aufgeladenem Kondensator).

Tipp zu Teilaufgabe e

- Verwenden Sie in Ihrer Argumentation die Auswirkung von verringerten Werten der Kapazität und Induktivität im Schwingkreis auf dessen Eigenfrequenz. Durch welche bauliche Maßnahmen erreicht man diese Verringerungen?

Tipps zu Teilaufgabe f

- Die Trägerwelle hat üblicherweise eine wesentlich höhere Frequenz als die übertragenen Signale.
- Verändert werden kann die Frequenz oder die Amplitude.

Tipp zu Teilaufgabe g

- Denken Sie hier an günstige Reflexions- und Interferenzbedingungen.

Lösungen zu Übungsaufgabe 4

a) Abbildung 1 zeigt einen Schwingkreis, in dem Kondensator und Spule in Reihe geschaltet sind. Aus der Kapazität C des Kondensators und der Induktivität L der Spule berechnet sich die Eigenfrequenz des Schwingkreises nach der **Thomsonformel** zu:

$$f_0 = \frac{1}{T_0} = \underline{\underline{\frac{1}{2\pi \cdot \sqrt{L \cdot C}}}}$$

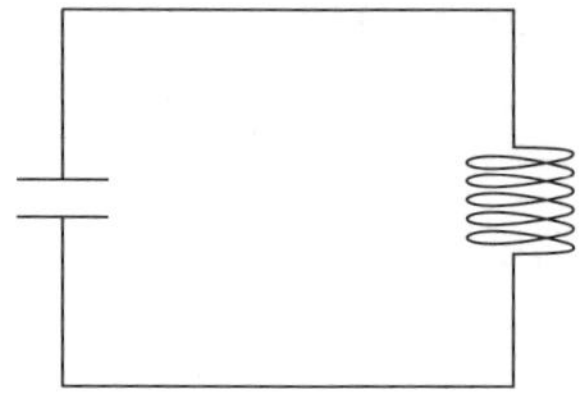

Abb. 1

b) Während das System schwingt, fließt Strom durch die Leitungen. Diese haben einen elektrischen Widerstand und werden erwärmt. Die Wärmeenergie geht verloren, sodass weniger Energie im Schwingkreis zur Verfügung steht.

c) Bei der **Meißner-Rückkopplungsschaltung** wird dem Schwingkreis bei jeder Schwingung die abgegebene Energie wieder zugeführt. Dies geschieht genau im Rhythmus der Schwingung und wird (wie jede Rückkopplungsschaltung) vom Schwingkreis selbst gesteuert. Eine mögliche Schaltung zeigt Abbildung 2.

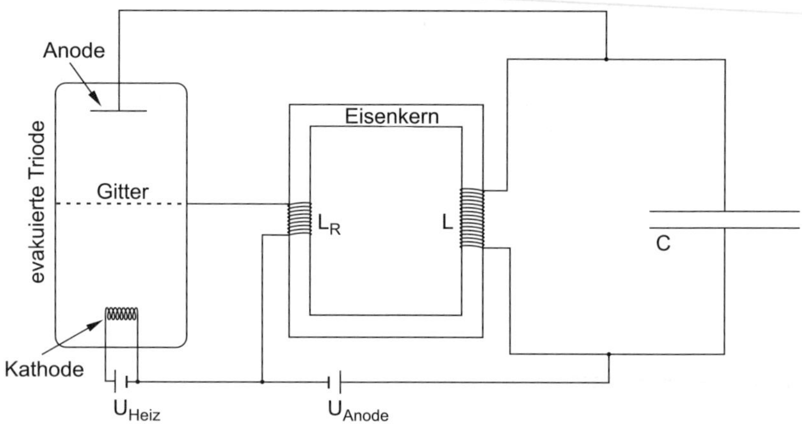

Abb. 2

Der eigentliche Schwingkreis (rechts) ist hier induktiv gekoppelt an die Meißnerschaltung links: Über die Magnetfeldänderung in der Schwingkreisspule (L) wird das Magnetfeld in der Rückkopplungsspule (L_R) gesteuert. Dieses wiederum regelt die Spannung an dem Gitter der Triode, sodass die von der Kathode aufgrund der Heizspannung emittierten Elektronen auf ihrem Beschleunigungsweg zur Anode hin mehr oder weniger das Gitter passieren können. Der auf diese Weise geregelte Elektronenfluss auf die Anode wird über das oben gezeichnete Kabel in den Schwingkreis weiter geleitet und liefert auf diese Weise genau im Schwingkreisrhythmus elektrische Energie nach. Die Schwingung rechts im Schwingkreis ist dann ungedämpft, weil die unvermeidbare Dämpfung ausgeglichen wird.

Statt der induktiven Kopplung über die Spule könnte man auch kapazitiv koppeln über den Kondensator, der dann über einen weiteren Rückkopplungskondensator die Meißnerschaltung steuert.

d) In Abbildung 3 ist die Situation in dem Augenblick dargestellt, in dem der Kondensator voll aufgeladen ist, dort also die maximale Spannung anliegt und die Stromstärke null ist. Im Kondensator herrscht ein elektrisches Feld maximaler Stärke.

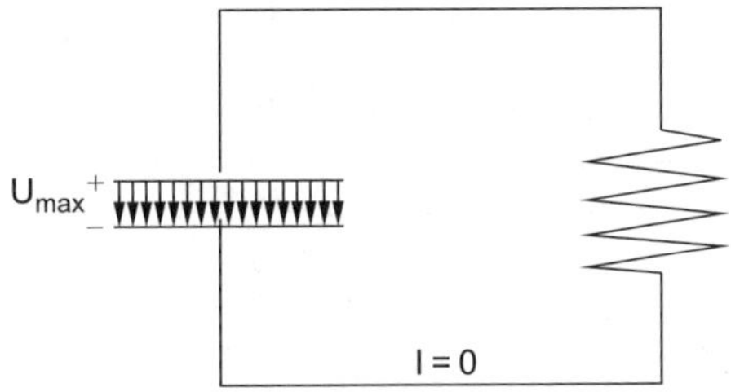

Abb. 3

Der Kondensator entlädt sich und verursacht einen Strom, dessen Stärke ihren größten Wert besitzt, wenn der Kondensator gerade „leer" ist, dort also die Spannung null anliegt. In der Spule herrscht dann ein Magnetfeld maximaler Stärke (Abbildung 4).

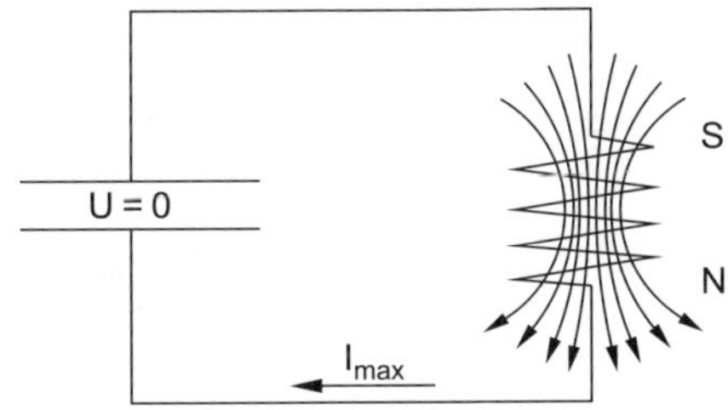

Abb. 4

Die Stromstärke würde sofort auf null abfallen, wenn nicht in der Spule das Magnetfeld vorhanden wäre, das nun zusammenbricht. Durch diese zeitliche Änderung des Magnetfelds wird ein Induktionsstrom verursacht, der gemäß Lenz'scher Regel der Ursache entgegenwirkt. Hier bedeutet dies, dass er weiter in die gleiche Richtung fließt wie in der Aufbauphase des Magnetfeldes (denn nun wird es ja abgebaut!) und den Kondensator andersherum auflädt (Abbildung 5).

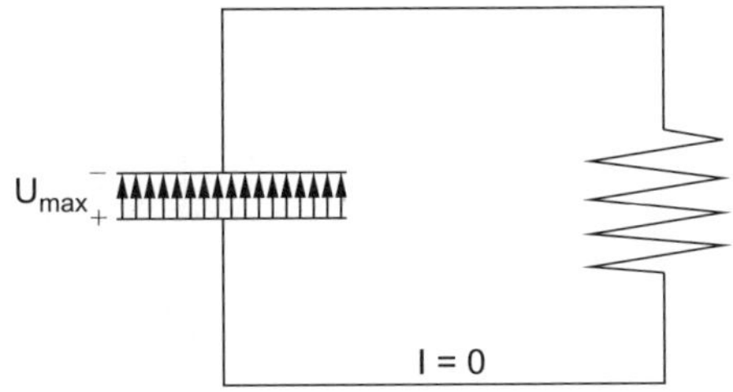

Abb. 5

Der jetzt mit umgekehrter Polung geladene Kondensator entlädt sich nun in entgegengesetzter Richtung, bei maximaler Stromstärke herrscht in der Spule wieder ein maximal starkes Magnetfeld (in umgekehrter Polung, Abbildung 6).

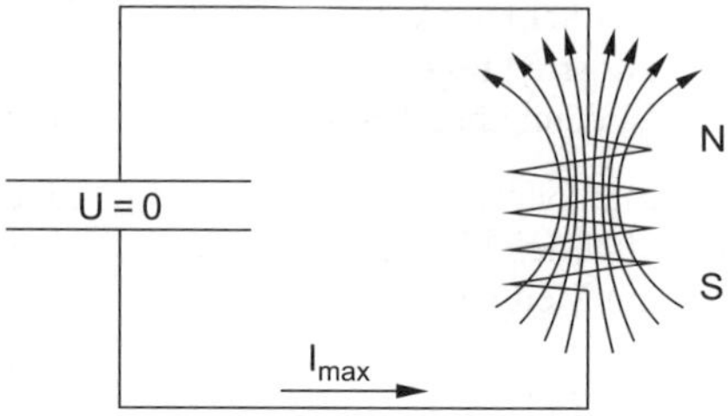

Abb. 6

Das Magnetfeld bricht wieder zusammen und der Induktionsstrom lädt den Kondensator auf, sodass sich wieder der Ausgangszustand einstellt (Abbildung 7).

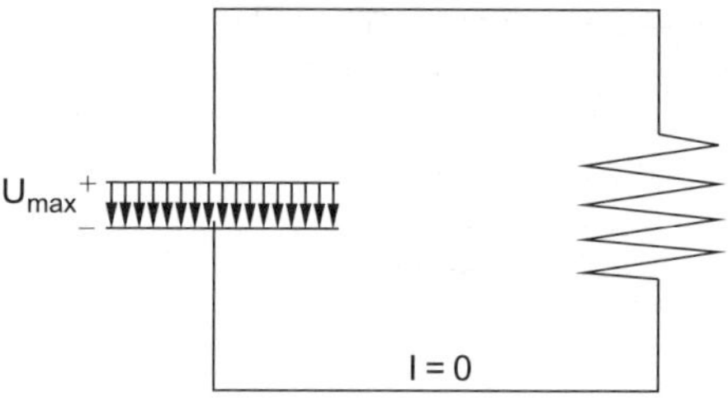

Abb. 7

e) Bei einer hohen Frequenz von 900 MHz muss, wie man an der Thomsongleichung

$$f_0 = \frac{1}{T_0} = \frac{1}{2\pi \cdot \sqrt{L \cdot C}}$$

sieht, sowohl die Induktivität L als auch die Kapazität C sehr klein werden. Um L zu verkleinern, kann man die Zahl der Spulenwindungen verringern, bis schließlich der Draht gar nicht mehr gewickelt wird (Abbildung 8).

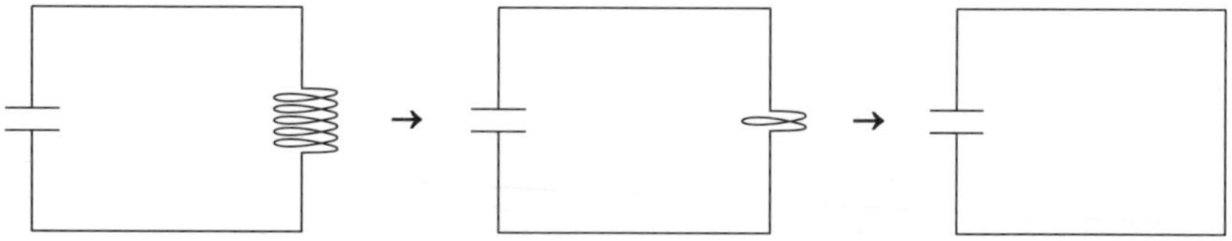

Abb. 8

Zusätzlich lässt sich die Kapazität durch Erhöhen des Plattenabstandes verringern (Abbildung 9):

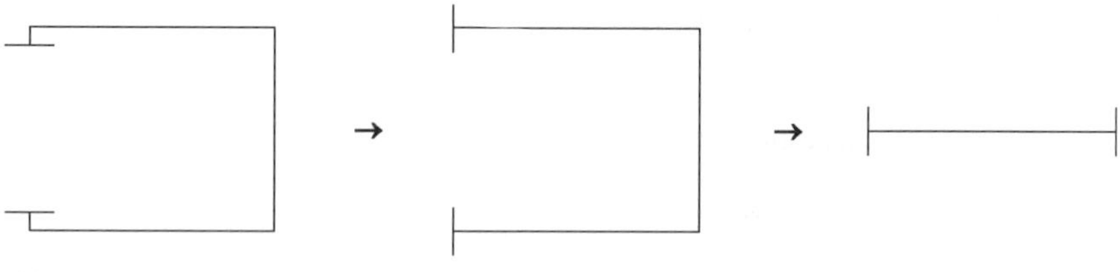

Abb. 9

Eine weitere Verkleinerung von C erreicht man durch kleinere Plattenflächen (Abbildung 10).

Abb. 10

Diesen „Schwingkreis" nennt man **Dipol**, jedes Handy hat einen solchen als Antenne eingebaut. Die Länge des Dipols ist ideal, wenn eine halbe Wellenlänge hineinpasst. Beim Mobiltelefon wird mit technischen Tricks erreicht, dass eine Antenne genügt, die im Gerät untergebracht werden kann. Wegen $c = \lambda \cdot f$ ergibt sich nämlich als Wellenlänge

$$\lambda = \frac{c}{f} = \frac{3{,}0 \cdot 10^8\,\frac{m}{s}}{900 \cdot 10^6\,Hz} \approx \underline{\underline{33\,cm}}$$

und damit eine Antennenlänge von 16 cm, die die Gerätegröße deutlich überschreitet. Bei alten Geräten wurden daher auch Teleskopantennen verbaut.

f) Bei der **Amplitudenmodulation** wird die Amplitude der hochfrequenten Trägerschwingung von der Signalstärke gesteuert (Abbildung 11).

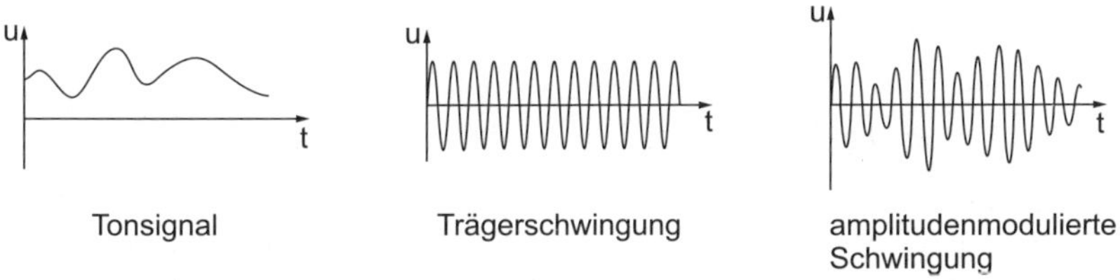

Abb. 11

Das Problem der Amplitudenmodulation ist die Störungsanfälligkeit bei Hindernissen, so wird etwa im Wald bei geschwächten Empfangssignalen die Lautstärke des wiedergegebenen Signals geringer.
Besser eignet sich die **Frequenzmodulation**, bei der durch das zu übertragende Signal die (vergleichsweise sehr hohe) Trägerfrequenz verändert wird (Abbildung 12):

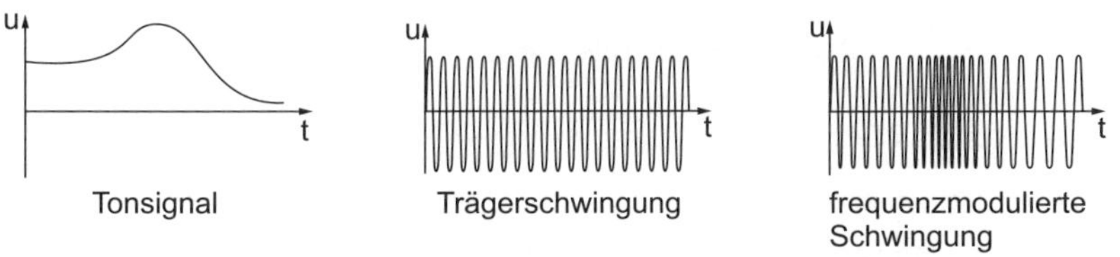

Abb. 12

g) Vor metallischen Flächen (etwa große Müllcontainer) kann der Empfang möglich sein, wenn die schwache Strahlung vom Sendemast zum Teil direkt das Gerät erreicht (was allein für den Betrieb unzureichend ist), zusätzlich aber auch reflektierte Strahlung von der Metallfläche die Antenne trifft. Die zusammengesetzte Strahlung kann dann – konstruktive Interferenz vorausgesetzt – ausreichend stark sein. Auch in Gebäuden beobachtet man dieses Phänomen manchmal.

Übungsaufgabe 5: Halleffekt

Aus einem Goldstreifen mit der Länge a = 8,0 mm, der Breite b = 2,0 mm und der Dicke d = 0,10 mm soll eine Hallsonde gefertigt werden (Abbildung 1). In ihr befinden sich $N = 9{,}5 \cdot 10^{19}$ frei bewegliche Elektronen. Die Hallsonde wird bei einer konstanten Stromstärke von I = 100 mA betrieben; die magnetische Flussdichte ist B = 1,0 T.

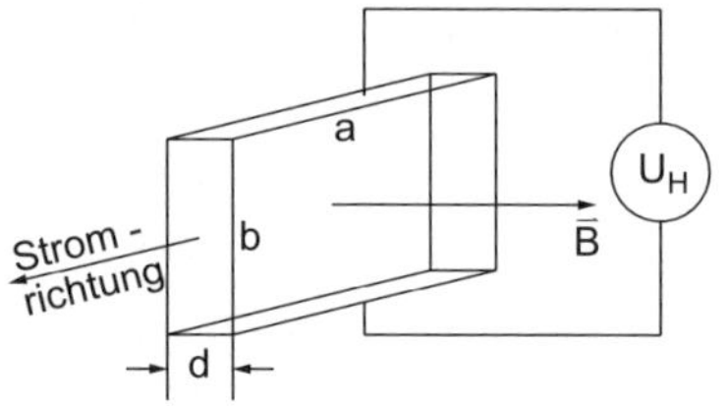

Abb. 1

a) Leiten Sie aus einem geeigneten Kraftansatz die folgende Beziehung für die Hallspannung U_H her:

$$U_H = v \cdot b \cdot B$$

Hierbei ist v die Driftgeschwindigkeit der Elektronen.

b) Die Driftgeschwindigkeit ist nicht direkt messbar, sie lässt sich jedoch indirekt ermitteln. Berechnen Sie dazu zunächst die Hallspannung mithilfe einer weiteren Gesetzmäßigkeit, die Sie z. B. der Formelsammlung entnehmen können.
[zur Kontrolle: $U_H = 0{,}11\ \mu V$]

c) Bestimmen Sie nun die Driftgeschwindigkeit der Elektronen.

GK 2003 I.3

Tipps und Hinweise zu Übungsaufgabe 5

Tipps zu Teilaufgabe a

- Es treten nacheinander die Lorentz- und die elektrische Feldkraft auf.
- Fassen Sie den Goldstreifen als Plattenkondensator auf.

Tipp zu Teilaufgabe b

- Die Hallsonde ist quaderförmig.

Tipp zu Teilaufgabe c

- Verwenden Sie die Formel aus Teilaufgabe a.

Lösungen zu Übungsaufgabe 5

a) In dem Goldstreifen stellt sich sehr schnell ein Kräftegleichgewicht ein zwischen der ladungstrennenden Lorentzkraft einerseits und dem dadurch sich aufbauenden elektrischen Gegenfeld andererseits:

$$F_{el} = F_L \quad \Leftrightarrow \quad e \cdot E = e \cdot v \cdot B \quad \Leftrightarrow \quad E = v \cdot B$$

Fasst man den Streifen als Plattenkondensator mit Plattenabstand b auf, gilt für die elektrische Feldstärke die Formel $E = \frac{U_H}{b}$, sodass für die Hallspannung folgt:

$$\frac{U_H}{b} = v \cdot B \quad \Leftrightarrow \quad U_H = \underline{\underline{v \cdot b \cdot B}} \qquad (*)$$

b) Dem Hinweis auf die Formelsammlung folgend findet man dort (S. 19):

$$U_H = \frac{1}{n \cdot e} \cdot \frac{I \cdot B}{d} \quad \text{mit } n = \frac{N}{V}$$

Mit $V = a \cdot b \cdot d$ erhält man:

$$U_H = \frac{a \cdot b \cdot d}{N \cdot e} \cdot \frac{I \cdot B}{d} = \frac{a \cdot b \cdot I \cdot B}{N \cdot e}$$

$$= \frac{(8{,}0 \cdot 2{,}0) \cdot 10^{-6}\,m^2 \cdot 100 \cdot 10^{-3}\,A \cdot 1.0\,T}{9{,}5 \cdot 10^{19} \cdot 1{,}6 \cdot 10^{-19}\,As} \approx \underline{\underline{1{,}1 \cdot 10^{-7}\,V = 0{,}11\,\mu V}}$$

c) Einsetzen des Ergebnisses aus Teilaufgabe b in die Formel (*) aus a liefert die Driftgeschwindigkeit

$$v = \frac{U_H}{b \cdot B} = \frac{1{,}1 \cdot 10^{-7}\,V}{2{,}0 \cdot 10^{-3}\,m \cdot 1{,}0\,T} = \underline{\underline{5{,}3 \cdot 10^{-5}\,\frac{m}{s}}}.$$

Setzt man in die letzte Formel den allgemeinen Ausdruck für U_H aus Teilaufgabe b ein, erkennt man:

$$v = \frac{U_H}{b \cdot B} = \frac{a \cdot b \cdot I \cdot B}{N \cdot e \cdot b \cdot B} = \frac{a \cdot I}{N \cdot e} = \frac{a \cdot I}{Q} = \frac{a}{\frac{Q}{I}} = \frac{a}{t}$$

Darin bedeuten Q die Gesamtladung in dem Streifen und t die benötigte Zeit zum Zurücklegen der Strecke a; v ist damit unmittelbar auf die mechanischen Grundgrößen zurückgeführt.
Der niedrige Wert der Driftgeschwindigkeit erinnert wieder an die verbreitete Fehlvorstellung, dass sich beim Einschalten des Raumlichtes am Schalter wegen der praktisch sofort einsetzenden Leuchtwirkung die Ladungsträger sehr schnell in der Leitung bewegen müssten. Die Modellvorstellung eines mit Kugeln gefüllten Schlauches hilft auch hier weiter: Schiebt man an einem Ende eine Kugel hinein, drückt es sofort am anderen Ende eine heraus, die Driftgeschwindigkeit der Kugeln selbst ist aber sehr klein.

Abitur Physik (Bayern G8) – Elektromagnetische Felder, Relativitätstheorie
Übungsaufgabe 6: Hypothetische Protonenbeschleuniger

In der Quelle Q werden ruhende Protonen mithilfe der Spannung U_0 auf die Geschwindigkeit $v_0 = 1{,}4 \cdot 10^5 \frac{\text{m}}{\text{s}}$ beschleunigt.
Anschließend treten sie bei A in den Protonenbeschleuniger ein. Dort werden sie durch ein homogenes Magnetfeld der Stärke $B = 5{,}0$ mT auf die abgebildete Bahn gezwungen. Dabei sind die beiden Strecken [AB] und [CD] magnetfeldfrei. Auf diesen beiden Strecken werden sie durch die Spannungen U_{AB} bzw. U_{CD} so beschleunigt, dass sich ihre Geschwindigkeiten jeweils verdoppeln. Die Bahnabschnitte BC und DA werden als Kreisbogen mit den Radien r bzw. R angesehen.

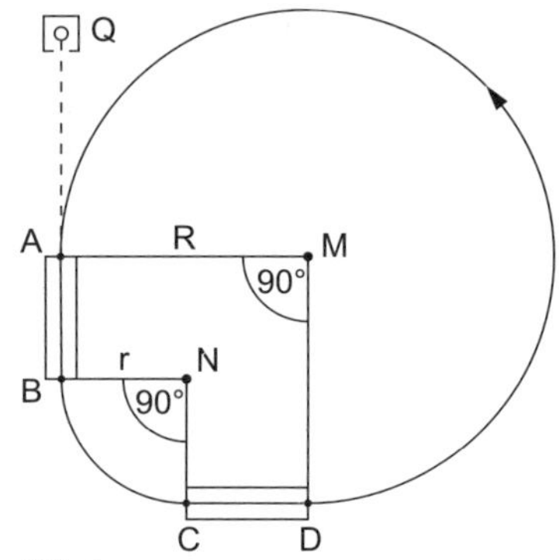

Abb. 1

Relativistische Effekte sollen bei den Berechnungen unberücksichtigt bleiben.

a) Bestimmen Sie die Beschleunigungsspannung U_0.

Zunächst soll die Bewegung der Protonen im ersten Umlauf betrachtet werden.

b) Ermitteln Sie die Spannung U_{AB}, den Radius r und die Zeit, die ein Proton für den Kreisabschnitt BC benötigt. Wie ist das Magnetfeld orientiert?

c) Zeigen Sie, dass $R = 2r$ gelten muss, damit sich die Protonen auf der vorgegebenen Bahn bewegen.

Nach jeweils einem Umlauf der Protonen muss die magnetische Flussdichte B des Magnetfelds nachreguliert werden, damit sich die Protonen weiter auf der Sollbahn bewegen.

d) Ermitteln Sie den Faktor, um den die magnetische Flussdichte B von Umlauf zu Umlauf verändert werden muss.

Abschließend soll diskutiert werden, ob dieser Beschleuniger realisierbar ist. Dazu wird der vierte Umlauf betrachtet.

e) Ermitteln Sie die Geschwindigkeiten der Protonen in den Punkten C und D. Berechnen Sie die dafür notwendige Beschleunigungsspannung U_{CD}. Interpretieren Sie diese Ergebnisse im Hinblick auf die Realisierbarkeit dieses Beschleunigers.

GK 2004 I.1

Tipps und Hinweise zu Übungsaufgabe 6

Tipp zu Teilaufgabe a

- Elektrische Energie wird in Bewegungsenergie umgewandelt.

Tipps zu Teilaufgabe b

- Berücksichtigen Sie bei der Verdoppelung der Geschwindigkeit die damit verbundene Zunahme an kinetischer Energie.
- Die Lorentzkraft ist eine Zentripetalkraft.

Tipp zu Teilaufgabe c

- Verwenden Sie die Radiusformel aus Teilaufgabe b.

Tipp zu Teilaufgabe d

- Je Umlauf wird die Geschwindigkeit zweimal verdoppelt.

Tipp zu Teilaufgabe e

- Beachten Sie den Hinweis, dass die Situation beim vierten Umlauf untersucht werden soll.

Lösung zu Übungsaufgabe 6

a) Nachdem relativistische Effekte bei der gesamten Aufgabe vernachlässigt werden sollen und außerdem die Geschwindigkeit von $v_0 = 1{,}4 \cdot 10^5 \frac{m}{s}$ weit kleiner ist als die „Faustregel"-Grenze von 0,1c für relativistische Rechnung, gilt ganz klassisch:

$$\frac{1}{2} m \cdot v_0^2 = e \cdot U_0$$

$$\Rightarrow \quad U_0 = \frac{m \cdot v_0^2}{2e} = \frac{1{,}67 \cdot 10^{-27}\,\text{kg} \cdot (1{,}4 \cdot 10^5\,\frac{m}{s})^2}{2 \cdot 1{,}6 \cdot 10^{-19}\,\text{As}} = 102{,}28\ldots\,\text{V} \approx \underline{\underline{0{,}10\,\text{kV}}}$$

b) Nach Angabe sollen die **Beschleunigungsspannungen** U_{AB} und U_{CD} die Geschwindigkeit jeweils verdoppeln, sodass für die Geschwindigkeit im Punkt B $v_B = 2v_0$ gelten muss und damit:

$$E_{kin,\,B} = \frac{1}{2} m \cdot v_B^2 = \frac{1}{2} m \cdot (2v_0)^2 = 4 \cdot \frac{1}{2} m \cdot v_0^2 = 4E_{kin,\,A}$$

Der Energiegewinn zwischen A und B beträgt daher

$$\Delta E_{kin} = E_{kin,\,B} - E_{kin,\,A} = 3E_{kin,\,A} = 3e \cdot U_0,$$

woraus folgt:

$$U_{AB} = 3U_0 = 3 \cdot 102{,}28\ldots\,\text{V} = 306{,}86\ldots\,\text{V} \approx \underline{\underline{0{,}31\,\text{kV}}}$$

Um den **Radius** r zu erhalten, erinnert man sich an die Tatsache, dass es sich bei der Lorentzkraft um eine Zentripetalkraft handelt, für die demnach

$$\frac{m \cdot v_B^2}{r} = e \cdot v_B \cdot B$$

gilt, folglich also:

$$r = \frac{m \cdot v_B}{e \cdot B} \qquad (*)$$

$$= \frac{1{,}67 \cdot 10^{-27}\,\text{kg} \cdot 2{,}8 \cdot 10^5\,\frac{m}{s}}{1{,}6 \cdot 10^{-19}\,\text{As} \cdot 5{,}0 \cdot 10^{-3}\,\text{T}} \approx \underline{\underline{0{,}58\,\text{m}}}$$

Einheitenbetrachtung:

$$1\,\frac{\text{kg} \cdot \frac{m}{s}}{\text{As} \cdot \text{T}} = 1\,\frac{\text{N}}{\text{A} \cdot \text{T}} = 1\,\frac{\text{N}}{\text{A} \cdot \frac{\text{Vs}}{\text{m}^2}} = 1\,\frac{\text{N} \cdot \text{m}^2}{\text{A} \cdot \text{V} \cdot \text{s}} = 1\,\frac{\text{J} \cdot \text{m}}{\text{J}} = 1\,\text{m}$$

Für die **Flugdauer** des Protons in dem Viertelkreis von B nach C gilt:

$$\Delta t_{BC} = \frac{\frac{1}{4} \cdot 2\pi \cdot r}{v_B} = \frac{\frac{1}{4} \cdot 2\pi \cdot 0{,}58\,\text{m}}{2{,}8 \cdot 10^5\,\frac{m}{s}} \approx \underline{\underline{3{,}3 \cdot 10^{-6}\,\text{s} = 3{,}3\,\mu\text{s}}}$$

Das **Magnetfeld** muss, um die eingezeichnete Flugbahn des Protons zu erzwingen, gemäß der Rechte-Hand-Regel **senkrecht in die Zeichenebene hinein** gerichtet sein.

c) Wegen der Geschwindigkeitsverdopplung im Bereich zwischen C und D (vgl. Angabe) ist $v_D = 2v_B$. Damit ergibt sich mit Gleichung (*) aus Teilaufgabe b sofort:

$$R = \frac{m \cdot v_D}{e \cdot B} = \frac{m \cdot 2v_B}{e \cdot B} = 2\frac{m \cdot v_B}{e \cdot B} = \underline{\underline{2r}}$$

d) Wegen der konstanten Radien $r = \frac{m \cdot v_B}{e \cdot B}$ und $R = \frac{m \cdot v_D}{e \cdot B}$ müssen auch die Verhältnisse $\frac{v_B}{B}$ und $\frac{v_D}{B}$ konstant sein (die Masse bleibt konstant, da laut Angabe relativistische Effekte nicht berücksichtigt werden müssen.) Demzufolge ist B je Umlauf zu **vervierfachen** (zweimalige Geschwindigkeitsverdopplung!).

e) **Geschwindigkeiten und Beschleunigungsspannungen**
In jeder Runde wird die Geschwindigkeit zweimal verdoppelt (zwischen A und B sowie zwischen C und D), also insgesamt vervierfacht, nach drei Runden (bzw. am Anfang der vierten Runde) ist die Geschwindigkeit also auf

$$v_{D,3} = v_{A,4} = 4^3 \cdot v_0 = 64v_0$$

angewachsen. In der nun durchlaufenen vierten Runde erreichen die Teilchen bei B bzw. C die Geschwindigkeit

$$v_{B,4} = v_{C,4} = 2 \cdot 4^3 \cdot v_0 = 128v_0 = \underline{\underline{1{,}8 \cdot 10^7 \tfrac{m}{s} = 0{,}06\,c}},$$

bei D schließlich die Geschwindigkeit

$$v_{D,4} = 4^4 \cdot v_0 = 256v_0 = \underline{\underline{3{,}6 \cdot 10^7 \frac{m}{s}}} = 0{,}12\,c > 0{,}1\,c;$$

diese liegt also bereits im Bereich relativistisch signifikanter Geschwindigkeiten. Um die Energie abzuschätzen, die für die Beschleunigung von

$$128 \cdot v_0 = 1{,}8 \cdot 10^7 \frac{m}{s} \quad \text{auf} \quad 256 \cdot v_0 = 3{,}6 \cdot 10^7 \frac{m}{s}$$

nötig ist, liefert die klassische Rechnung nur näherungsweise Werte, eine exakte Bestimmung erfordert eine relativistische Rechnung. Klassisch gilt:

$$\Delta E_{kin,CD,4} = \frac{1}{2} m \cdot (v_{D,4}^2 - v_{C,4}^2) = \frac{1}{2} m \cdot (256^2 v_0^2 - 128^2 v_0^2)$$
$$= \frac{1}{2} m \cdot v_0^2 \cdot (256^2 - 128^2) = 49\,152 \cdot e \cdot U_0$$
$$\Rightarrow \quad U_{CD,4} = 49\,152 \cdot U_0 = 49\,152 \cdot 102{,}28\ldots\,V \approx \underline{\underline{5{,}0\,MV}}$$

Hier nicht verlangt, aber zum Vergleich angeführt: Relativistische Rechnung

$$E_{kin,D,4} = m \cdot c^2 - m_0 \cdot c^2$$
$$= \frac{m_0}{\sqrt{1 - \frac{v_{D,4}^2}{c^2}}} \cdot c^2 - m_0 \cdot c^2$$
$$= m_0 \cdot c^2 \cdot \left(\frac{1}{\sqrt{1 - 0{,}12^2}} - 1 \right) = m_0 c^2 \cdot 0{,}007278\ldots$$

Analog gilt:

$$E_{kin,C,4} = \frac{m_0}{\sqrt{1-\frac{v_{C,4}^2}{c^2}}} \cdot c^2 - m_0 \cdot c^2$$

$$= m_0 \cdot c^2 \left(\frac{1}{\sqrt{1-0,06^2}} - 1 \right) = m_0 c^2 \cdot 0,001804\ldots$$

Daraus ergibt sich für die Beschleunigungsspannung:

$$U_{CD,4} = \frac{\Delta E}{e} = \frac{1}{e} \cdot (E_{kin,D,4} - E_{kin,C,4}) = \frac{1}{e} \cdot m_0 \cdot c^2 \cdot 0,005473\ldots$$

$$= 938,27\ \mathrm{MV} \cdot 0,005473\ldots \approx \underline{\underline{5,14\ \mathrm{MV}}}$$

Der korrekte Wert liegt also erwartungsgemäß wegen der zwar geringen, aber doch nicht vernachlässigbaren Massen- und damit Trägheitszunahme des Protons über dem klassisch berechneten Näherungswert.

Interpretation dieser Ergebnisse
Wegen der enormen Spannungs- und Flussdichteerhöhung in sehr kurzer Zeit sowie wegen des Eintritts relativistischer Effekte bereits nach dem 4. Umlauf ist dieses Gerät so nicht realisierbar.

Abitur Physik (Bayern G8) – Elektromagnetische Felder, Relativitätstheorie
Übungsaufgabe 7: Schwingkreis

Ein idealer Schwingkreis, der aus der Kapazität $C = 44$ pF und der Induktivität $L = 3{,}0$ µH besteht, schwingt ungedämpft. Zum Zeitpunkt $t = 0$ ist der Kondensator vollständig aufgeladen; die Spannung beträgt dann 12 V.

a) Berechnen Sie die Schwingungsdauer T.
[zur Kontrolle: $T = 7{,}2 \cdot 10^{-8}$ s]

b) Ermitteln Sie den Zeitpunkt, zu dem der Kondensator nach $t = 0$ erstmals vollständig entladen ist. Bestimmen Sie die Stromstärke I zu diesem Zeitpunkt.
[zur Kontrolle: $I = 46$ mA]

c) Zeichnen Sie mithilfe der Teilaufgaben a und b den zeitlichen Verlauf der Spannung und den der Stromstärke innerhalb einer Schwingungsdauer.

d) Erläutern Sie allgemein das Prinzip von Schaltungen, die es ermöglichen, einen realen Schwingkreis zu ungedämpften Schwingungen anzuregen.

GK 2004 II.1

Tipps und Hinweise zu Übungsaufgabe 7

Tipp zu Teilaufgabe a

- Verwenden Sie die Thomsongleichung.

Tipps zu Teilaufgabe b

- Die Entladung geschieht in der ersten von vier Phasen einer Schwingkreisperiode.
- Stellen Sie eine Energiebilanz auf.

Tipp zu Teilaufgabe c

- Beachten Sie den Phasenunterschied zwischen Spannung und Stromstärke.

Tipp zu Teilaufgabe d

- Die unvermeidlichen ohmschen Wärmeverluste müssen durch eine Rückkopplungsschaltung im richtigen „Rhythmus“ ausgeglichen werden.

Lösung zu Übungsaufgabe 7

a) Nach der **Thomsongleichung** gilt:

$$T = 2\pi \cdot \sqrt{L \cdot C} = 2\pi \cdot \sqrt{3{,}0 \cdot 10^{-6}\,H \cdot 44 \cdot 10^{-12}\,F} \approx \underline{\underline{7{,}2 \cdot 10^{-8}\,s}}$$

b) Der Kondensator ist nach einer Viertelschwingung erstmals völlig entladen, also nach

$$t = \frac{T}{4} = \frac{7{,}2 \cdot 10^{-8}\,s}{4} = \underline{\underline{1{,}8 \cdot 10^{-8}\,s}}.$$

Zu diesem Zeitpunkt befindet sich die gesamte Energie des Schwingkreises in der Spule als magnetische Feldenergie; zu Beginn der Schwingung liegt sie als rein elektrische Feldenergie vor. Aus der Energieerhaltung folgt:

$$E_{el,\,max} = E_{mag,\,max}$$

$$\frac{1}{2} C \cdot \hat{U}^2 = \frac{1}{2} L \cdot \hat{I}^2$$

$$\hat{I} = \sqrt{\frac{C}{L}} \cdot \hat{U} = \sqrt{\frac{44 \cdot 10^{-12}\,F}{3{,}0 \cdot 10^{-6}\,H}} \cdot 12\,V \approx \underline{\underline{46\,mA}}$$

c) 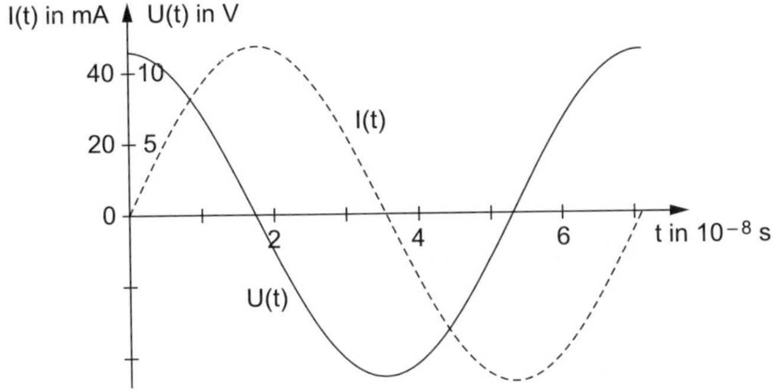

Abb. 1

d) Im realen Schwingkreis gibt es stets einen ohmschen Widerstand, der bei Stromdurchfluss elektrische Energie in Wärme umwandelt, sodass dem Schwingkreis Energie entzogen wird und die Schwingung gedämpft wird. Um diese periodisch auftretenden Verluste passgenau auszugleichen, bedarf es einer **Rückkopplungs-Schaltung** wie der von Meißner: Durch induktive oder kapazitive Kopplung an den Schwingkreis wird der „Takt" für die nötigen Energieschube abgegriffen, dieser steuert etwa über eine Triode (als Gitterladestrom) oder einen Transistor (als Basissteuerstrom) dann die Energiezufuhr aus der Stromquelle in den Schwingkreis. Dadurch werden die ohmschen Wärmeverluste gerade ausgeglichen und der Schwingkreis schwingt quasi ungedämpft.

Abitur Physik (Bayern G8) – Aufbau der Materie
Übungsaufgabe 8: Photonen

Das Blitzgerät eines Fotoapparates liefert für kurze $t = 0{,}0250$ s eine mittlere Leistung von 280 W, die mittlere Photonenenergie ist die des Lichtes mittlerer Wellenlänge von etwa 500 nm.

a) Wie viele Photonen verlassen bei einem Blitz das Gerät?

Das Blitzgerät soll die Aktivierungsenergie für eine chemische Reaktion liefern. Es wird einmal ungefiltert geblitzt, einmal mit einem roten und einmal mit einem blauen Filterglas.

b) In einem der drei Fälle lässt sich die Reaktion nicht auslösen.
Erläutern Sie diese Beobachtung.

Wird zusätzlich und gleichzeitig mit einem weiteren, baugleichen Gerät geblitzt, dann wird trotzdem nur in zwei Fällen die Reaktion ausgelöst.

c) Stellen Sie die Grenzen der klassischen Wellentheorie dar, die sich bei diesem Versuch zeigen.

Tipps und Hinweise zu Übungsaufgabe 8

Tipp zu Teilaufgabe a

Berechnen Sie zunächst die Photonenenergie.

Tipp zu Teilaufgabe b

Beachten Sie den Zusammenhang zwischen Lichtfarbe und Photonenenergie.

Tipp zu Teilaufgabe c

Ein weiteres Blitzgerät erhöht die Energiedichte auf der beleuchteten Fläche.

Lösungen zu Übungsaufgabe 8

a) Bei einer Leistung von $P = 280$ W während einer Zeit von $t = 0{,}0250$ s wird die Energie $W = P \cdot t = 280\ \text{W} \cdot 0{,}025\ \text{s} = 7{,}00\ \text{J}$ freigesetzt. Bei einer mittleren Photonenfrequenz von

$$f = \frac{c}{\lambda} = \frac{3{,}00 \cdot 10^8\ \frac{\text{m}}{\text{s}}}{500 \cdot 10^{-9}\ \text{m}} = 6{,}00 \cdot 10^{14}\ \text{Hz}$$

hat jedes Photon die Energie

$$W_{ph} = h \cdot f = 6{,}62 \cdot 10^{-34}\ \text{Js} \cdot 6{,}00 \cdot 10^{14}\ \frac{1}{\text{s}} \approx 3{,}97 \cdot 10^{-19}\ \text{J},$$

an dem Blitz sind also

$$n = \frac{W}{W_{ph}} = \frac{7{,}00\ \text{J}}{3{,}97 \cdot 10^{-19}\ \text{J}} \approx \underline{\underline{1{,}76 \cdot 10^{19}}}$$

Photonen beteiligt.

b) Die Wellenlänge von blauem Licht ist kürzer als die von rotem, die Photonenenergie somit höher. Wenn die chemische Reaktion in zwei der drei Fälle ausgelöst werden kann, dann sind dies ungefiltertes und blaues Licht; die Photonen des roten Lichts haben eine zu geringe Energie zum Auslösen der Reaktion.

c) Nach der Wellentheorie würde durch die höhere Intensität des Lichtes von zwei Blitzgeräten auf die für die Reaktionsauslösung relevante Fläche eine größere Energie entfallen, die genügen müsste. Offenbar **spielt** aber **die Intensität für das Auslösen des Prozesses keine Rolle**, vielmehr muss die Energieportion eines einzelnen Photons ausreichend groß sein. Hier liegt also ein Widerspruch zur Theorie des Lichtes als Welle vor.

Abitur Physik (Bayern G8) – Aufbau der Materie
Übungsaufgabe 9: Fotoeffekt

Ein Schlüsselexperiment für die Teilchendeutung des Lichtes stellt der Nachweis des Fotoeffektes dar. In einem Vorversuch wird eine negativ geladene Zinkplatte bei Beleuchtung mit einer Quecksilberdampflampe entladen, eine positiv geladene dagegen nicht. Bei Beleuchtung mit Tageslicht tritt auch bei negativ geladener Platte keine Entladung auf.

a) Erklären Sie die Ergebnisse.

Zur qualitativen Auswertung des Fotoeffektes wird eine Vakuumfotozelle verwendet.

b) Beschreiben Sie einen Versuch zur Analyse des Fotoeffektes mit Licht verschiedener Wellenlängen und fertigen Sie eine Skizze dazu an.

Das Licht der Quecksilberlampe besitzt scharfe Linien bei 405 nm, 436 nm, 546 nm und 579 nm. Die kinetische Energie der ausgelösten Fotoelektronen lässt sich etwa durch Anlegen eines elektrischen Gegenfeldes und eine sehr empfindliche Stromstärkemessung bestimmen.

c) Stellen Sie eine Energiebilanz auf.
Im Versuch erhält man, wenn man als Kathodenmaterial Caesium verwendet (Austrittsarbeit 1,94 eV), folgende Werte:

λ in nm	405	436	546	579
E_{kin} in eV	1,12	0,90	0,33	0,202

Zeichnen Sie mit diesen Ergebnissen ein f-E_{kin}-Diagramm und erläutern Sie kurz den Verlauf der Ausgleichsgeraden.

Die Vakuumfotozelle wird nun gegen ein Exemplar mit einer Kaliumkathode (Austrittsarbeit 2,25 eV) ausgetauscht.

d) Wie verläuft das Experiment jetzt? Welchen Geradenverlauf erwarten Sie? Ergänzen Sie das Diagramm aus Teilaufgabe c.

e) Beschreiben Sie ein Verfahren zur Bestimmung der Wellenlängen aller auftretenden Linien bei der verwendeten Quecksilberdampflampe.

f) Begründen Sie mithilfe eines geeigneten Modells das Auftreten des diskreten Spektrums bei dieser Lampe und vergleichen Sie seine Entstehung mit der eines Glühlampenspektrums.

g) Stellen Sie die Widersprüche zwischen dem Wellenmodell des Lichtes und den Versuchsergebnissen beim Fotoeffekt dar.

Tipps und Hinweise zu Übungsaufgabe 9

Tipp zu Teilaufgabe a

- Elektronen lassen sich im Gegensatz zu den im Gitterverband fixierten Atomen durch Lichteinwirkung aus dem Metall herauslösen.

Tipps zu Teilaufgabe b

- Dies ist ein Standardversuch, den Sie in Ihren Aufzeichnungen bzw. im Schulbuch nachschlagen können.
- Bedenken Sie die Möglichkeit, unerwünschte Farben auszufiltern.

Tipps zu Teilaufgabe c

- Sie benötigen die Einstein-Gleichung des Fotoeffekts.
- Wie können Sie die Auslösearbeit und das Planck'sche Wirkungsquantum aus dem Graphen ablesen?

Tipps zu Teilaufgabe d

- Prüfen Sie zunächst, ob bei jeder der Wellenlängen eine Auslösung möglich ist.
- Was bedeutet eine größere Auslösearbeit grafisch?

Tipp zu Teilaufgabe e

- Ein Spektrum soll zerlegt werden.

Tipps zu Teilaufgabe f

- Gehen Sie hier zunächst kurz auf die Entstehungsweise des Lichts in der Quecksilberdampflampe ein.
- Für den Vergleich wesentlich ist der Bindungszustand der Elektronen (gebunden, ungebunden).

Tipp zu Teilaufgabe g

- Formulieren Sie drei Beobachtungen, die im Widerspruch zur Wellentheorie stehen.

Lösungen zu Übungsaufgabe 9

a) Die Photonen der Quecksilberdampflampe sind energiereich und können Elektronen aus der negativ geladenen Zinkplatte auslösen, sodass die Entladung eintritt. Auf der positiv geladenen Zinkplatte herrscht ein Elektronenmangel und die Auslösung findet nicht statt. Bei Tageslicht genügt die Energie der einzelnen Photonen nicht für die Elektronenauslösung.

b) In Abbildung 1 ist der Versuchsaufbau skizziert. Das Farbfilter stellt zusammen mit der Blende sicher, dass nur monochromatisches Licht in die evakuierte Fotozelle gelangt. Das Licht fällt auf die metallisch beschichtete Kathode, die über ein empfindliches (und nahezu stromlos arbeitendes) Spannungsmessgerät mit der Anode verbunden ist. Je nach ihrer Energie lösen die Photonen Elektronen aus der Metalloberfläche der Kathode aus. Diese fliegen zur Ringanode und sorgen (wenn sie sie treffen) dafür, dass sich eine messbare Spannung einstellt.

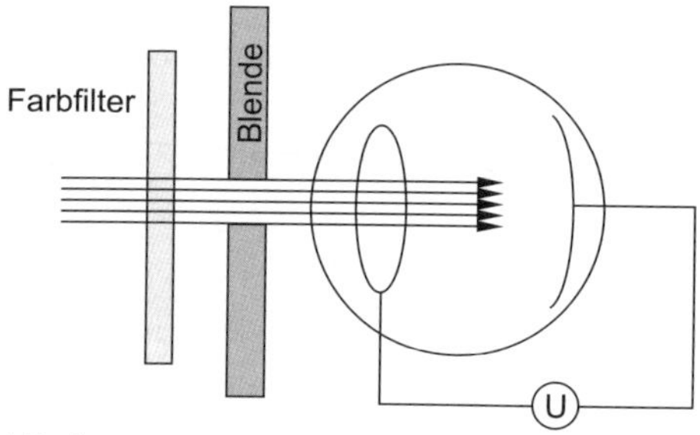

Abb. 1

Die Fotospannung ist größer bei Photonen höherer Energie, d. h. größerer Frequenz. Oberhalb einer Grenzwellenlänge (unterhalb einer Grenzfrequenz) genügt die Photonenenergie nicht mehr zur Auslösung von Elektronen aus dem Kathodenmaterial.

c) Die Energiebilanz bei der Frequenz f und der Austrittsarbeit W_A lautet:

$$E_{kin} = h \cdot f - W_A$$

Zum Zeichnen des f-E_{kin}-Diagramms ergänzt man die Wertetabelle um eine Zeile mit den zugehörigen Frequenzen ($f = \frac{c}{\lambda}$).

λ in nm	405	436	546	579
E_{kin} in eV	1,12	0,90	0,33	0,202
f in 10^{14} Hz	7,41	6,88	5,49	5,18

Der Graph in (Abbildung 2, nächste Seite) zeigt als

- Schnittpunkt der Ausgleichsgeraden mit der E_{kin}-Achse die (negative) Austrittsarbeit –1,94 eV von Caesium sowie
- als Steigung die Planck'sche Konstante.

d) Bei der 579 nm-Linie genügt die Photonenenergie nicht mehr für eine Auslösung von Elektronen. Die Ausgleichsgerade ist parallel verschoben und schneidet die E_{kin}-Achse bei –2,25 eV (siehe gestrichelte Gerade in Abbildung 2).

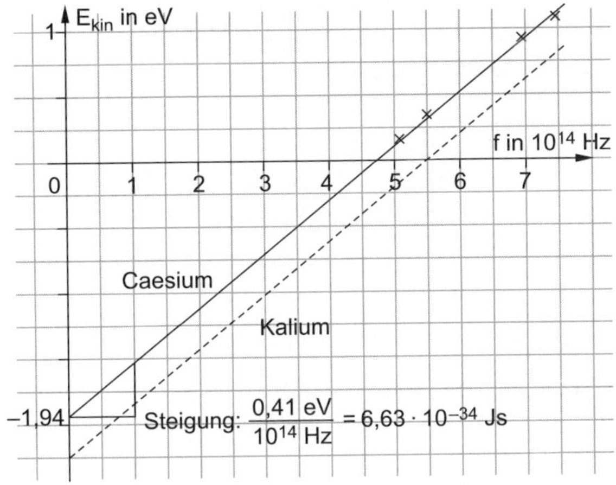

Abb. 2

e) Das Licht lässt sich beispielsweise mit einem Prisma in seine spektralen Bestandteile zerlegen. Diese Linien werden einzeln durch eine geeignete Blende auf ein Gitter weitergeleitet. Aus dem Abstand der beobachtbaren Interferenzmaxima und dem Schirmabstand lässt sich über die Bedingung für konstruktive Interferenz die Wellenlänge bestimmen.

f) Die Quecksilberatome besitzen (wie alle anderen Atome auch) Energieniveaus, die seine Elektronen einnehmen können. Der Übergang von einem Niveau niedrigerer Energie auf ein Niveau höherer Energie erfolgt durch Aufnahme eines Photons, der umgekehrte Vorgang durch Photonenemission. Dabei ist die Energiedifferenz zwischen den Energieniveaus genau die Energie des Photons, d. h., die Wellenlänge des ausgesandten Lichts kann nur ganz bestimmte Werte annehmen: Es entsteht ein **diskretes Spektrum (Linienspektrum)**.
Im Gegensatz hierzu treten beim Spektrum einer Glühlampe alle Wellenlängen zwischen zweier Grenzen auf. Das liegt daran, dass im Metall des Glühfadens die Elektronen den Atomverband verlassen haben. Sie befinden sich nicht mehr in diskreten Energieniveaus wie im gebundenen Zustand, sondern können sich praktisch frei bewegen und alle Energiezustände, z. B. durch thermische Anregung, annehmen. Im möglichen Energiebereich können daher auch Photonen aller Frequenzen emittiert werden, es entsteht ein **kontinuierliches Spektrum**.

g) **1. Widerspruch:** Der Fotoeffekt setzt ohne Verzögerung ein und nicht erst nach Ansammlung einer gewissen Energie, die die Welle transportiert.

2. Widerspruch: Unterhalb der Grenzfrequenz müsste ein Ansammeln der Energie zum Auslösen der Elektronen auch möglich sein, lässt sich aber nicht feststellen.

3. Widerspruch: Die maximale kinetische Energie der ausgelösten Elektronen hängt nicht von der Strahlungsintensität ab.

Abitur Physik (Bayern G8) – Aufbau der Materie
Übungsaufgabe 10: Materiewellen

Aus einer geeigneten Quelle fliegen Elektronen mit einer Geschwindigkeit von $1{,}50 \cdot 10^5\ \frac{m}{s}$ auf einen Doppelspalt und anschließend auf einen Detektorschirm.

a) Beschreiben Sie eine geeignete Vorrichtung, in der Elektronen auf die angegebene Geschwindigkeit beschleunigt werden können.

b) Berechnen Sie die de-Broglie-Wellenlänge der Elektronen.

c) Ermitteln Sie geeignete Abmessungen für den Doppeltspalt, sodass das erste Interferenzmaximum unter einem Winkel von wenigstens 5° gegen die Symmetrieachse zu erwarten ist.
Skizzieren Sie qualitativ das zu erwartende Interferenzmuster.

Mittlerweile wurden bereits bei größeren Teilchen Welleneigenschaften nachgewiesen, so etwa bei den Fullerenen (z. B. C60-Molekül aus 60 Kohlenstoffatomen; wegen ihrer Form werden sie auch „Bucky Balls" oder „Fußballmoleküle" genannt).

d) Nennen Sie die experimentellen Herausforderungen beim Nachweis von Materiewellen bei so schweren Objekten.

Tipps und Hinweise zu Übungsaufgabe 10

Tipp zu Teilaufgabe a

Wichtige Begriffe: Glühemission, Beschleunigungsspannung, Vakuum.

Tipp zu Teilaufgabe b

Nutzen Sie die Formelsammlung.

Tipp zu Teilaufgabe c

Der Gangunterschied beim ersten Maximum ist gerade eine Wellenlänge.

Tipp zu Teilaufgabe d

Betrachten Sie dazu die Formel für die de-Broglie-Wellenlänge.

Lösungen zu Übungsaufgabe 10

a) Die Elektronen könnten beispielsweise durch Glühemission freigesetzt und anschließend in einem evakuierten Behälter durch eine geeignete Kondensatorspannung beschleunigt werden. Durch eine Blende fliegen sie dann in einheitlicher Richtung weiter durch die Versuchsapparatur.

b) Für die de-Broglie-Wellenlänge erhält man:

$$\lambda = \frac{h}{m \cdot v} = \frac{6{,}63 \cdot 10^{-34}\,\text{Js}}{9{,}11 \cdot 10^{-31}\,\text{kg} \cdot 1{,}50 \cdot 10^{5}\,\frac{\text{m}}{\text{s}}} \approx \underline{\underline{4{,}85 \cdot 10^{-9}\,\text{m} = 4{,}85\,\text{nm}}}$$

c) Für das erste Maximum im Interferenzmuster hinter einem Doppelspalt muss der Gangunterschied der beiden Einzelwellen gerade eine Wellenlänge sein (Abbildung 1), also

$$\Delta s = b \cdot \sin\alpha = \lambda.$$

Daraus folgt:

$$b = \frac{\lambda}{\sin\alpha} = \frac{4{,}85 \cdot 10^{-9}\,\text{m}}{\sin 5{,}0^\circ} \approx \underline{\underline{5{,}56 \cdot 10^{-8}\,\text{m} = 55{,}6\,\text{nm}}}$$

Für einen Beugungswinkel von mindestens 5° darf der **Spaltabstand** höchstens 55,6 nm betragen.

Abbildung 2 zeigt qualitativ das zu erwartende **Interferenzmuster**.

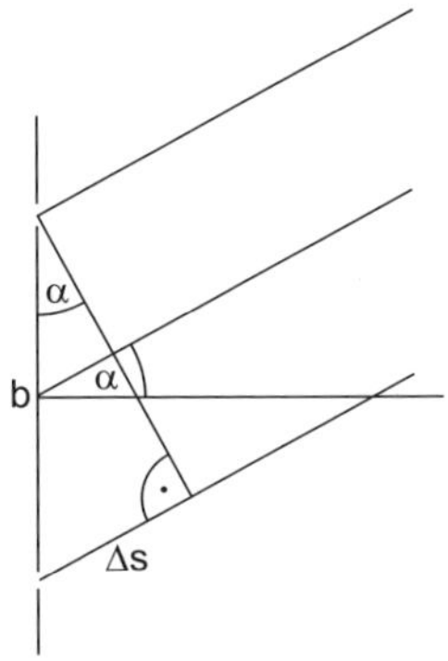

Abb. 1

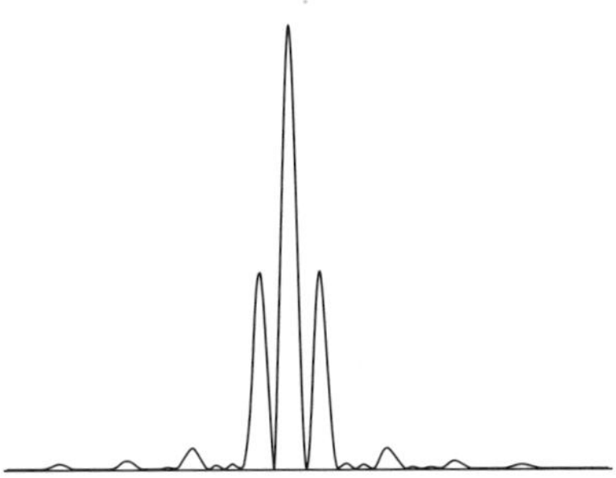

Abb. 2

d) Die Formel für die de-Broglie-Wellenlänge ist

$$\lambda = \frac{h}{m \cdot v},$$

bei schweren Teilchen ist also der Nenner groß und damit die Wellenlänge klein, entsprechend müssen sehr kleine Abmessungen für Gitter oder Spalt erreicht werden. Zusätzlich kann man die Geschwindigkeit möglichst gering wählen, damit der Nenner wieder kleiner und die Wellenlänge damit größer, also auch leichter messbar wird. Darüber hinaus sollten die Teilchen eine möglichst einheitliche Geschwindigkeit besitzen, sie sollten daher vor Auftreffen auf das Gitter ein Geschwindigkeitsfilter durchlaufen.

Ein reales Beispiel: C60-Moleküle werden in einem Ofen erzeugt, durchlaufen ein Geschwindigkeitsfilter und treffen mit 220 $\frac{m}{s}$ auf ein Gitter mit 100 nm Linienabstand, also:

$$\lambda = \frac{h}{m \cdot v} = \frac{6{,}63 \cdot 10^{-34}\,\mathrm{Js}}{60 \cdot 12 \cdot 1{,}66 \cdot 10^{-27}\,\mathrm{kg} \cdot 220\,\frac{m}{s}} = 2{,}50 \cdot 10^{-12}\,\mathrm{m} = 2{,}50\,\mathrm{pm}$$

Weiterführender Link: www.quantenphysik-schule.de/fullerene.htm

Abitur Physik (Bayern G8) – Aufbau der Materie
Übungsaufgabe 11: Röntgenstrahlung

a) Beschreiben Sie den Aufbau und die Funktionsweise einer Röntgenröhre.

b) Zur experimentellen Bestimmung des Spektrums wird die Drehkristallmethode verwendet. Erläutern Sie dieses Verfahren und die Bragg'sche Beziehung

$$2 \cdot d \cdot \sin\delta = k \cdot \lambda,$$

wobei d der Abstand der Drehkristallebenen und δ der sogenannte Glanzwinkel ist.

c) Skizzieren Sie ein mögliches Röntgenspektrum mit kontinuierlichem sowie charakteristischem Anteil und erklären Sie deren Ursache.
Skizzieren Sie auch das Röntgenspektrum bei doppelter Beschleunigungsspannung.

d) Leiten Sie die Formel

$$h = \frac{2e \cdot U \cdot d \cdot \sin\delta}{c}$$

zur Bestimmung der Planck'schen Konstante aus dem Glanzwinkel erster Ordnung her.

Tipps und Hinweise zu Übungsaufgabe 11

Tipps zu Teilaufgabe a

- Aufbau: siehe Ihre Aufzeichnungen bzw. Schulbuch.
- Röntgenstrahlung entsteht beim Abbremsen beschleunigter Elektronen.

Tipp zu Teilaufgabe b

- Beim Glanzwinkel tritt konstruktive Interferenz zwischen den Strahlen auf, die an den obersten beiden Schichten reflektiert werden.

Tipps zu Teilaufgabe c

- Stellen Sie eine Energiebilanz auf und berücksichtigen Sie den Zusammenhang zwischen Photonenenergie und Frequenz.
- Beachten Sie die Materialabhängigkeit des charakteristischen Spektrums.

Tipp zu Teilaufgabe d

- Verwenden Sie die Gleichung aus Teilaufgabe b sowie einen Energieansatz aus Teilaufgabe c.

Lösungen zu Übungsaufgabe 11

a) In einem evakuierten Glasbehälter befindet sich eine Glühwendel, die von einer Heizstromquelle versorgt wird. Die emittierten Elektronen werden von der gegenüber liegenden Anode aus einem schweren Metall abgesaugt und beschleunigt, indem zwischen Elektronenquelle und Anode eine Beschleunigungsspannung angelegt wird. Die schnellen Elektronen prallen auf das schwere Material der Anode und werden sehr schnell abgebremst. Dabei geben sie ihre kinetische Energie in Form von Photonen ab, deren Maximalenergie gerade die Bewegungsenergie der Elektronen ist (Abbildung 1).

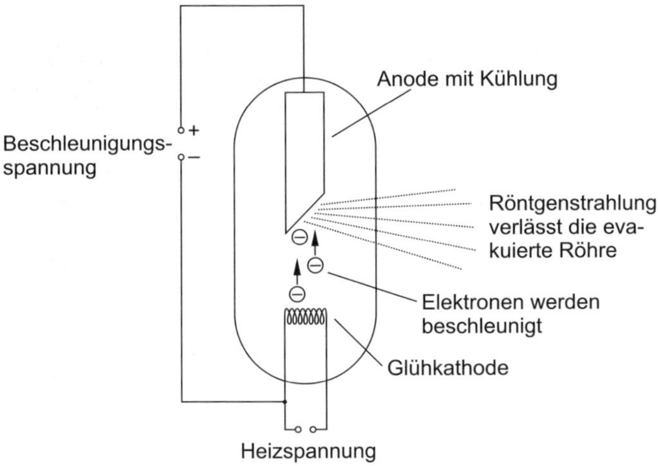

Abb. 1

b) Der Kristall wird – wie der Name schon sagt – im Strahlengang gedreht, bis die reflektierte Strahlung mit maximale Intensität aufweist, also die an der obersten und der zweitobersten Gitterschicht reflektierten Strahlen konstruktiv interferieren. Der Kristall schließt in diesem Fall mit der Einstrahlrichtung den Glanzwinkel δ ein (Abbildung 2).

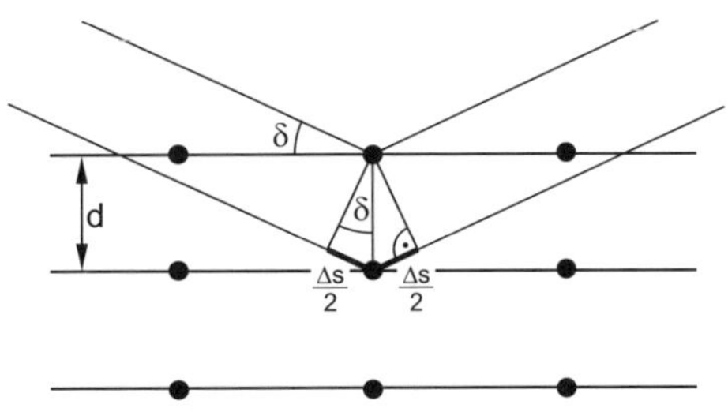

Abb. 2

Der Gangunterschied ist dann ein ganzzahliges Vielfaches der Wellenlänge. Weil er je zur Hälfte vor und nach der Reflexion durchlaufen wird, taucht der Faktor 2 in der Bragg'schen Beziehung auf und es gilt:

$$\frac{\frac{\Delta s}{2}}{d} = \sin\delta \iff \Delta s = 2d \cdot \sin\delta \overset{\Delta s = k \cdot \lambda}{\Rightarrow} k \cdot \lambda = 2d \cdot \sin\delta \quad (k = 1, 2, \ldots) \quad (*)$$

Die Messung der jeweiligen Intensitäten bei verschiedenen Winkeln, die den verschiedenen Wellenlängen entsprechen, liefert ein Spektrum der verwendeten Röntgenröhre.

c) Das Spektrum einer Röntgenröhre besteht aus einem **kontinuierlichen Teil**, der auf der kurzwelligen Seite (also bei einem kleinen Glanzwinkel) einen scharfen Rand hat. Die Ursache dafür ist die Grenzsituation, dass ein Elektron bei nur einem Stoßprozess seine gesamte Bewegungsenergie in Form eines einzigen energiereichen Photons abgibt, das damit die größtmögliche Frequenz bzw. die kleinstmögliche Wellenlänge hat. Hier gelten die Beziehungen

$$e \cdot U = h \cdot f_{grenz} \quad \text{und} \quad f = \frac{c}{\lambda}, \qquad (**)$$

der linke Rand des Spektrums wandert also mit zunehmender Beschleunigungsspannung weiter nach links. Ansonsten geben die Elektronen ihre Energie nach und nach bei mehr als einem Stoß ab, es tauchen alle Wellenlängen $\lambda > \lambda_{grenz}$ im Spektrum auf.
Zusätzlich zu diesem kontinuierlichen Teil des Spektrums fallen einige Spitzenwerte auf, die bei bestimmten Wellenlängen liegen. Diese Spektrallinien heißen K_α- bzw. K_β- Linien und finden sich an einer für das Anodenmaterial typischen Stelle im Spektrum; man nennt diesen Anteil daher auch **charakteristisches Spektrum**. Verantwortlich dafür sind Vorgänge in den Atomen des Anodenmaterials: Es werden gelegentlich von den schnellen Elektronen auch kernnahe Elektronen (innerste Schale) aus dem Atom geschleudert, die Lücken werden dann sehr schnell von Elektronen der Nachbarschalen (L-Schale bei der K_α-Linie) geschlossen, die frei werdende Energie als Röntgenquant eben dieser typischen Wellenlänge emittiert.
Abbildung 3 zeigt den spektralen Verlauf der Intensität für einfache und doppelte Beschleunigungsspannung. In letzterem Fall ist die Grenzwellenlänge gemäß den Formeln (**) kleiner und die Intensitäten insgesamt größer, da mehr Energie zur Verfügung steht.

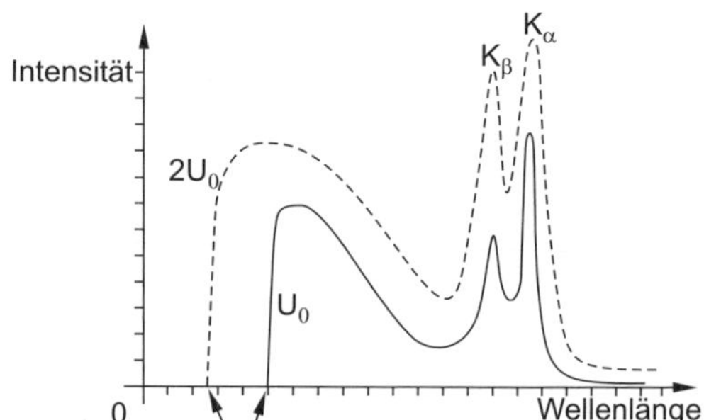

Abb. 3

d) Mit den Beziehungen (*) und (**) erhält man für den Glanzwinkel erster Ordnung (k = 1) :

$$h = \frac{e \cdot U}{f_{grenz}} = \frac{e \cdot U \cdot \lambda_{grenz}}{c} = \underline{\underline{\frac{e \cdot U \cdot 2d \cdot \sin\delta}{c}}}$$

Abitur Physik (Bayern G8) – Aufbau der Materie
Übungsaufgabe 12: Absorptionsspektren

Das Spektrum einer Natriumdampflampe soll mit einem Strichgitter (50 Linien je mm) und einem Schirm 3,0 m hinter dem Gitter aufgenommen werden.

a) Beschreiben Sie anhand einer sauberen Skizze einen geeigneten Versuchsaufbau und geben Sie die Lage des Maximums erster Ordnung der gelben Natriumlinie bei 589 nm am Schirm an.

b) Erklären Sie das Auftreten der diskreten Linie im Natriumspektrum im Vergleich zum kontinuierlichen Spektrum einer Glühlampe.

Zwischen Natriumdampflampe und Schirm wird nun ein Bunsenbrenner gestellt, in dessen Flamme Kochsalz eingebracht wird.

c) Erläutern Sie die Beobachtung an der Flamme und auf dem Schirm.

Die Lampe wird nun ersetzt durch eine Quecksilberdampflampe, deren sichtbare Spektrallinien bei 405 nm, 434 nm, 546 nm, 577 nm und 579 nm liegen. Wiederum wird der Bunsenbrenner in den Strahlengang gestellt und Kochsalz in die Flamme gehalten.

d) Vergleichen Sie die zu erwartenden Ergebnisse dieses Experimentes mit dem aus Teilaufgabe c und begründen Sie Ihre Vorhersage.

Im Sonnenspektrum erkennt man viele „schwarze“ Linien, einige Wellenlängen fehlen also praktisch ganz in diesem Spektrum.

e) Erklären Sie das Auftreten dieser sogenannten Fraunhofer'schen Linien und ihren Informationsgehalt über die Eigenschaften der Sonne.

Bei einigen Leuchtstofflampen wird das überwiegend im UV-Bereich liegende Licht des Quecksilberdampfes durch eine Leuchtstoffmischung auf der Glasinnenseite in sichtbares Licht umgewandelt.

f) Erklären Sie die Funktionsweise einer solchen Leuchtschicht.

Tipps und Hinweise zu Übungsaufgabe 12

Tipps zu Teilaufgabe a

- Beim Maximum erster Ordnung beträgt der Gangunterschied eine Wellenlänge.
- Sie benötigen zwei Winkelbeziehungen.

Tipp zu Teilaufgabe b

- Das Natriumlicht entsteht beim Übergang zwischen zwei gebundenen Zuständen.

Tipps zu Teilaufgabe c

- Hier kommt es zur Resonanzabsorption.
- Berücksichtigen Sie die Richtung der emittierten Strahlung.

Tipp zu Teilaufgabe d

- Kommt die Natriumlinie auch im Hg-Spektrum vor?

Tipp zu Teilaufgabe e

- Verwenden Sie die Erklärung aus Teilaufgabe c.

Tipp zu Teilaufgabe f

- Stichwort: Mehrstufiger Übergang in den Grundzustand.

Lösungen zu Übungsaufgabe 12

a) Das Licht der Natriumdampflampe wird durch einen Kondensor gesammelt und fällt auf einen Spalt, der über eine Sammellinse scharf auf den Schirm abgebildet wird. Zwischen Sammellinse und Schirm wird das Strichgitter gebracht, das für die spektrale Zerlegung sorgt (Abbildung 1).

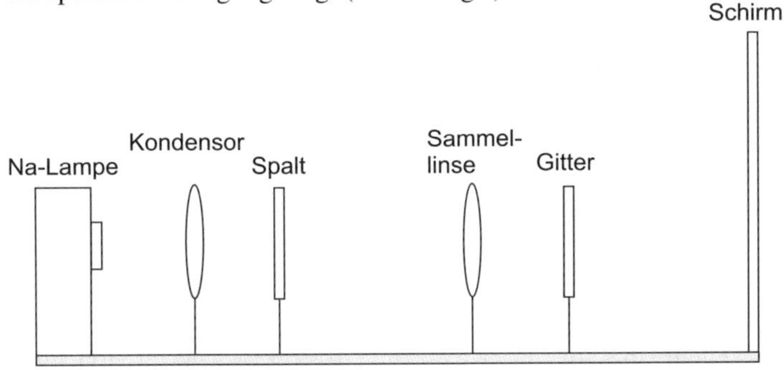

Abb. 1

Das Maximum erster Ordnung findet sich dort, wo der Gangunterschied zwischen benachbarten Strahlen gerade eine ganze Wellenlänge beträgt. Es gilt dann mit der Gitterkonstante $b = \frac{1}{50}\,\text{mm} = 0{,}02\,\text{mm}$ und dem Schirmabstand $a = 3{,}0\,\text{m}$

$$\sin\alpha = \frac{\Delta s}{b} = \frac{\lambda}{b} = \frac{589 \cdot 10^{-9}\,\text{m}}{0{,}02 \cdot 10^{-3}\,\text{m}} = 0{,}02945$$

und wegen der (hier zulässigen) Kleinwinkelnäherung:

$$\tan\alpha = \frac{d}{a}$$

$$\Rightarrow \quad d = a \cdot \tan\alpha \approx a \cdot \sin\alpha = 3{,}0\,\text{m} \cdot 0{,}02945 \approx \underline{\underline{0{,}088\,\text{m} = 8{,}8\,\text{cm}}}$$

Das Maximum erster Ordnung liegt etwa 8,8 cm neben der optischen Achse auf dem Schirm.

b) Während bei der Glühlampe durch thermische Prozesse alle im energetisch möglichen Bereich liegenden Wellenlängen kontinuierlich auftreten können, sind die Elektronen im Natriumatom gebunden und können nur ganz bestimmte Zustände annehmen, also auch nur zu ganz bestimmten Übergängen zwischen zwei solchen diskreten Zuständen angeregt werden. Diese diskreten Energiewerte der emittierten Photonen beim Zurückfallen eines Elektrons von einem Zustand in einen energetisch niedrigeren liefern dann auch diskrete Wellenlängen und damit ein Linienspektrum.

c) **Beobachtung:** Nach Zugabe des Kochsalzes leuchtet die Flamme gelb auf. Auf dem Schirm zeichnet sich ein deutlicher Schatten der Flamme ab.

Erklärung: Das Kochsalz NaCl enthält Natrium, dieses wird vom Licht der Natriumdampflampe angeregt und absorbiert deswegen eine großen Teil davon. Sogleich fällt jedes angeregte Natriumatom aber wieder zurück in den Grundzustand und gibt dabei ein Photon der gleichen Wellenlänge ab (Resonanzabsorption). Da diese Emission (Aufleuchten der Flamme) aber in alle Richtungen gleichermaßen erfolgt und nicht mehr ausschließlich in Richtung des Schirmes, treffen nun deutlich weniger dieser Photonen den Schirm, dadurch erscheint ein starker Schatten der Flamme.

d) **Vorhersage:** Auf dem Schirm ist kein Schatten zu beobachten.

Begründung: Das Licht der Quecksilberdampflampe enthält keine Photonen mit 589 nm, die das Natrium in der Bunsenbrennerflamme anregen könnten. Alle Photonen aus der Hg-Lampe durchdringen die Flamme ungehindert und erreichen den Schirm.

e) Die Sonne ist ein thermischer Strahler, in ihr wird das ganze kontinuierliche elektromagnetische Spektrum erzeugt. In den äußeren Sonnenschichten tritt jedoch genau der in Teilaufgabe c beschriebene Effekt der Resonanzabsorption auf: Es „fehlen“ im auf der Erde gemessenen Sonnenspektrum gerade die Spektrallinien der chemischen Elemente, die in der Sonnenoberfläche vorkommen. Damit liefern die Fraunhofer'schen Linien reichlich Informationen über die chemische Zusammensetzung und die Temperatur der Sonnenoberfläche.

Bereits Fraunhofer selbst hat über 500 solcher Linien entdeckt, heute kennt man mehr als 25 000 davon.

f) Die Leuchtschicht absorbiert die Photonen aus dem UV-Bereich, nimmt deren Energie auf und emittiert dafür Photonen im sichtbaren Bereich mit geringerer Energie. Erreicht wird das etwa durch mehrschrittiges Zurückfallen in den Grundzustand.

Abitur Physik (Bayern G8) – Aufbau der Materie
Übungsaufgabe 13: Altersbestimmung beim Wein

Der Betastrahler Tritium entsteht aus dem Stickstoff der Luft durch Aufnahme von Neutronen aus der kosmischen Strahlung und hat eine Halbwertszeit von 12 Jahren. Durch das ständige Erzeugen und Zerfallen von Tritium hat sich ein Gleichgewichtszustand im Oberflächenwasser eingestellt, der eine Aktivität von 550 Bq je m^3 ergibt. Wein wird nach der Herstellung in Flaschen abgefüllt und kommt anschließend bis zum Öffnen einer Flasche nicht mit Luft in Berührung, sodass kein weiteres Tritium entsteht und die Restaktivität ein Maß für das Alter liefert.

a) Geben Sie die Gleichungen für natürliche Entstehung und Zerfall von Tritium an.

b) Welche maximale Energie wird je Zerfall und Tritiumkern frei? Atommassen:
$m(^3_1H) = 3{,}015501\,u$; $m(^{\ 0}_{-1}e) = 5{,}48580 \cdot 10^{-4}\,u$; $m(^3_2He) = 3{,}0149328\,u$

c) Wie lässt sich das Energiespektrum der auftretenden Betastrahlung experimentell aufnehmen?

d) Die Restaktivität eines Weines beträgt 140 Bq je m^3. Wie alt ist er vermutlich?

e) Außer der Beta- tritt auch noch Gammastrahlung auf. Erklären Sie ihre Ursache.

f) In Abbildung 1 ist der Aktivitätsverlauf einer Wasserprobe dargestellt. Zeichnen Sie zusätzlich die beiden Graphen folgender Aktivitätsverläufe ein:
- für ein fiktives Nuklid, das bei gleicher Anfangsaktivität die doppelte Halbwertszeit hat wie das frische Wasser, sowie
- für ein Nuklid, das bei halber Anfangsaktivität die gleiche Halbwertszeit hat.

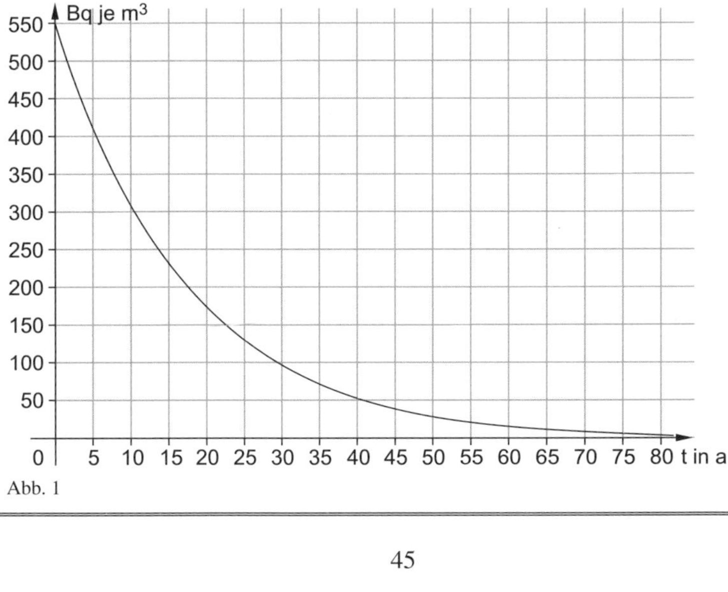

Abb. 1

Tipps und Hinweise zu Übungsaufgabe 13

Tipp zu Teilaufgabe a

Überlegen Sie zunächst, in welches Element sich der Stickstoff bei der Tritiumentstehung umwandelt.

Tipp zu Teilaufgabe b

Sie erhalten die Energie aus dem Massendefekt (Q-Wert).

Tipp zu Teilaufgabe c

Wegen ihrer Ladung erfährt die Betastrahlung in einem Magnetfeld die Lorentzkraft.

Tipp zu Teilaufgabe d

Verwenden Sie das Zerfallsgesetz.

Tipp zu Teilaufgabe c

Denken Sie an verschieden stabile Kernkonfigurationen.

Tipp zu Teilaufgabe f

Der qualitative Verlauf des Graphen genügt hier.

Lösungen zu Übungsaufgabe 13

a) Entstehung von Tritium:

$$^{14}_{7}N + ^{1}_{0}n \rightarrow ^{3}_{1}H + ^{12}_{6}C$$

Zerfall:

$$^{3}_{1}H \rightarrow ^{0}_{-1}e + ^{3}_{2}He$$

b) Die frei werdende Energie ergibt sich aus dem **Massendefekt** zwischen Ausgangs- und Endteilchen sowie der Einsteinschen Formel:

$$\begin{aligned} Q &= \Delta m \cdot c^2 \\ &= \left[m(^{3}_{1}H) - \left(m(^{0}_{-1}e) + m(^{3}_{2}He) \right) \right] \cdot c^2 \\ &= \left[3{,}015501\,u - (5{,}48580 \cdot 10^{-4}\,u + 3{,}0149328\,u) \right] \cdot c^2 \\ &= 1{,}962 \cdot 10^{-5}\,u \cdot c^2 \\ &= 1{,}962 \cdot 10^{-5} \cdot 931{,}49\,MeV \\ &\approx \underline{\underline{18{,}3\,keV}} \end{aligned}$$

c) In einem Betaspektrometer fliegen die Elektronen durch ein magnetisches Querfeld und erfahren dort die Lorentzkraft. Es gilt, weil die Lorentzkraft eine Zentripetalkraft ist:

$$e \cdot v \cdot B = \frac{m \cdot v^2}{r} \quad \Rightarrow \quad r = \frac{m \cdot v}{e \cdot B}$$

Der Radius der Kreisbahn ist also ein Maß für die Geschwindigkeit v und damit für die kinetische Energie $\frac{1}{2} m \cdot v^2$ der Betateilchen. Ein in geeigneter Weise beschichteter Detektorschirm rund um den wesentlichen Bereich des Magnetfeldes oder ein um den Bahnbereich drehbar gelagertes Zählrohr liefern die gewünschten Messergebnisse.

d) Zum Zeitpunkt des Verschließens der Flasche war die (auf das Volumen bezogene) Ausgangsaktivität gleich dem Gleichgewichtswert $550\,\frac{Bq}{m^3}$. Bei bekannter Restaktivität lässt sich aus dem **Zerfallsgesetz** das Alter des Weines bestimmen:

$$A(t) = A_0 \cdot 2^{-\frac{t}{T_H}}$$

$$140\,\frac{Bq}{m^3} = 550\,\frac{Bq}{m^3} \cdot 2^{-\frac{t}{12\,a}}$$

$$\log_2 \frac{140}{550} = -\frac{t}{12\,a}$$

$$t = -12\,a \cdot \frac{\ln \frac{140}{550}}{\ln 2} \approx \underline{\underline{24\,a}}$$

e) Beim Betazerfall wandelt sich ein Kernneutron in ein Kernproton und ein Elektron um, letzteres verlässt dann als Betateilchen den Kern. Der Kern selbst muss (wie bei den meisten Kernreaktionen) noch einen neuen, energetisch günstigen Grundzustand finden; beim Übergang vom angeregten Zustand in diesen Grundzustand sendet er Gammastrahlung aus.

f)

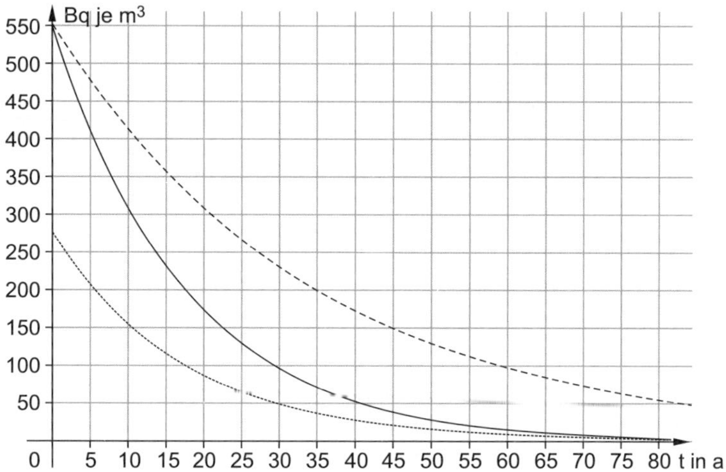

Abb. 2

Abitur Physik (Bayern G8) – Aufbau der Materie
Übungsaufgabe 14: Kernspaltung

$^{235}_{92}$U-Kerne werden in Kernkraftwerken von thermischen Neutronen getroffen, nehmen diese auf und werden instabil. Sie zerfallen hier zum Beispiel in zwei Kerne, die nach je vier Betazerfällen in $^{143}_{60}$Nd und $^{90}_{40}$Zr übergehen. Zudem entstehen schnelle, freie Neutronen.

a) Geben Sie die Anzahl der pro Zerfall frei werdenden Neutronen an.

b) Geben Sie die Gleichungen der ablaufenden Reaktionen an.

c) Bei jeder Spaltung werden etwa 200 MeV Energie frei. Beschreiben Sie deren Quelle und geben Sie ein Verfahren an, wie man diesen Wert berechnen könnte.

d) Ein Kernkraftwerk wie Isar 2 in Landshut liefert bei einem Wirkungsgrad von 30 % eine Nutzleistung von 1 500 MW. Welche Masse an $^{235}_{92}$U wird jährlich verbraucht?
[zur Kontrolle: $m_{U235} = 1{,}9$ t]

e) Heizöl hat eine Dichte von $0{,}85\ \frac{kg}{\ell}$ und einen Heizwert von $42\ \frac{MJ}{kg}$.
Wie viele Liter an Heizöl müssen verbrannt werden, um (bei gleichem Wirkungsgrad) die gleiche Leistung ein Jahr lang aufzubringen?

f) Bei der Spaltung von $^{235}_{92}$U muss im Mittel ein Neutron übrig bleiben, das für eine weitere Reaktion zur Verfügung steht. Zunächst entstehen aber mehrere freie Neutronen. Beschreiben Sie eine Maßnahme zur Steuerung dieser Anzahl von reaktionsauslösenden Neutronen.

g) U235 (Halbwertszeit $7{,}0 \cdot 10^8$ a, natürlicher Anteil 0,7 %) und U238 (Halbwertszeit $4{,}5 \cdot 10^9$ a, natürlicher Anteil 99,3 %) sind Alphastrahler. Nach welcher Zeit ist der Anteil des U235 in einer ungestörten Probe auf 0,5 % gefallen?

Tipps und Hinweise zu Übungsaufgabe 14

Tipp zu Teilaufgabe a

- Berücksichtigen Sie auch das zunächst vom Urankern „geschluckte" Neutron.

Tipp zu Teilaufgabe b

- Hier müssen Sie von den bekannten Endprodukten auf die Zwischenkerne „zurückrechnen".

Tipp zu Teilaufgabe c

- Stichwort: Massendefekt.

Tipp zu Teilaufgabe d

- Berechnen Sie zunächst die Anzahl der zu spaltenden Urankerne.

Tipp zu Teilaufgabe e

- Der Heizwert bezieht sich auf 1 kg, darum ist zusätzlich die Dichte angegeben.

Tipps zu Teilaufgabe f

- Geben Sie auch eine Möglichkeit an, um die schnellen Neutronen abzubremsen.
- Denken Sie an die Stoßgesetze.

Tipps zu Teilaufgabe g

- Stellen Sie zunächst geeignete Verhältnisgleichungen auf.
- Verwenden Sie das Zerfallsgesetz.

Lösungen zu Übungsaufgabe 14

a) Der $^{235}_{92}$U-Kern und das auslösende Neutron haben zusammen $235 + 1 = 236$ Nukleonen, die entstandenen Kerne $^{143}_{60}$Nd und $^{90}_{40}$Zr zusammen 233. Also fehlen noch 3 Nukleonen; dies sind – weil sonst nur nukleonenzahl-neutrale Betazerfälle stattfinden – gerade die drei frei werdenden Neutronen je Spaltung.

b) Zunächst schluckt der $^{235}_{92}$U-Kern das Neutron:

$$^{235}_{92}\mathrm{U} + {}^{1}_{0}\mathrm{n} \rightarrow {}^{236}_{92}\mathrm{U}^*$$

Der entstehende Kern ist instabil, zerfällt in zwei noch unbekannte Teilkerne und drei Neutronen:

$$^{236}_{92}\mathrm{U}^* \rightarrow {}^{?}_{?}\_\_ + {}^{?}_{?}\_\_ + 3 \cdot {}^{1}_{0}\mathrm{n} \qquad (1)$$

Die Teilkerne haben je vier Betazerfälle vor sich und werden zu $^{143}_{60}$Nd und $^{90}_{40}$Zr, also besitzen die Reaktionsgleichungen die Gestalt

$$^{143}_{56}\_\_ + {}^{0}_{-1}\mathrm{e} \rightarrow {}^{143}_{57}\_\_ + {}^{0}_{-1}\mathrm{e} \rightarrow {}^{143}_{58}\_\_ + {}^{0}_{-1}\mathrm{e} \rightarrow {}^{143}_{59}\_\_ + {}^{0}_{-1}\mathrm{e} \rightarrow {}^{143}_{60}\mathrm{Nd} \qquad (2)$$

bzw.

$$^{90}_{36}\_\_ + {}^{0}_{-1}\mathrm{e} \rightarrow {}^{90}_{37}\_\_ + {}^{0}_{-1}\mathrm{e} \rightarrow {}^{90}_{38}\_\_ + {}^{0}_{-1}\mathrm{e} \rightarrow {}^{90}_{39}\_\_ + {}^{0}_{-1}\mathrm{e} \rightarrow {}^{90}_{40}\mathrm{Zr} \qquad (3)$$

In dem Periodensystem findet man schließlich zu den Protonenzahlen die Elementnamen:

$$^{143}_{56}\mathrm{Ba} + {}^{0}_{-1}\mathrm{e} \rightarrow {}^{143}_{57}\mathrm{La} + {}^{0}_{-1}\mathrm{e} \rightarrow {}^{143}_{58}\mathrm{Ce} + {}^{0}_{-1}\mathrm{e} \rightarrow {}^{143}_{59}\mathrm{Pr} + {}^{0}_{-1}\mathrm{e} \rightarrow {}^{143}_{60}\mathrm{Nd} \qquad (2)$$

und

$$^{90}_{36}\mathrm{Kr} + {}^{0}_{-1}\mathrm{e} \rightarrow {}^{90}_{37}\mathrm{Rb} + {}^{0}_{-1}\mathrm{e} \rightarrow {}^{90}_{38}\mathrm{Sr} + {}^{0}_{-1}\mathrm{e} \rightarrow {}^{90}_{39}\mathrm{Y} + {}^{0}_{-1}\mathrm{e} \rightarrow {}^{90}_{40}\mathrm{Zr} \qquad (3)$$

Die Teilkerne in Reaktion (1) sind somit $^{143}_{56}$Ba und $^{90}_{36}$Kr.

c) Die Summe der Massen aller Endprodukte ist kleiner als die Summe der Massen aller Ausgangsstoffe, die Differenz nennt man **Massendefekt**. Diese Masse liegt nach Ablauf der Reaktion gemäß der Einstein'schen Beziehung $E = m \cdot c^2$ als Energie vor (Bewegungsenergie der Teilchen), die man als **Q-Wert** bezeichnet.

d) Die Primärleistung muss bei einer Sekundärleistung von 1 500 MW und einem Wirkungsgrad von 30 % = 0,3

$$\frac{1500\ \mathrm{MW}}{0{,}3} = 5\,000\ \mathrm{MW}$$

betragen, also ist die Anzahl der jährlich zerfallenden U235-Kerne:

$$n = \frac{5\,000 \cdot 10^6\ \mathrm{W} \cdot 365 \cdot 24 \cdot 3\,600\ \mathrm{s}}{200 \cdot 10^6 \cdot 1{,}6 \cdot 10^{-19}\ \mathrm{J}} \approx 4{,}9 \cdot 10^{27}$$

Jeder Kern wiegt etwa 235 u, daher ist die jährlich benötigte Masse an U235:

$$m_{U235} = 4{,}9 \cdot 10^{27} \cdot 235\ \mathrm{u} = 1{,}16 \cdot 10^{30}\ \mathrm{u} = 1{,}16 \cdot 10^{30} \cdot 1{,}66 \cdot 10^{-27}\ \mathrm{kg} \approx \underline{\underline{1{,}9\ \mathrm{t}}}$$

e) Um die gleiche Energie mit Heizöl zu erzeugen, muss man

$$V = \frac{5\,000 \cdot 10^6\ \text{W} \cdot 365 \cdot 24 \cdot 3\,600\ \text{s}}{42 \cdot 10^6\ \frac{\text{J}}{\text{kg}} \cdot 0{,}85\ \frac{\text{kg}}{\ell}} \approx \underline{\underline{4{,}4 \cdot 10^9\ \ell}}$$

Öl verbrennen.

f) Zunächst sind die bei der genannten Reaktion entstehenden drei Neutronen sehr schnell und müssen gebremst werden, damit sie weitere Spaltungen auslösen können. Dazu dient das Wasser im Reaktor: Die etwa gleich schweren Wasserstoffkerne bieten gute Stoßpartner bei nahezu maximaler Energieübertragung und wirken als **Moderator**. Um die überzähligen Neutronen von weiteren Reaktionen abzuhalten, werden beispielsweise Borstäbe je nach Bedarf zwischen die Brennstäbe geschoben und dienen als Neutronenfänger. Bei guter Regelung läuft eine kontrollierte Kettereaktion ab und je Spaltung veranlasst im Mittel ein Spaltneutron wieder die nächste Spaltung. Verdampft das Wasser, fehlt der Moderator und die Kettenreaktion bricht ab (Sicherheit!).

g) Es gelten zum einen gemäß dem Angabentext die Verhältnisgleichungen für den Startzeitpunkt und nach Ablauf der gesuchten Zeit t:

$$\frac{N_{0;\,235}}{N_{0;\,238}} = \frac{7}{993} \quad \Rightarrow \quad N_{0;\,235} = \frac{7}{993} \cdot N_{0;\,238} \qquad (1)$$

$$\frac{N_{235}(t)}{N_{238}(t)} = \frac{5}{995} \quad \Rightarrow \quad N_{235}(t) = \frac{5}{995} \cdot N_{238}(t) \qquad (2)$$

Zum anderen lauten die Zerfallsgleichungen für beide Isotope:

$$N_{235}(t) = N_{0;\,235} \cdot 2^{\frac{-t}{7{,}0 \cdot 10^8\ \text{a}}} \qquad (3)$$

$$N_{238}(t) = N_{0;\,238} \cdot 2^{\frac{-t}{4{,}5 \cdot 10^9\ \text{a}}} \qquad (4)$$

um t zu bestimmen, setzt man zunächst die rechten Seiten der Gleichungen (3) und (4) in die Gleichung (2) ein:

$$N_{0;\,235} \cdot 2^{\frac{-t}{7{,}0 \cdot 10^8\ \text{a}}} = \frac{5}{995} \cdot N_{0;\,238} \cdot 2^{\frac{-t}{4{,}5 \cdot 10^9\ \text{a}}}$$

$N_{0;\,235}$ lässt sich mithilfe von Gleichung (1) ersetzen:

$$\frac{7}{993} \cdot N_{0;\,238} \cdot 2^{\frac{-t}{7{,}0 \cdot 10^8\ \text{a}}} = \frac{5}{995} \cdot N_{0;\,238} \cdot 2^{\frac{-t}{4{,}5 \cdot 10^9\ \text{a}}}$$

Diese Gleichung kann nun nach t umgestellt werden:

$$\frac{7}{993}\cdot 2^{\frac{-t}{7{,}0\cdot 10^8\,a}} = \frac{5}{995}\cdot 2^{\frac{-t}{4{,}5\cdot 10^9\,a}}$$

$$2^{\frac{-t}{7{,}0\cdot 10^8\,a}-\frac{-t}{4{,}5\cdot 10^9\,a}} = \frac{5\cdot 993}{995\cdot 7}$$

$$-\frac{t}{7{,}0\cdot 10^8\,a}+\frac{t}{4{,}5\cdot 10^9\,a} = \log_2\left(\frac{5\cdot 993}{995\cdot 7}\right)$$

$$t\cdot\left(\frac{1}{4{,}5\cdot 10^9\,a}-\frac{1}{7{,}0\cdot 10^8\,a}\right) = \frac{\ln\frac{993}{1393}}{\ln 2}$$

$$t = \frac{\ln\frac{993}{1393}}{\ln 2}\cdot\left(\frac{1}{4{,}5\cdot 10^9\,a}-\frac{1}{7{,}0\cdot 10^8\,a}\right)^{-1}$$

$$= \underline{\underline{4{,}0\cdot 10^8\,a}}$$

Nach rund 400 Millionen Jahren ist der Anteil des U235 in einer ungestörten Probe auf 0,5 % gefallen.

Abitur Physik (Bayern G8) – Astrophysik
Übungsaufgabe 15: Jupitermond Europa

Zur Entfernungsbestimmung wurde von der Erde aus ein Radarsignal zum Jupitermond Europa geschickt. Dort wurde es reflektiert und traf nach einer Gesamtlaufzeit von 69,9 Minuten wieder auf der Erde ein.

a) Begründen Sie rechnerisch, dass sich Jupiter mit seinen Monden zu diesem Zeitpunkt in Opposition befand.

b) Aus dem empfangenen Radarsignal kann man die Bahngeschwindigkeit von Europa zu $v = 13{,}8\ \frac{km}{s}$ bestimmen.

Berechnen Sie aus dieser Angabe und der Annahme, dass sich Europa auf einer kreisförmigen Bahn mit Radius $r = 6{,}7 \cdot 10^8$ m um Jupiter bewegt, die Jupitermasse in Vielfachen der Erdmasse.

c) Der Jupitermond Europa, der praktisch keine Atmosphäre hat, reflektiert 64 % der einfallenden Sonnenstrahlung sofort. Schätzen Sie ab, ob sich aufgrund dieser Einstrahlung auf der „Sonnenseite" dieses Mondes flüssiges Wasser bilden kann.

Hinweis: Berechnen Sie dazu die maximal mögliche Oberflächentemperatur im Strahlungsgleichgewicht.

GK 2000 V.1

Tipps und Hinweise zu Übungsaufgabe 15

Tipp zu Teilaufgabe a

- Berechnen Sie die Entfernung des Jupiters aus der Laufzeit des Radarsignals und vergleichen Sie diese mit der Entfernung zwischen Jupiter und Erde in der Oppositionsstellung.

Tipps zu Teilaufgabe b

- Welche Kraft hält Europa auf seiner Kreisbahn um Jupiter?
- Nicht übersehen: Die Masse soll in Erdmassen angegeben werden.

Tipps zu Teilaufgabe c

- Was bedeutet Strahlungsgleichgewicht?
- Welche Strahlung kommt (von wem?) bei Europa an; welche Strahlung gibt Europa ab?
- Sie benötigen u. a. das Gesetz von Stefan und Boltzmann.
- Überprüfen Sie, ob bei der berechneten Temperatur flüssiges Wasser existieren kann.

Lösungen zu Übungsaufgabe 15

a) Aus der gegebenen Gesamtlaufzeit $\Delta t = 69{,}9\text{ min} = 4{,}19 \cdot 10^3\text{ s}$ und der bekannten Lichtgeschwindigkeit c folgt sofort der **Lichtlaufweg** ($1\text{ AE} = 1{,}5 \cdot 10^{11}\text{ m}$):

$$c = \frac{\Delta s}{\Delta t} \quad \Leftrightarrow \quad \Delta s = c \cdot \Delta t = 3{,}00 \cdot 10^8 \frac{\text{m}}{\text{s}} \cdot 4{,}19 \cdot 10^3\text{ s} = 1{,}26 \cdot 10^{12}\text{ m} = 8{,}4\text{ AE}$$

Damit ergibt sich die **Entfernung von Erde zu Jupiter** zu

$$r_{EJ} = 4{,}2\text{ AE}.$$

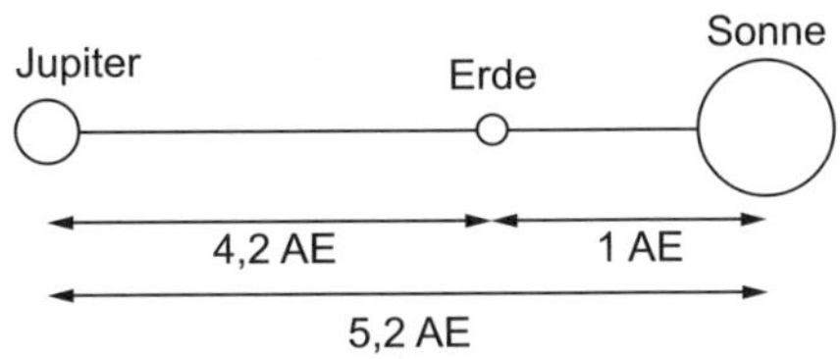

Abb. 1

Dies ist aber gerade die Differenz $r_J - r_E$ aus Bahnradius von Jupiter $r_J = 5{,}2$ AE und dem der Erde $r_E = 1$ AE, sodass folgt: Jupiter muss sich in **Opposition** befinden (d. h.: Sonne, Erde und Jupiter stehen auf einer Linie, wobei die Erde sich zwischen Sonne und Jupiter befindet; Abbildung 1).

b) Gegeben: $v_{Europa} = 13{,}8 \frac{\text{km}}{\text{s}}$ und $r = 6{,}7 \cdot 10^8\text{ m}$

Zur Lösung dieser Aufgabe gibt es mehrere Lösungsansätze:

- Kraftansatz:

$$F_{Zentral} = F_{Gravitation}$$

$$\frac{m \cdot v_{Europa}^2}{r} = \frac{G \cdot m \cdot M_J}{r^2} \quad \Rightarrow \quad M_J = \frac{r \cdot v_{Europa}^2}{G}$$

- Formel für die Kreisbahngeschwindigkeit:

$$v_{Europa} = \sqrt{\frac{G \cdot M_J}{r}} \quad \Rightarrow \quad M_J = \frac{r \cdot v_{Europa}^2}{G}$$

- Erweitertes 3. Kepler'sches Gesetz:

$$M_J + m_{Europa} = \frac{4\pi^2}{G} \cdot \frac{r^3}{T^2}$$

Die Masse von Europa kann vernachlässigt werden, die Umlaufdauer lässt sich zunächst durch die Kreisfrequenz und diese durch die Geschwindigkeit ausdrücken:

$$M_J \approx \frac{4\pi^2}{G} \cdot \frac{r^3}{T^2} = \frac{4\pi^2}{T^2} \cdot \frac{r^3}{G} = \omega^2 \cdot \frac{r^3}{G} = \frac{v_{Europa}^2}{r^2} \cdot \frac{r^3}{G} = \frac{r \cdot v_{Europa}^2}{G}$$

In jedem Fall erhält man mit $M_E = 5{,}98 \cdot 10^{24}$ kg (Formelsammlung S. 44):

$$M_J = \frac{6{,}7 \cdot 10^8\text{ m} \cdot \left(13{,}8 \cdot 10^3 \frac{\text{m}}{\text{s}}\right)^2}{6{,}67 \cdot 10^{-11}\text{ kg}^{-1}\text{ s}^{-2}\text{ m}^3} = 1{,}91 \cdot 10^{27}\text{ kg} = \underline{\underline{3{,}2 \cdot 10^2\text{ M}_E}}$$

c) Die Leuchtkraft der Sonne ist $L_\odot = 4\pi \cdot S \cdot (1\ \text{AE})^2$ (S: Solarkonstante). Der Anteil der Strahlungsleistung pro Fläche, der auf Europa einfällt, beträgt im Abstand r_J von der Sonne

$$\frac{L_\odot}{4\pi \cdot r_J^2}.$$

Davon werden 36 % über die Querschnittsfläche $R_{\text{Europa}}^2 \cdot \pi$ von Europa verteilt absorbiert (R_{Europa}: Mondradius). Die von Europa aufgenommene Leistung P_{auf} beträgt somit:

$$\begin{aligned} P_{\text{auf}} &= 0{,}36 \cdot \frac{L_\odot}{4\pi \cdot r_J^2} \cdot R_{\text{Europa}}^2 \cdot \pi \\ &= 0{,}36 \cdot \frac{4\pi \cdot S \cdot (1\ \text{AE})^2}{4\pi \cdot (5{,}2\ \text{AE})^2} \cdot R_{\text{Europa}}^2 \cdot \pi \\ &= \frac{0{,}36}{5{,}2^2} \cdot S \cdot R_{\text{Europa}}^2 \cdot \pi \end{aligned}$$

Die abgegebene Energie P_{ab} berechnet man mit dem Gesetz von Stefan und Boltzmann:

$$P_{\text{ab}} = \sigma \cdot 4\pi \cdot R_{\text{Europa}}^2 \cdot T_{\text{eff}}^4$$

Gleichsetzen der Energien liefert die Temperatur im Strahlungsgleichgewicht:

$$P_{\text{auf}} = P_{\text{ab}}$$

$$\frac{0{,}36}{5{,}2^2} \cdot S \cdot R_{\text{Europa}}^2 \cdot \pi = \sigma \cdot 4\pi \cdot R_{\text{Europa}}^2 \cdot T_{\text{eff}}^4$$

Nach Kürzen von $R_{\text{Europa}}^2 \cdot \pi$ erhält man durch Auflösen nach T_{eff}:

$$\begin{aligned} T_{\text{eff}} &= \sqrt[4]{\frac{0{,}36 \cdot S}{5{,}2^2 \cdot 4\sigma}} \\ &= \sqrt[4]{\frac{0{,}36 \cdot 1{,}36 \cdot 10^3\ \frac{\text{W}}{\text{m}^2}}{5{,}2^2 \cdot 4 \cdot 5{,}67 \cdot 10^{-8}\ \frac{\text{W}}{\text{m}^2 \cdot \text{K}^{-4}}}} \approx 95\ \text{K} = -178\,°\text{C} \end{aligned}$$

Bei einer Temperatur von –178 °C gibt es **kein flüssiges Wasser**.

Abitur Physik (Bayern G8) – Astrophysik
Übungsaufgabe 16: Rotation der Sonne

Entsprechend der geografischen Breite auf der Erde definiert man für die Sonne die heliografische Breite als Winkelabstand vom Äquator in Richtung Pol. Zu bestimmten Zeiten lässt sich die synodische Rotationsdauer der Sonne für bestimmte heliografische Breiten durch visuelle Beobachtung der Sonne besonders gut ermitteln.

a) Nennen Sie dieses Verfahren und erläutern Sie, warum hier zwischen der synodischen und der siderischen Rotationsdauer der Sonne unterschieden werden muss.

b) Für eine bestimmte heliografische Breite beobachtet man eine synodische Rotationsdauer $T_{syn} = 27{,}2$ d. Berechnen Sie die dazu gehörige siderische Rotationsdauer der Sonne.

Hinweis: Die Orientierung der Sonnenrotation und des Erdumlaufs um die Sonne sind gleich.

c) Im unten angegebenen Diagramm ist die heliografische Breite sehr vieler beobachteter Sonnenflecken gegen die Zeit angetragen.
Erläutern Sie kurz drei Gesetzmäßigkeiten für Sonnenflecken, die man diesem Diagramm entnehmen kann.

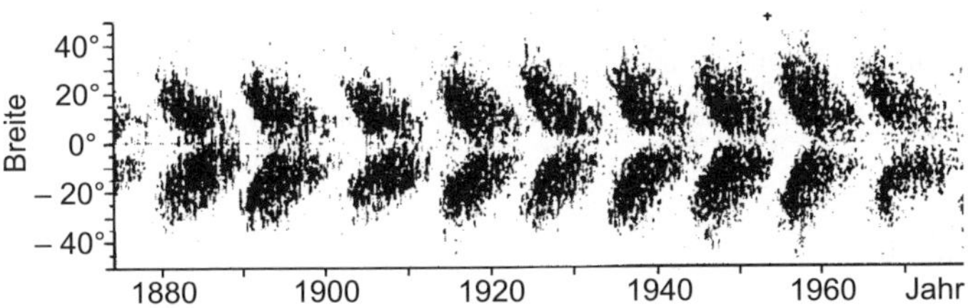

Abb. 1

Bei einer weiteren Methode zur Bestimmung der Rotationsdauer betrachtet man Spektren, die von verschiedenen Stellen des Sonnenäquators aufgenommen wurden. Geht man hierbei von einem Sonnenrand zum anderen, so ändert sich allein aufgrund der Sonnenrotation die Lage der Spektrallinien kontinuierlich.

d) Beschreiben Sie diese Änderung und geben Sie dafür eine Erklärung.

e) Bei der Magnesium-Linie mit der Laborwellenlänge von $\lambda = 448{,}1$ nm unterscheiden sich die mit dieser Methode gemessenen Wellenlängen um maximal $6{,}0 \cdot 10^{-12}$ m. Schätzen Sie daraus die Rotationsdauer der Sonne ab.

GK 2000 V.2

Tipps und Hinweise zu Übungsaufgabe 16

Tipps zu Teilaufgabe a

- Welche regelmäßigen Veränderungen finden auf der Sonnenoberfläche über die Jahre hinweg statt?
- Bedenken Sie auftretende Relativbewegungen.

Tipp zu Teilaufgabe b

- Denken Sie an die siderische und synodische Umlaufzeit eines fiktiven Planeten, der sich am Sonnenrand aufhält.

Tipps zu Teilaufgabe c

- Lesen Sie die zeitlichen Veränderungen des Breitenwinkels im Laufe der Zeit ab. Achten Sie auf die „Anzahl“ der Flecken.
- Nach welcher Zeit wiederholt sich die Grundfigur?

Tipps zu Teilaufgabe d

- Veranschaulichen Sie sich die Rotationsbewegung der Sonne mithilfe einer Murmel (Kugel).
- Wie sieht das Sonnenspektrum prinzipiell aus?
- Wie verändert sich das Spektrum eines Körpers, der sich auf uns zu bzw. sich von uns weg bewegt?

Tipps zu Teilaufgabe e

- Beachten Sie genau, was die angegebene Wellenlänge bedeutet.
- Welche Geschwindigkeit hat hier das „bewegte Objekt“?
- Verwenden Sie schließlich die aus dem Dopplereffekt folgende Verhältnisgleichung.

Lösungen zu Übungsaufgabe 16

a) In Zeiten aktiver Sonne befinden sich auf der Sonnenoberfläche **Sonnenflecken**. Man beobachtet einen Sonnenfleck (oder eine Sonnenfleckengruppe), wie sie sich über die Sonnenoberfläche über mehrere Tage bewegt. Daraus lässt sich die Rotationsdauer der Sonne berechnen. Allerdings bewegt sich die Erde in dieser Zeit auf ihrer Bahn weiter, sodass man zwischen der **siderischen** Rotationsdauer der Sonne (Rotation bezogen auf den Sternenhintergrund) und der **synodischen** Rotationsdauer (die beobachtete) unterscheidet. Dabei fasst man die Sonnenoberfläche wie einen inneren Planeten auf.

b) *Gegeben:* $T_{syn} = 27{,}2\ \text{d}$

Die Beziehung zwischen siderischer und synodischer Rotationszeit entnimmt man der Formelsammlung (Sonne als innerer Planet):

$$\frac{1}{T_{sid}} = \frac{1}{T_{Erde}} + \frac{1}{T_{syn}}$$

$$\Rightarrow\quad T_{sid} = \frac{T_{syn} \cdot T_{Erde}}{T_{syn} + T_{Erde}} = \frac{27{,}2\ \text{d} \cdot 365\ \text{d}}{27{,}2\ \text{d} + 365\ \text{d}} = \underline{\underline{25{,}3\ \text{d}}}$$

c) Abbildung 1 zeigt ein sogenanntes **Schmetterlingsdiagramm**. Man kann Folgendes darauf erkennen:

- Die Sonnenflecken entstehen in einer heliografischen Breite von ca. 30° bis 40° (nördlich bzw. südlich).
- In heliografischen Breiten über 40° befinden sich keine Sonnenflecken.
- Die Sonnenflecken wandern im Laufe der Zeit in Richtung Äquator.
- Am Äquator befinden sich kaum Sonnenflecken.
- Die Dauer einer Periode beträgt ca. 11 Jahre.

d) Der linke Rand der Sonne bewegt sich auf uns zu (Abbildung 2). Deswegen findet eine Dopplerverschiebung der Wellenlängen (z. B. der Fraunhoferlinien) in den „blauen" Bereich statt: $\lambda_1' = \lambda_0 - \Delta\lambda$.
Am rechten Rand der Sonne, der sich von uns weg bewegt, findet eine Rotverschiebung statt:
$\lambda_2' = \lambda_0 + \Delta\lambda$.

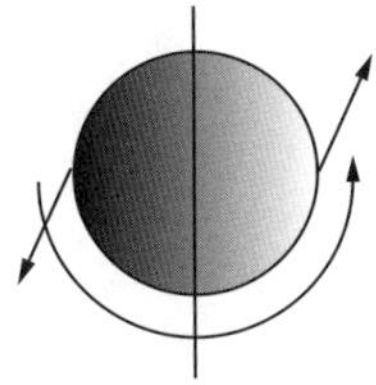

Abb. 2

e) *Gegeben:* $\lambda = 448{,}1\ \text{nm}$; $2\Delta\lambda = 6{,}0 \cdot 10^{-12}\ \text{m}$

Beachten Sie, dass die im Text angegeben maximale Verschiebung zwischen den beiden Rändern die **zweifache** Dopplerverschiebung ist, denn nach Teilaufgabe d gilt:

$$\lambda_2' - \lambda_2' = \lambda_0 + \Delta\lambda - (\lambda_0 - \Delta\lambda) = 2\Delta\lambda$$

Für die (einfache) Dopplerverschiebung gilt (Formelsammlung S. 24):

$$\frac{\Delta\lambda}{\lambda} = \frac{v}{c} \qquad (*)$$

Die Geschwindigkeit v ist hier die Bahngeschwindigkeit der Sonnenoberfläche:

$$v = \omega \cdot R_{\odot} = \frac{2\pi}{T} \cdot R_{\odot}$$

Nach Einsetzen in Gleichung (*) erhält man durch Umstellen für die Rotationsdauer (mit $R_{\odot} = 6{,}96{,}0 \cdot 10^8\,\text{m}$):

$$\frac{\Delta\lambda}{\lambda} = \frac{2\pi \cdot R_{\odot}}{T \cdot c}$$

$$\Rightarrow \quad T = \frac{2\pi \cdot R_{\odot} \cdot \lambda}{c \cdot \Delta\lambda} = \frac{2\pi \cdot 6{,}96 \cdot 10^8 \cdot 448{,}1 \cdot 10^{-9}\,\text{m}}{3{,}00 \cdot 10^8\,\frac{\text{m}}{\text{s}} \cdot 3{,}0 \cdot 10^{-12}\,\text{m}} = \underline{\underline{2{,}18 \cdot 10^6\,\text{s} = 25{,}2\,\text{d}}}$$

Abitur Physik (Bayern G8) – Astrophysik
Übungsaufgabe 17: Eros und NEAR

Der Planetoid Eros hat eine heliozentrische Bahn mit der numerischen Exzentrizität 0,223; sein Aphelabstand beträgt 1,78 AE.

a) Planetoiden unterscheiden sich deutlich von Kometen. Nennen Sie wesentliche Unterscheidungsmerkmale.

b) Zeigen Sie, dass der Perihelabstand von Eros 1,13 AE beträgt, und berechnen Sie seine siderische Umlaufzeit.

Im Jahr 1996 startete die NASA mit der Raumsonde NEAR eine Expedition zum Planetoiden Eros. Im Jahr 2000 bewegte sich NEAR auf einer Umlaufbahn um Eros mit dem Bahnradius $r_N = 155$ km und der Umlaufzeit $T_N = 6{,}6$ d. Im Februar 2001 ist die Sonde erfolgreich auf Eros gelandet.
Eros rotiert um seine Achse und hat die Form einer länglichen „Kartoffel". Vereinfachend soll er jedoch kugelförmig mit einem Radius von $R_{Eros} = 8{,}5$ km angenommen werden.

c) Berechnen Sie die Masse von Eros und die Fallbeschleunigung g_{Eros} ohne Berücksichtigung der Eigenrotation von Eros.
[zur Kontrolle: $M_{Eros} = 6{,}8 \cdot 10^{15}$ kg]

d) Die gelandete Sonde soll von Eros aus gestartet werden.
Wie groß ist die Fluchtgeschwindigkeit?
Wo sollte am besten der Startplatz gewählt werden? Begründen Sie Ihre Aussage.

GK 2003 V.1

Tipps und Hinweise zu Übungsaufgabe 17

Tipp zu Teilaufgabe a

- Denken Sie an die verschiedenen Erscheinungsformen eines Kometen.

Tipps zu Teilaufgabe b

- Berechnen Sie die wesentliche Größe der Bahnellipse.
- Vergessen Sie nicht, die siderische Umlaufzeit zu berechnen.

Tipps zu Teilaufgabe c

- Welche Kraft hält NEAR auf einer Umlaufbahn um Eros?
- In welcher Kraft tritt die Größe „Fallbeschleunigung“ in Erscheinung?

Tipps zu Teilaufgabe d

- „Fluchtgeschwindigkeit“ bedeutet, dass die Sonde aus dem Gravitationsbereich von Eros entkommen muss.
- Welche Startplätze sind auf der Erde die günstigsten?
- Welcher Effekt hilft einer Rakete beim Start?

Lösungen zu Übungsaufgabe 17

a) **Kometen** verändern ihr Aussehen je nach Sonnennähe: In weiter Entfernung von der Sonne erkennt man nur den kleinen Kometenkern, ab ca. 5 AE erscheint die Koma und in noch kleineren Entfernung zur Sonne werden die bekannten Kometenschweife ausgebildet.
Die meisten **Planetoiden** haben ihre Bahnen zwischen den Planeten Mars und Jupiter, während die Kometen meist exzentrische Bahnen aufweisen und z. T. (die langperiodischen Kometen) weit über die Plutobahn hinausgehen.

b) *Gegeben:* $\varepsilon = 0{,}223$; $r_A = 1{,}78$ AE

Um den **Perihelabstand** zu bestimmen, muss zunächst die große Halbachse berechnet werden. Dazu löst man die Gleichung für den Aphelabstand

$$r_A = a + e = a + \varepsilon \cdot a = a \cdot (1 + \varepsilon)$$

nach a auf:

$$a = \frac{r_A}{1+\varepsilon} = \frac{1{,}78\text{ AE}}{1{,}223} = 1{,}46\text{ AE}$$

Für das Perihel gilt dann:

$$r_P = 2a - r_A = 2 \cdot 1{,}46\text{ AE} - 1{,}78\text{ AE} = \underline{\underline{1{,}13\text{ AE}}}$$

Für die **siderische Umlaufzeit T** wendet man das 3. Kepler'sche Gesetz an:

$$\frac{T^2}{a^3} = \frac{(1\text{ a})^2}{(1\text{ AE})^3}$$

$$\Rightarrow \quad T = \sqrt{1{,}46^3}\text{ a} = \underline{\underline{1{,}76\text{ a}}}$$

c) Die **Masse von Eros** erhält man z. B. aus dem Ansatz „Zentralkraft = Gravitationskraft):

$$F_Z = F_G$$

$$m \cdot r_N \cdot \omega^2 = \frac{G \cdot m \cdot M_{Eros}}{r_N^2}$$

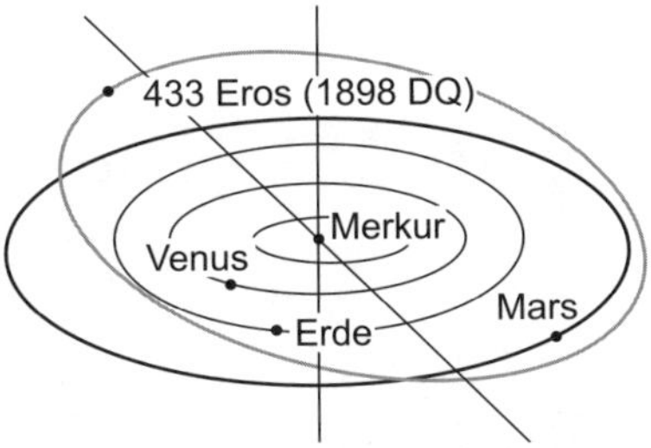

Abb. 1: Bahn von Eros

Nach Kürzen von m ergibt sich durch Auflösen nach M_{Eros}:

$$M_{Eros} = \frac{r_N^3 \cdot \omega^2}{G} = \frac{r_N^3 \cdot 4\pi^2}{T_N^2 \cdot G}$$

$$= \frac{4\pi^2 \cdot (155 \cdot 10^3)^3\text{ m}}{6{,}67 \cdot 10^{-11}\text{ m}^3\text{kg}^{-1}\text{s}^{-2} \cdot (6{,}6 \cdot 24 \cdot 3600\text{ s})^2}$$

$$= \underline{\underline{6{,}8 \cdot 10^{15}\text{ kg}}}$$

Die **Fallbeschleunigung** folgt aus dem Ansatz „Gravitationskraft = Gewichtskraft an der Oberfläche des Eros“:

$$F_G = G$$

$$\frac{G \cdot m \cdot M}{R_{Eros}^2} = m \cdot g$$

$$\Rightarrow \quad g = \frac{G \cdot M}{R_{Eros}^2} = \frac{6{,}67 \cdot 10^{-11}\, m^3 kg^{-1} s^{-2} \cdot 6{,}8 \cdot 10^{15}\, kg}{(8{,}5 \cdot 10^3\, m)^2} = 6{,}3 \cdot 10^{-3}\, \frac{m}{s^2}$$

d) Die **Fluchtgeschwindigkeit** berechnet man aus der Energiebilanz „kinetische Energie = potenzielle Energie“:

$$\frac{1}{2} m \cdot v_{Flucht}^2 = \frac{G \cdot m \cdot M_{Eros}}{R_{Eros}}$$

$$\Rightarrow \quad v_{Flucht} = \sqrt{\frac{2G \cdot M_{Eros}}{R_{Eros}}}$$

$$= \sqrt{\frac{2 \cdot 6{,}67 \cdot 10^{-11}\, m^3 kg^{-1} s^{-2} \cdot 6{,}8 \cdot 10^{15}\, kg}{8{,}5 \cdot 10^3\, m}}$$

$$= 10{,}3\, \frac{m}{s}$$

Ein **geeigneter Startplatz** ist am „Äquator“ in Rotationsrichtung des Planetoiden, da man so die Rotationsgeschwindigkeit beim Start mitbenutzen kann. Allerdings muss man die Sonde dann auch dort landen – wenn sie nicht auf dem Planeten manövrierfähig ist.

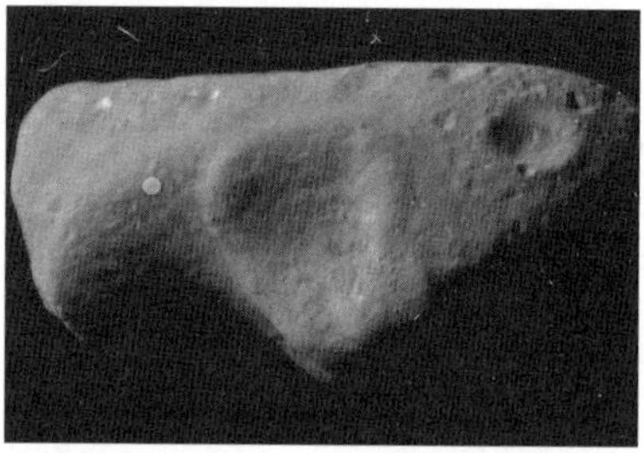

Abb. 2: Eros

Abb. 3: Raumsonde NEAR

Abitur Physik (Bayern G8) – Astrophysik
Übungsaufgabe 18: Sonnenprotuberanzen und Polarlichter

a) Worin stimmen das Sonnenspektrum und das Spektrum einer Glühlampe überein und worin unterscheiden sie sich?

b) Im Folgenden werden Beobachtungen im Wellenlängenbereich der H_α-Linie behandelt. Wasserstoffwolken über der Photosphäre kann man seitlich über den Sonnenrand hinaus als helle Protuberanzen erkennen. Vor der Sonnenscheibe erscheinen solche Protuberanzen hingegen als dunkle Strukturen.
Erklären Sie, wie die Leuchterscheinungen entstehen und warum das gleiche Phänomen so unterschiedlich erscheint.

Elektronen des Sonnenwinds gelangen nach einer Flugdauer von etwa 30 Stunden zur Erde, wo sie Polarlichter hervorrufen können.

c) Vorherrschend bei Polarlichtern sind grüne Leuchterscheinungen, die durch Anregung der Sauerstofflinie bei $\lambda = 557{,}7$ nm hervorgerufen werden. Weisen Sie rechnerisch nach, dass die kinetische Energie der Elektronen des Sonnenwinds ausreicht, den Sauerstoff zur Aussendung von Licht dieser Wellenlänge anzuregen.

d) Welche Bedeutung hat in diesem Zusammenhang das Erdmagnetfeld für das Leben auf der Erde?

GK 2004 V.2; GK 2000 V.3

Tipps und Hinweise zu Übungsaufgabe 18

Tipps zu Teilaufgabe a

- Welche Arten von Spektren kennen Sie?
- Wie kommen Spektren zustande?

Tipps zu Teilaufgabe b

- Beachten Sie: Hier werden zwei Fragen gestellt!
- Wie wird Lichtentstehung physikalisch erklärt? Wie muss man sie also hier erklären?
- Beachten Sie den Hintergrund für das beobachtete Licht.

Tipps zu Teilaufgabe c

- Welche Energie ist für die genannte Anregung notwendig?
- Vergleichen Sie diese Energie mit der Energie der Elektronen.

Tipps zu Teilaufgabe d

- Denken Sie darüber nach, was mit bewegten Ladungen (Elektronen) in einem Magnetfeld geschieht.
- Welche Wirkungen haben sehr schnelle Elektronen (0,99c) auf Lebewesen?

Lösungen zu Übungsaufgabe 18

a) Sowohl die Glühlampe als auch die Sonne sind Temperaturstrahler und erzeugen ein **kontinuierliches** Spektrum. Die Sonne weist aber im Unterschied zur Glühlampe dunkle Linien im Spektrum auf (Fraunhoferlinien), es handelt sich daher um ein **Absorptionsspektrum** (Abbildung 1).

Abb. 1: Sonnenspektrum

b) In den Protuberanzen bewegen sich Wasserstoffatome entlang magnetischer Feldlinien. Photonen der Photosphäre regen diese Wasserstoffatome an, die wiederum Licht in alle Richtungen aussenden.

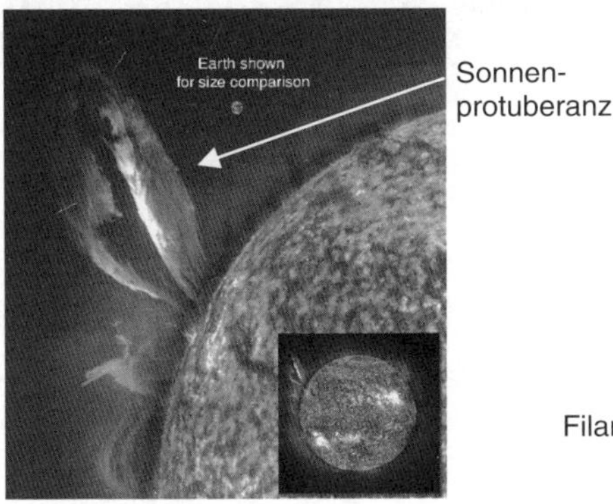

Abb. 2

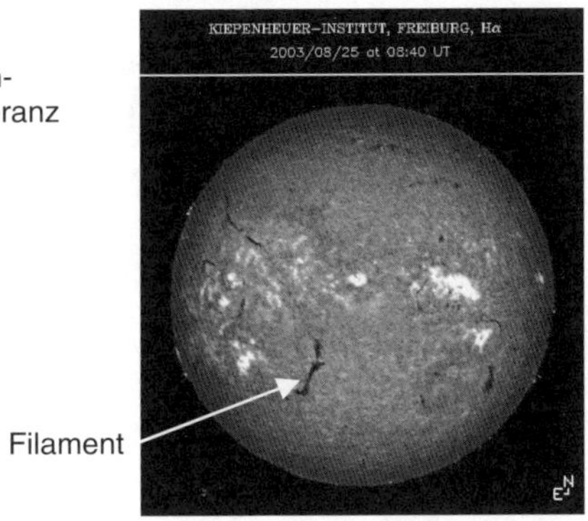

Abb. 3

Betrachtet man die Protuberanzen vor dem dunklen Hintergrund des interplanetaren Raums, so sehen sie hell aus. Beobachtet man sie hingegen vor dem hellen Hintergrund der Sonnenoberfläche, sehen sie wie dunkle Fäden (Filamente) aus (Abbildungen 2 und 3).

c) Die Elektronen benötigen für die Entfernung von 1 AE die Zeit 30 h. Damit haben sie die Geschwindigkeit

$$v = \frac{\Delta s}{\Delta t} = \frac{1{,}5 \cdot 10^{11}\,\text{m}}{30 \cdot 3\,600\,\text{s}} = 1{,}39 \cdot 10^{6}\,\frac{\text{m}}{\text{s}}.$$

Mit dieser Geschwindigkeit haben sie eine kinetische Energie von

$$E_{kin} = \frac{1}{2} m \cdot v^2 = \frac{1}{2} \cdot 9{,}1 \cdot 10^{-31}\,\text{kg} \cdot \left(1{,}39 \cdot 10^{6}\,\frac{\text{m}}{\text{s}}\right)^2 = 8{,}79 \cdot 10^{-19}\,\text{J}.$$

Die zur Anregung erforderliche Energie beträgt

$$E_{Ph} = h \cdot f = \frac{h \cdot c}{\lambda} = \frac{6{,}63 \cdot 10^{-34}\,\text{Js} \cdot 3{,}00 \cdot 10^{8}\,\text{m} \cdot \text{s}^{-1}}{557{,}7 \cdot 10^{-9}\,\text{m}} = 3{,}57 \cdot 10^{-19}\,\text{J}.$$

Da $E_{kin} > E$, reicht die kinetische Energie zur Anregung aus.

d) Das Magnetfeld hält energiereiche geladene Teilchen von der Erdoberfläche fern. Diese bewegen sich auf Spiralbahnen zu den Magnetfeldlinien und treten in die Erdatmosphäre nur in der Nähe der Pole ein (wo sie dann zu der Erscheinung des Polarlichtes führen).
Könnten diese Teilchen überall ungehindert die Erdoberfläche treffen, so könnten sie ihre Energie auch auf lebende Zellen übertragen (Energiedosis) und diese verändern (und damit in ihrer korrekten Funktion beeinträchtigen) bzw. sie sogar völlig zerstören.

Abb. 4: Polarlicht im Jahr 2000

Abitur Physik (Bayern G8) – Astrophysik
Übungsaufgabe 19: Unsere Galaxis

a) Zeichnen Sie eine schematische Seitenansicht unserer Galaxie mit Angabe von Größenordnungen. Tragen Sie den ungefähren Ort der Sonne ein und bezeichnen Sie die charakteristischen Bereiche. In welchen von diesen befinden sich vornehmlich die Kugelsternhaufen?

Einer der eindrucksvollsten Kugelsternhaufen ist Omega-Centauri (ω Cen) mit einem Winkeldurchmesser von 36 Bogenminuten. Der Beobachter sieht den 5,2 kpc entfernten Kugelsternhaufen ω Cen mit der scheinbaren Helligkeit $m = 3{,}4$.

b) Nehmen Sie vereinfachend an, dass alle Sterne von ω Cen sonnenähnliche Sterne sind und einen Beitrag zur Gesamthelligkeit leisten. Schätzen Sie damit die Zahl der Sterne dieses Kugelsternhaufens ab. Warum ist der so berechnete Wert kleiner als der Literaturwert von etwa $5 \cdot 10^6$ Einzelsternen?

c) Skizzieren Sie ein Hertzsprung-Russell-Diagramm für einen typischen Kugelsternhaufen und begründen Sie, wie man daraus die Erkenntnis gewinnt, dass die Kugelsternhaufen zu den ältesten Objekten im Universum gehören.

Im Scheibengebiet unserer Galaxie liegt der Lagunen-Nebel M8. Er besteht im Wesentlichen aus ionisiertem Wasserstoff.

d) Die Ionisation des Wasserstoffs (Ionisationsenergie 13,6 eV) wird durch die Strahlung naher, heißer Sterne bewirkt. Wie groß kann die Wellenlänge der ionisierenden Strahlung höchstens sein? In welchem Spektralbereich liegt diese Grenzwellenlänge?
[zur Kontrolle $\lambda_{Grenz} = 91{,}2$ nm]

e) Schätzen Sie ab, welche Oberflächentemperatur die den Lagunen-Nebel beleuchtenden Sterne mindestens haben müssen. Machen Sie damit plausibel, dass es sich bei M8 um ein Sternentstehungsgebiet handelt.

GK 2004 VI.1; 2

Tipps und Hinweise zu Übungsaufgabe 19

Tipp zu Teilaufgabe a

- Berücksichtigen Sie die wesentlichen Bestandteile unser Galaxie (Mitte, Außenbereiche, …). Vergessen Sie nicht, einen Langenmaßstab anzugeben.

Tipps zu Teilaufgabe b

- Die Leuchtkraft des Haufens ist ein Maß für die Anzahl der Sterne.
- Denken Sie an die verschiedenen Helligkeitsbegriffe.
- Stellen Sie sich den Kugelhaufen räumlich vor.

Tipps zu Teilaufgabe c

- Was ist die Besonderheit eines HRD eines Kugelhaufens zum grundlegend gelernten HRD?
- Wo ist im HRD das Alter der Sterne verborgen?
- Welche Sterne sind jung?

Tipp zu Teilaufgabe d

- Berechnen Sie die Frequenz eines Photons mit der angegebenen Energie.

Tipps zu Teilaufgabe e

- Mit welchem Gesetz lässt sich bei der berechneten Wellenlänge die auftretende Temperatur berechnen?
- Welche Spektralklasse gehören Sterne dieser Temperatur an?

Lösungen zu Übungsaufgabe 19

a)

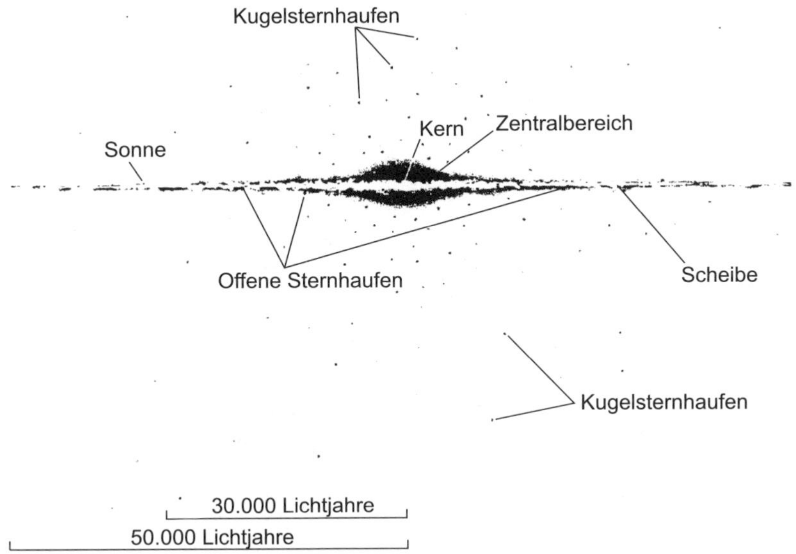

Abb. 1: Seitenansicht der Galaxie

Kugelsternhaufen befinden sich insbesondere im Halo der Galaxie und im Zentrum der Galaxie.

b) Der Entfernungsmodul

$$m - M = 5 \cdot \lg \frac{r}{10\text{ pc}}$$

liefert die absolute Helligkeit des Haufens:

$$M = 3{,}4 - 5 \cdot \lg 520 = -10{,}2$$

Für die Leuchtkraft ergibt sich:

$$L^* = q^{M_{\odot} - M} = q^{4{,}8 + 10{,}2} = 1{,}0 \cdot 10^6$$

Wenn alle Sterne sonnenähnlich sind, bedeutet dies, dass der Sternhaufen ca. 1 Million Sterne enthält. Die tatsächliche Zahl liegt sicherlich höher, da die angegebene Helligkeit eine visuelle Helligkeit ist, die Strahlungsanteile in Infrarot (leuchtschwache Sterne der Klassen M, L, T), Ultraviolett, Röntgenbereich … nicht berücksichtigt. Zudem tragen verdeckte Sterne im Sternhaufen nicht zur Helligkeit bei.

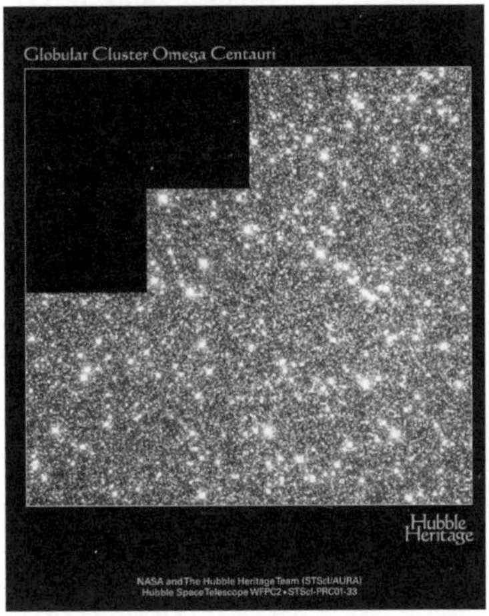

Abb. 2: Kugelsternhaufen Omega-Centauri (HST)

c) Alle Hertzsprung-Russell-Diagramme von Kugelsternhaufen weisen das sogenannte **Knie** auf, bei denen die Sterne die Hauptreihe verlassen (Abbildung 3). Die Hauptreihe oberhalb des „Knies“ ist nicht mehr besetzt, was bedeutet, dass es keine jungen Sterne (Spektralklassen O, B, A, …) mehr gibt.
Der Abknickpunkt lässt über die Leuchtkraft-Masse-Beziehung $L \sim M^3$ einen Rückschluss auf die Masse der Sterne am Abknickpunkt zu. Aus der Masse lässt sich dann die Entwicklungszeit

$$\tau \sim \frac{1}{M^2}$$

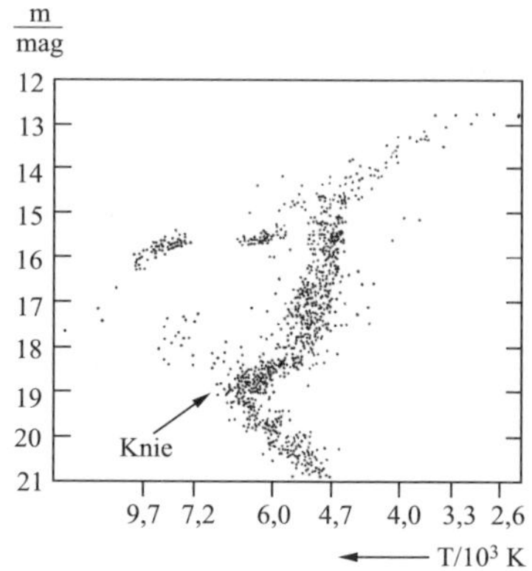

Abb. 3: Hertzsprung-Russell-Diagramm eines Kugelsternhaufens

dieser Sterne bestimmen, die in etwa mit dem Alter des Haufens gleich zu setzen ist (unter der Annahme, dass alle Sterne des Haufens in etwa gleichzeitig entstanden sind).

d) Es gilt:

$$E = \frac{h \cdot c}{\lambda}$$

$$\Rightarrow \quad \lambda_{Grenz} = \frac{h \cdot c}{E_{Ion}} = 4{,}1357 \cdot 10^{-15}\,\text{eVs} \cdot \frac{3{,}00 \cdot 10^8\,\frac{m}{s}}{13{,}6\,\text{eV}} = \underline{\underline{91{,}2\,\text{nm}}}$$

Diese Wellenlänge liegt im **UV-Bereich**.

e) Mithilfe des Wien'schen Verschiebungsgesetzes lässt sich die Temperatur der Sterne bestimmen, Mit $\lambda_{Grenz} = \lambda_{max}$ gilt:

$$\lambda_{max} \cdot T = 2{,}9 \cdot 10^{-3}\,\text{m} \cdot \text{K}$$

$$\Rightarrow \quad T = \frac{2{,}9 \cdot 10^{-3}\,\text{m} \cdot \text{K}}{91{,}2 \cdot 10^{-9}\,\text{m}} = \underline{\underline{3{,}2 \cdot 10^4\,\text{K}}}$$

Eine Temperatur der Sternoberflächen von rund 32 000 K gehört zur Spektralklasse O – und dabei handelt es sich um sehr junge Sterne (Entwicklungszeit sehr kurz; in Abbildung 4: heller Stern rechts unten).

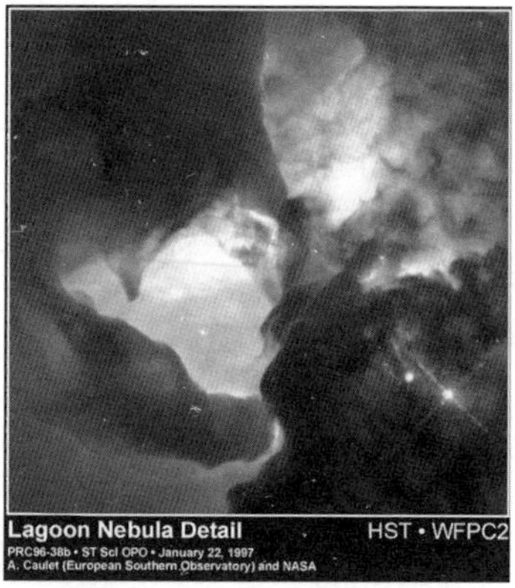

Abb. 4: Der Lagunennebel M8 (HST)

Abitur Physik (Bayern G8) – Aufgaben im Stil der neuen Abiturprüfung
Prüfungsaufgabe 1

Hinweis: Die Aufgabe zum Themenbereich I und eine der beiden Aufgaben zu den Themenbereichen II und III bilden zusammen eine vollständige Prüfungsaufgabe.

Themenbereich I: Elektromagnetische Felder, Relativitätstheorie

1. **Wechselstromerzeugung**
Eine quadratische Leiterschleife mit Flächeninhalt A dreht sich 50-mal pro Sekunde wie abgebildet in einem senkrecht zur Drehachse gerichteten, homogenen Magnetfeld der konstanten Flussdichte B. Die Anschlüsse werden mit einem Oszilloskop zur Spannungsmessung verbunden.

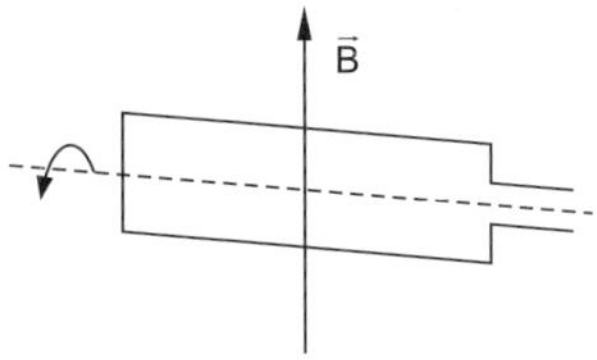

Abb. 1

a) Zur Zeit t = 0 befindet sich die Leiterschleife in der gemäß Abbildung 1 vertikalen Stellung und wird gerade nicht von den Feldlinien durchsetzt.
Geben Sie die vom Magnetfeld senkrecht durchsetzte Fläche A(t) an und skizzieren Sie den Graphen in einem t-A-Diagramm.
[Zwischenergebnis: $A(t) = A \cdot \sin(100\pi\, s^{-1} \cdot t)$] (5 BE)

b) Berechnen Sie die Funktion $U_{ind}(t)$ der induzierten Spannung und geben Sie einen allgemeinen Ausdruck für die Scheitelspannung an.
Beschreiben und begründen Sie die Spannungsänderung, wenn sich die Drehzahl verdreifacht. (5 BE)

c) Die Leiterschleife wird bei sonst unveränderter Anordnung zur Kreisform gebogen.
Begründen Sie rechnerisch, wie sich dadurch $U_{ind}(t)$ quantitativ verändert. Was folgt bei gleichbleibender Drehzahl für die abgreifbare Leistung? (3 BE)

d) Schließlich wird die Leiterschleife zu einer kreisförmigen Doppelschleife gebogen. Begründen Sie, wie sich die Induktionsspannung daraufhin ändert. (2 BE)

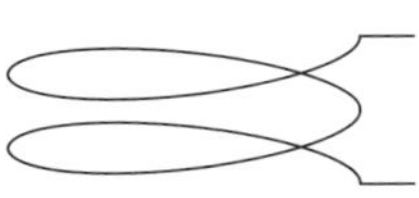
Abb. 2

2. **Zyklotron**
Eine Platz sparende Beschleunigungseinrichtung für Protonen stellt das Zyklotron dar. Die evakuierte Anlage besteht im Wesentlichen aus zwei baugleichen Elektroden, den sogenannten Duanten D_1 und D_2, die zusammengesetzt eine flache, zylindrische Dose ergäben. Die beiden Duanten

befinden sich im Abstand d = 1,00 cm voneinander und werden mit den Polen einer Spannungsquelle verbunden. Die ganze Anordnung wird von einem homogenen Magnetfeld der Flussdichte B = 0,100 T parallel zur Symmetrieachse durchsetzt (Abbildung 3 links).
Im Punkt P (in der Mitte zwischen den Duanten) befindet sich eine Quelle für Protonen ($m = 1{,}67 \cdot 10^{-27}$ kg, $Q = e = 1{,}6 \cdot 10^{-19}$ As), die mit vernachlässigbarer Anfangsgeschwindigkeit emittiert werden. Zwischen den Elektroden liegt zunächst die Spannung U = 10,0 kV.

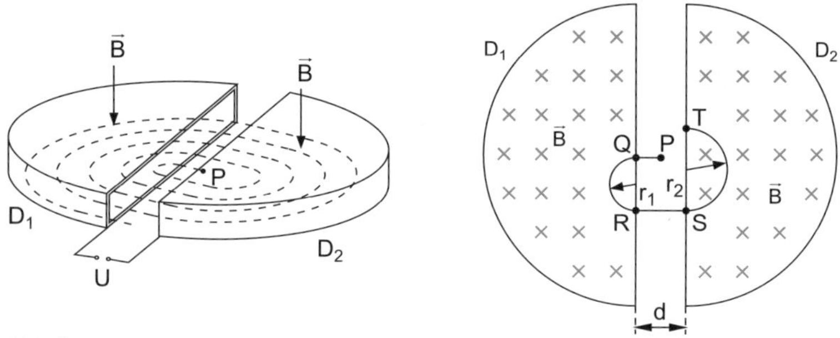

Abb. 3

a) Berechnen Sie für den Bahnabschnitt zwischen P und Q (Abbildung 4 rechts) die Beschleunigung a, welche die Protonen erfahren, ihre Geschwindigkeit v_1 in Q und die Flugzeit t_1 von P nach Q. (8 BE)

b) Der nächste Bahnabschnitt ist der Halbkreis von Q nach R. Berechnen Sie den Radius r_1 und die Flugzeit t_{HK}. (4 BE)

c) Zeigen Sie, dass die Flugzeit t_{HK} unabhängig vom Bahnradius ist und den Wert $t_{HK} = \frac{\pi \cdot m}{B \cdot e}$ besitzt. (2 BE)

d) Berechnen Sie die Flugzeit t_2, die sich von R nach S ergibt, wenn gerade beim Eintreffen in R umgepolt wird und das Proton weiter in Richtung S beschleunigt wird. (3 BE)

Es wird nun immer dann umgepolt, wenn das Proton nach einem Halbkreis wieder den Zwischenraum erreicht, sodass es jedes Mal an Geschwindigkeit gewinnt.

e) Bestimmen Sie die Anzahl der Flüge durch den Zwischenraum, nach denen die Teilchen die Geschwindigkeit $7v_1$ erreicht haben. (3 BE)

f) Beurteilen Sie die Eignung der Vorrichtung zum Erreichen sehr hoher Geschwindigkeiten. (4 BE)

g) Zur Messung der Flussdichte B eignet sich eine Hallsonde. Erklären Sie anhand einer beschrifteten Zeichnung ihre prinzipielle Funktionsweise. (5 BE)

3. **Elektrisches Feld**
Abbildung 4 zeigt einige Feldlinien einer Anordnung gleich großer, negativer Ladungen an den Ecken eines Quadrates.

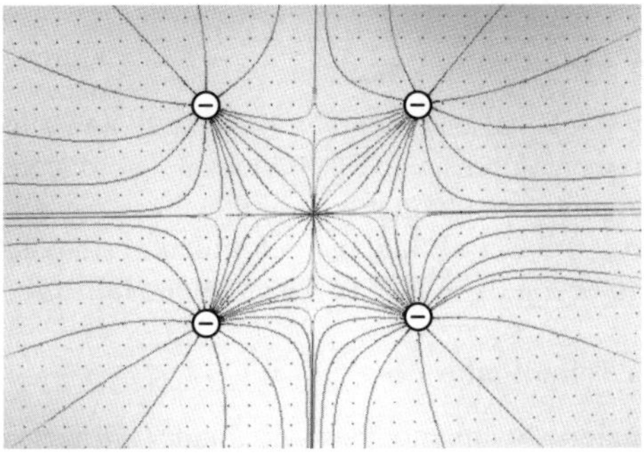

Abb. 4

a) Skizzieren Sie das zugehörige Äquipotenziallinienbild. (4 BE)

b) Skizzieren Sie das veränderte Feldlinienbild, wenn die Ladungen links oben und rechts unten durch positive ausgetauscht würden. (4 BE)

c) Beschreiben Sie in Worten, wie sich das Feldlinienbild qualitativ ändern würde bei gleicher Anordnung wie oben, aber jeweils größerer Ladung in den Punkten. (4 BE)

d) Erklären Sie, wie sich Feldlinien und Äquipotenziallinien in Analogie zur Gravitation auf der Erde und zu Landkarten deuten lassen. (4 BE)

(60 BE)

Tipps und Hinweise (Themenbereich I)

Tipp zu Teilaufgabe 1 a

Je nach Winkelgeschwindigkeit dreht sich die Leiterschleife und der vom Magnetfeld senkrecht durchsetzte Flächenanteil ändert sich periodisch. Der Winkel α zwischen Feldlinienrichtung und Schleifenebene ändert sich dabei in $T = 50\ s^{-1}$ gleichmäßig von 0° bis 360° und die Feldlinien treffen die Schleife dabei in der ersten halben Periode von der einen, in der zweiten Hälfte von der gegenüber liegenden Seite.

Tipp zu Teilaufgabe 1 b

Die induzierte Spannung hängt ab von der **Änderung** des magnetischen Flusses.

Tipp zu Teilaufgabe 1 c

Der Umfang der Leiterschleife bleibt beim Biegen gleich.

Tipp zu Teilaufgabe 1 d

Die Induktionsspannung ist auch proportional zur Windungszahl.

Tipp zu Teilaufgabe 2 a

Zwischen den Duanten herrscht ein homogenes elektrisches Feld und die Beschleunigung ist konstant.

Tipp zu Teilaufgabe 2 b

Die Lorentzkraft ist eine Zentripetalkraft.

Tipp zu Teilaufgabe 2 c

Verwenden Sie die Gleichungen aus Teilaufgabe 2 b und ersetzen Sie den Radius, sodass für die Flugzeit ein Ausdruck entsteht, der nicht mehr von r abhängt.

Tipp zu Teilaufgabe 2 d

Beachten Sie bei dieser Beschleunigungsphase die Anfangsgeschwindigkeit.

Tipp zu Teilaufgabe 2 e

Berechnen Sie den Zuwachs an kinetischer Energie nach k Flügen durch den Zwischenraum (in voller Breite, also ohne den ersten, „halben" Durchflug).

Tipp zu Teilaufgabe 2 f

Denken Sie bei der Betrachtung der Formel für die Halbkreis-Flugdauer an relativistische Effekte.

Tipp zu Teilaufgabe 2 g

Wird ein Leiter seitlich von einem Magnetfeld durchsetzt, dann erfahren die bewegten Ladungsträger die Lorentzkraft und werden seitlich abdriften. Dieses Phänomen nennt man Halleffekt.

Tipp zu Teilaufgabe 3 a

Äquipotenziallinien und Feldlinien stehen immer senkrecht aufeinander.

Tipp zu Teilaufgabe 3 b

Die Feldlinien verlaufen von der positiven Ladung zur negativen.

Tipp zu Teilaufgabe 3 c

Betrachten Sie hier zunächst qualitative Wirkung (Feldlinienrichtungen) und anschließend quantitative Folgen (Feldstärke).

Tipps zu Teilaufgabe 3 d

Denken Sie hier an Flussverläufe, eine gemütliche Wanderung entlang einer Höhenlinie und den energetischen Grund für diese Gemütlichkeit.

Übertragen Sie dann Ihre Überlegung auf die entsprechende Verschiebung einer elektrischen Probeladung in einem elektrischen Feld.

1. a) **Vom Magnetfeld durchsetzte Fläche**

Die Skizze in Abbildung 5 zeigt die Position der Schleife zu einem beliebigen Zeitpunkt t, gesehen mit Blick in Richtung der Rotationsachse. Für die von den Feldlinien senkrecht durchsetzte Fläche gilt

$$A_{\perp} = A \cdot \sin\alpha$$

mit dem Rotationswinkel

$$\alpha = \omega \cdot t = 2\pi \cdot f \cdot t = \frac{2\pi}{T} \cdot t$$

(f: Drehzahl, Frequenz; T: Umlaufdauer). Mit der Anfangsbedingung $A(t=0)=0$ und $T = 50^{-1}$ s folgt daher für die Flächenfunktion A(t):

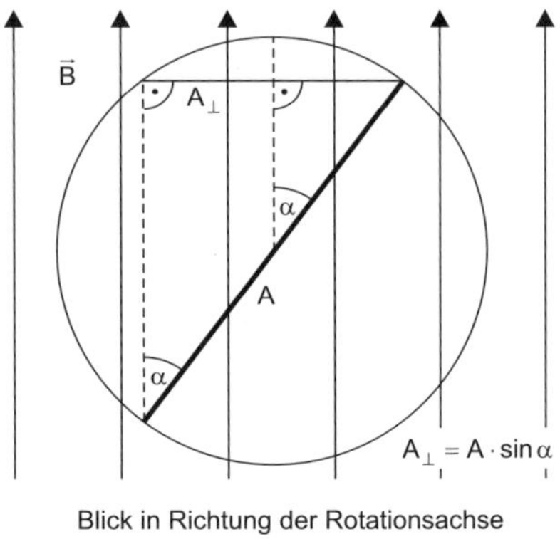

Abb. 5

$$A(t) = A \cdot \sin\left(\frac{2\pi}{T} \cdot t\right) = \underline{\underline{A \cdot \sin\left(100\pi\, s^{-1} \cdot t\right)}}$$

t-A-Diagramm

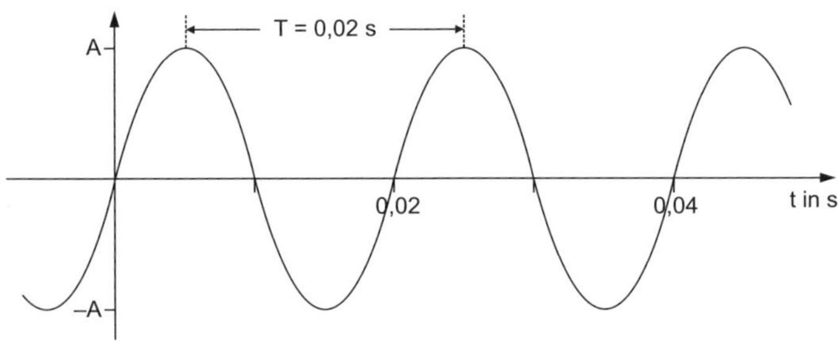

Abb. 6

Der an der t-Achse gespiegelte Graph zur Funktion –A(t) ist ebenfalls eine korrekte Lösung. Dass die Fläche überhaupt ein Vorzeichen besitzt, ist lediglich ein Ausdruck ihrer „Orientierung“: Besitzt der Normalenvektor auf A eine Komponente parallel zu $\vec{B}$, ist $A > 0$, besitzt er eine Komponente in entgegengesetzter Richtung zu $\vec{B}$, gilt $A < 0$.

b) Eine Spannung wird induziert, wenn sich der magnetische Fluss $\Phi = B \cdot A_{\perp}$ ändert. Es gilt allgemein (N: Windungszahl der Leiterschleife):

$$U_{ind} = -N \cdot \dot{\Phi} = -N \cdot (B \cdot \dot{A}_{\perp} + \dot{B} \cdot A_{\perp})$$

Der Leiterrahmen hat nur eine Windung, das Magnetfeld bleibt konstant.

Somit vereinfacht sich die Formel zu

$$U_{ind} = -B \cdot \dot{A}_{\perp}$$

und man erhält mit der Flächenfunktion A(t) aus Teilaufgabe a:

$$\begin{aligned} U_{ind}(t) &= -B \cdot \dot{A}(t) \\ &= -100\pi\, s^{-1} \cdot B \cdot A \cdot \cos(100\pi\, s^{-1} \cdot t) \\ &= \underline{\underline{U_{max} \cdot \cos(100\pi\, s^{-1} \cdot t)}} \end{aligned}$$

mit

$$U_{max} = -100\pi\, s^{-1} \cdot B \cdot A = \underline{\underline{-2\pi \cdot f \cdot B \cdot A}} = -\omega \cdot B \cdot A \qquad (*)$$

Wenn sich die Drehzahl verdreifacht, verdreifacht sich auch die Scheitelspannung.

c) Bei quadratischer Form mit dem Flächeninhalt A_Q hat die Leiterschleife eine Seitenlänge von $\sqrt{A_Q}$ und damit einen Umfang von $4\sqrt{A_Q}$, der nun zur Kreisform gebogen wird. Der Radius berechnet sich dann gemäß

$$2\pi r_1 = 4\sqrt{A_Q} \text{ oder } r_1 = \frac{2\sqrt{A_Q}}{\pi},$$

für die Kreisfläche folgt:

$$A_{K,1} = r_1^2\pi = \left(\frac{2\sqrt{A_Q}}{\pi}\right)^2 \cdot \pi = \frac{4}{\pi} \cdot A_Q \approx 1{,}27 \cdot A_Q \quad \Leftrightarrow \quad \frac{A_{K,1}}{A_Q} \approx 1{,}27$$

Wegen der größeren Fläche wird nach (*) auch die induzierte Spannung um den Faktor 1,27 größer, bei konstantem Widerstand auch die Stromstärke, sodass die Leistung $P = U \cdot I$ sogar um den Faktor $(\frac{4}{\pi})^2 \approx 1{,}62$ wächst.

d) Der Leiter umspannt zwei Kreisumfänge, also ist – bei konstanter Leiterlänge – der Umfang bzw. Radius einer Windung

$$2\sqrt{A_Q} \quad \text{bzw.} \quad r_2 = \frac{\sqrt{A_Q}}{\pi},$$

die Kreisfläche ergibt sich zu

$$A_{K,2} = r_2^2\pi = \left(\frac{\sqrt{A_Q}}{\pi}\right)^2 \cdot \pi = \frac{A_Q}{\pi} \approx 0{,}32 \cdot A_Q.$$

Wegen der zwei Windungen verdoppelt sich nach (*) die Induktionsspannung, sodass ihr Scheitelwert etwa $0{,}64 \cdot U_{max}$ erreicht.

2. a) Auf die Protonen wirkt die elektrische Feldkraft:

$$F_{el} = m \cdot a$$

$$\Rightarrow \quad a = \frac{F_{el}}{m} = \frac{e \cdot \frac{U}{d}}{m} = \frac{1{,}60 \cdot 10^{-19}\,\text{As} \cdot 10{,}0 \cdot 10^{3}\,\text{V}}{1{,}67 \cdot 10^{-27}\,\text{kg} \cdot 0{,}0100\,\text{m}} \approx \underline{\underline{9{,}58 \cdot 10^{13}\,\frac{\text{m}}{\text{s}^2}}}$$

Die in P gestarteten Protonen haben nur die halbe Spannung durchlaufen:

$$\frac{1}{2} m \cdot v_1^2 = e \cdot \frac{U}{2}$$

$$\Rightarrow \quad v_1 = \sqrt{\frac{e \cdot U}{m}} = \sqrt{\frac{1{,}60 \cdot 10^{-19}\,\text{As} \cdot 10{,}0 \cdot 10^3\,\text{V}}{1{,}67 \cdot 10^{-27}\,\text{kg}}} \approx \underline{\underline{9{,}79 \cdot 10^5\,\frac{\text{m}}{\text{s}}}}$$

Ihre Flugzeit beträgt somit:

$$v_1 = a \cdot t_1 \quad \Rightarrow \quad t_1 = \frac{v_1}{a} = \frac{9{,}79 \cdot 10^5\,\frac{\text{m}}{\text{s}}}{9{,}58 \cdot 10^{13}\,\frac{\text{m}}{\text{s}^2}} \approx \underline{\underline{1{,}02 \cdot 10^{-8}\,\text{s}}}$$

Allgemein gilt:

$$t_1 = \frac{v_1}{a} = \frac{\sqrt{\frac{e \cdot U}{m}}}{\frac{e \cdot U}{m \cdot d}} = d \cdot \sqrt{\frac{m}{e \cdot U}}$$

b) Die Lorentzkraft ist eine Zentripetalkraft, also von der Form $\frac{m \cdot v^2}{r}$. Damit ergibt sich

$$\frac{m \cdot v_1{}^2}{r_1} = B \cdot e \cdot v_1$$

bzw.

$$r_1 = \frac{m \cdot v_1}{B \cdot e} \qquad (**)$$

$$= \frac{1{,}67 \cdot 10^{-27}\,\text{kg} \cdot 9{,}79 \cdot 10^5\,\frac{\text{m}}{\text{s}}}{0{,}100\,\text{T} \cdot 1{,}60 \cdot 10^{-19}\,\text{As}} \approx 0{,}102\,\text{m} = \underline{\underline{10{,}2\,\text{cm}}}$$

Die Bahngeschwindigkeit ändert sich auf dem Halbkreis betragsmäßig nicht, es gilt folglich

$$v_1 = \frac{\pi \cdot r_1}{t_{HK}}$$

$$\Rightarrow \quad t_{HK} = \frac{\pi \cdot r_1}{v_1} = \frac{\pi \cdot 0{,}102\,\text{m}}{9{,}79 \cdot 10^5\,\frac{\text{m}}{\text{s}}} \approx \underline{\underline{3{,}28 \cdot 10^{-7}\,\text{s}}}$$

c) Setzt man in der Rechnung in Teilaufgabe b für r_1 den Ausdruck (**) ein, erkennt man, dass die Flugzeit nicht vom Radius abhängt:

$$t_{HK} = \frac{\pi \cdot r_1}{v_1} = \frac{\pi \cdot m \cdot v_1}{v_1 \cdot B \cdot e} = \underline{\underline{\frac{\pi \cdot m}{B \cdot e}}}$$

Die Flugzeit ist daher bei sonst gleichen Bedingungen für alle Halbkreisabschnitte konstant.

d) Die Geschwindigkeit v_2 bei S erhält man aus dem Weg-Geschwindigkeit-Gesetz der gleichförmig beschleunigten Bewegung mit Anfangsgeschwindigkeit v_1:

$$v_2^2 - v_1^2 = 2a \cdot d \qquad (***)$$

$$\Rightarrow \quad v_2 = \sqrt{v_1^2 + 2a \cdot d}$$

$$= \sqrt{\left(9{,}79 \cdot 10^5 \, \frac{m}{s}\right)^2 + 2 \cdot 9{,}58 \cdot 10^{13} \, \frac{m}{s^2} \cdot 0{,}0100 \, m} = 1{,}70 \cdot 10^6 \, \frac{m}{s}$$

v_2 lässt sich alternativ über den Energiesatz bestimmen:

$$\frac{1}{2} m \cdot v_2^2 = \frac{1}{2} m \cdot v_1^2 + e \cdot U$$

$$\Rightarrow \quad v_2 = \sqrt{v_1^2 + 2 \cdot \frac{e \cdot U}{m}} \overset{\text{Teilaufgabe a}}{=} \sqrt{v_1^2 + 2a \cdot d}$$

Nach dem Geschwindigkeit-Zeit-Gesetz folgt dann:

$$v_2 = v_1 + a \cdot t_2$$

$$\Rightarrow \quad t_2 = \frac{v_2 - v_1}{a} = \frac{(1{,}70 - 0{,}979) \cdot 10^6 \, \frac{m}{s}}{9{,}58 \cdot 10^{13} \, \frac{m}{s^2}} = \underline{\underline{7{,}48 \cdot 10^{-9} \, s}}$$

t_2 beträgt nur noch knapp ein fünfzigstel von t_{HK}!
Auch t_2 lässt sich auf alternative Weise berechnen, nämlich über den Mittelwert der Geschwindigkeiten (beide Rechenwege sind wegen der Beziehung (***) äquivalent):

$$t_2 = \frac{d}{\bar{v}} = \frac{d}{\frac{1}{2}(v_1 + v_2)} = \frac{2d}{v_1 + v_2} = \frac{2 \cdot 0{,}0100 \, m}{(1{,}70 + 0{,}979) \cdot 10^6 \, \frac{m}{s}} = \underline{\underline{7{,}48 \cdot 10^{-9} \, s}}$$

Schließlich können Sie t_2 auch direkt über das Weg-Zeit-Gesetz berechnen. Sie müssen dann eine quadratische Gleichung für t_2 lösen; die Lösungsformel führt auf dieselbe Bestimmungsgleichung wie oben.

e) Nach k vollständigen Flügen durch den Zwischenraum haben die Protonen jeweils um $k \cdot e \cdot U$ an Energie gewonnen und es gilt mit der Beziehung

$$v_1 = \sqrt{\frac{e \cdot U}{m}}$$

aus Teilaufgabe a:

$$\frac{1}{2} m \cdot (7v_1)^2 = \frac{1}{2} m \cdot v_1^2 + k \cdot e \cdot U$$

$$\frac{48}{2} m \cdot v_1^2 = k \cdot e \cdot U \quad \Rightarrow \quad k = \frac{24m}{e \cdot U} \cdot \frac{e \cdot U}{m} = 24$$

Also hat das Proton insgesamt **nach dem 25. Durchflug** die gewünschte Geschwindigkeit erreicht.

f) In der Formel $t_{HK} = \pi \cdot m \cdot (B \cdot e)^{-1}$ aus Teilaufgabe c kommt die Masse vor, die bei relativistischen Geschwindigkeiten zunimmt. Damit sind für große Geschwindigkeiten die Umlaufsdauern der Teilchen nicht mehr korrekt mit den Umpolzeiten der Spannung synchronisiert, die Teilchen geraten „außer Takt". Die Vorrichtung in der hier betrachteten Bauweise (konstante Umpolfrequenz) eignet sich daher zur Beschleunigung auf sehr hohe Energien nicht.

g) Eine Hallsonde ist ein quaderförmiger Leiter, der in einer Richtung von Strom durchflossen wird. Senkrecht zur Stromrichtung wird dieses Gerät von einem Magnetfeld durchsetzt (Abbildung 7). Die fließenden Elektronen erfahren deswegen die vertikale Lorentzkraft (Drei-Finger-Regel) und werden (je nach Stromrichtung) nach oben bzw. unten abdriften; die positiven Ladungsträger bleiben ortsfest. Durch die Ladungstrennung baut sich ein elektrisches Feld E über die Distanz b auf, bis die elektrische Feldkraft und die Lorentzkraft den gleichen Betrag haben. Die resultierende Potenzialdifferenz Spannung $U_H = E \cdot b$ bezeichnet man als **Hallspannung**. Sie ist ein Maß für die Flussdichte B.

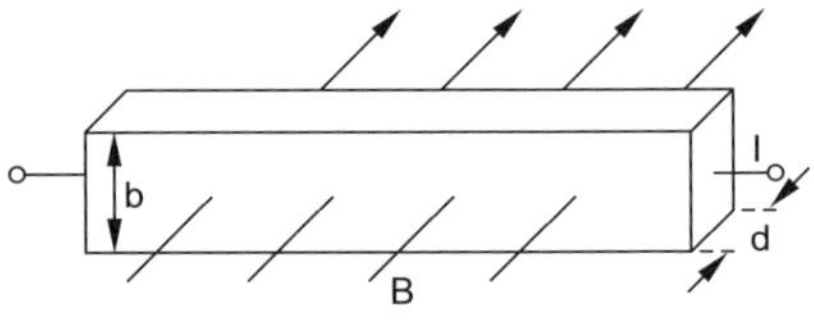

Abb. 7

Aus der Gleichgewichtsbedingung $F_{el} = F_L$ lassen sich die Beziehungen

$$U_H = b \cdot v \cdot B \quad \text{bzw.} \quad U_H = \frac{I}{n \cdot e \cdot d} \cdot B$$

herleiten (n: Ladungsträgerdichte; v: Elektronengeschwindigkeit); insbesondere gilt $U_H \sim B$.

3. a) **Äquipotenziallinienbild** Die Äquipotenziallinien stehen senkrecht auf den Feldlinien; die Symmetrie bleibt erhalten (Abbildung 8).

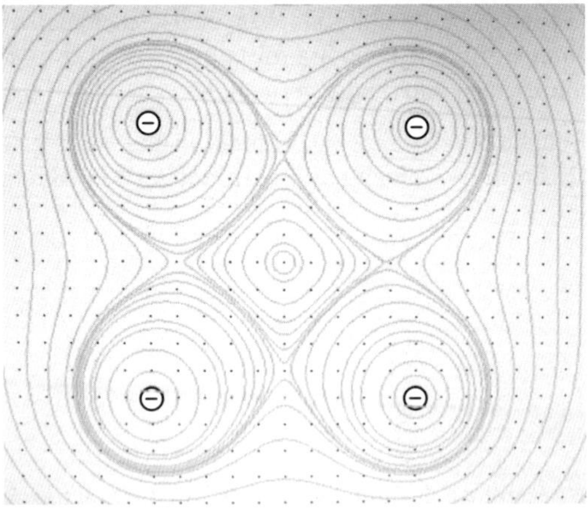

Abb. 8

b) **Verändertes Feldlinienbild:**

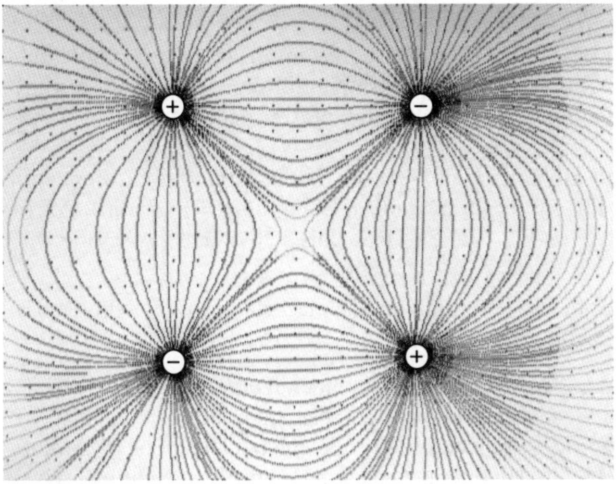

Abb. 9

c) Wenn alle Ladungen gleichermaßen verändert werden, die gegenseitigen Ladungsverhältnisse also gleich bleiben, ändert sich die Form (Symmetrie) der Anordnung nicht. Bei gleicher Skalierung der Feldlinien bzgl. des Betrags der Feldstärke würde lediglich die Dichte der Linien zunehmen.

d) Die **Höhenlinien** in einer Landkarte entsprechen den **Äquipotenziallinien**, entlang denen man flach wandern kann, ohne irgendeinen Höhenunterschied zu überwinden. Bewegt man sich entlang einer Äquipotenziallinie, dann gelingt dies, ohne gegen irgendeine Spannung Arbeit verrichten zu müssen. Senkrecht dazu stehen die **Feldlinien** und zeigen in Richtung der Kraft auf eine positive Probeladung an dieser Stelle. Entsprechende Linien bei der Gravitation würden sich ergeben, wenn man die **Linien steilsten Abfalls bzw. Anstiegs** einzeichnen würde, also etwa den Weg, den sich Wasser beim Herunterlaufen selbst suchen würde (vgl. Flussverläufe).

1. **Radonbelastung in Gebäuden**
Als Folgeprodukt des Zerfalls von U238, das im Erdreich vorkommt, entsteht radioaktives Rn222, das als gasförmige Substanz etwa in Kellerräume eindringen kann und sich dort ansammelt, wenn nicht ausreichend belüftet wird.
Das Rn222 zerfällt mit einer Halbwertszeit von 3,8 d in Po218, dieses mit $T_{1/2} = 3{,}1$ min zu Pb214 ($T_{1/2} = 26{,}8$ min), Bi214 ($T_{1/2} = 19{,}9$ min), Po214 ($T_{1/2} = 0{,}2$ ms), Pb210 ($T_{1/2} = 22{,}3$ a) usw., bis schließlich das stabile Pb206 entsteht.

a) Geben Sie die Anzahl der Alpha- und Betazerfälle an, die vom Rn222 bis zum Pb206 ablaufen. (4 BE)

Spannt man in einem solchen Kellerraum einen mehrere Meter langen Draht und schließt den Minuspol einer Hochspannungsquelle an, dann sammeln sich über viele Stunden hinweg die entstandenen Po218-Atome als Feststoffe am Draht. Mit einem Tuch kann man sie vorsichtig abwischen und damit auf kleinem Raum zusammenbringen.
Eine Untersuchung des Tuches mit einem Geiger-Müller-Zählrohr liefert folgende Messkurve:

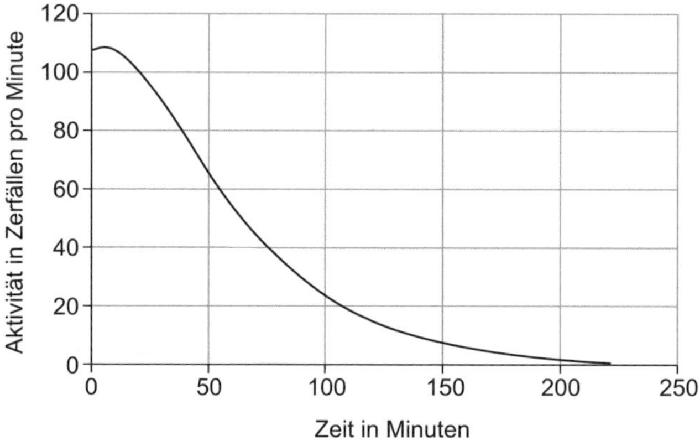

Abb. 1

b) Schätzen Sie anhand der Grafik die Halbwertszeit der gemessenen Gesamtaktivität ab und begründen Sie, dass hier im wesentlichen nur die Zerfälle von Pb214 bis Pb210 eine Rolle spielen. (4 BE)

c) Erklären Sie qualitativ die zunächst ansteigende Aktivität. (3 BE)

d) Berechnen Sie, nach wie vielen Halbwertszeiten die Aktivität einer Probe auf weniger als 0,1 % gesunken ist. (4 BE)

e) Beschreiben Sie die Abläufe bei einem Alpha- und bei einem Betazerfall. (8 BE)

f) „Atome altern nicht."
Erläutern Sie diese Aussage in Bezug auf radioaktive Substanzen. (4 BE)

g) Gehen Sie unter Verwendung des Potenzialtopf-Modelles auf die Frage ein, warum ein Alphazerfall irgendwann (spontan) stattfindet und nicht sofort. Interpretieren Sie dabei die Halbwertszeit statistisch. (5 BE)

h) Radonbelastung in Gebäuden lässt sich durch großzügiges Lüften verringern. Manche Menschen müssen jedoch mit radioaktiven Substanzen umgehen und sind auf wirkungsvolle Strahlenschutzmaßnahmen angewiesen, um ihr gesundheitliches Risiko zu verringern.
Nennen Sie die wichtigsten Strahlenschutzmaßnahmen und begründen Sie kurz deren Nutzen. (6 BE)

2. **Franck-Hertz-Versuch**

a) Beschreiben Sie anhand einer Zeichnung Aufbau und Durchführung des Franck-Hertz-Versuchs. Erklären Sie das Ergebnis. (12 BE)

b) Für ein überzeugendes Versuchsergebnis ist es wichtig, die Vorrichtung bei einer bestimmten Temperatur zu betreiben. Stellen Sie die Auswirkungen einer zu niedrigen bzw. zu hohen Betriebstemperatur dar. (4 BE)

Mit einem empfindlichen Spektralmessgerät findet man Licht, das die Franck-Hertz-Vorrichtung verlässt und eine Wellenlänge von 245 nm besitzt.

c) Erklären Sie diese Beobachtung mit einem geeigneten physikalischen Modell zunächst qualitativ und finden Sie eine Begründung für das Auftreten gerade dieser Linie. (3 BE)

Verwendet man im Franck-Hertz-Experiment Neongas statt des Quecksilbers, fliegen die Elektronen schneller, bevor sie ein Gasatom anregen. Bei etwa 20 V Beschleunigungsspannung bildet sich vor dem Gitter eine rot leuchtende Schicht, deren Ursache sicher nicht eine Energieübertragung von etwa 20 eV sein kann.

d) Geben Sie eine Begründung dafür, dass die Leuchterscheinung eine andere Ursache haben muss, und erläutern Sie eine realistische Alternative. (3 BE)

(60 BE)

Tipps und Hinweise (Themenbereich II)

Tipp zu Teilaufgabe 1 a

- Verwenden Sie hierzu die Anzahl der Protonen und Neutronen in den betrachteten Kernen.

Tipp zu Teilaufgabe 1 b

- Ignorieren Sie zunächst den Verlauf zu Beginn der Messung und wählen Sie zum Ablesen der Halbwertszeit Aktivitäten, die erst nach mehr als 50 Minuten gemessen werden.

Tipp zu Teilaufgabe 1 c

- Dieser Effekt kann nur auftreten, wenn ein Mutter-Tochter-Zerfall vorliegt, der Tochterkern also wieder radioaktiv ist und mit seinem erneuten Zerfall zur Gesamtaktivität beiträgt.

Tipp zu Teilaufgabe 1 d

- Diese Frage ist allgemein für jede beliebige Halbwertszeit zu beantworten.

Tipp zu Teilaufgabe 1 e

- Berücksichtigen Sie die Protonen- und Neutronenzahl des Mutter- und des Tochterkerns.

Tipp zu Teilaufgabe 1 f

- Die Halbwertszeit und auch die Zerfallskonstante bleiben konstant.

Tipps zu Teilaufgabe 1 g

- Interpretieren Sie das Alphateilchen als gebundenes Teilchen in einem Potenzialtopf mit endlich hoher Wand.
- Schlüsselbegriff: Tunneleffekt

Tipp zu Teilaufgabe 1 h

- Kommentieren Sie die Abstandsabhängigkeit, Möglichkeiten der Abschirmung, Bestrahlungszeiten sowie die Folgen bei Aufnahme in den Körper für die verschiedenen Strahlungsarten.

Tipp zu Teilaufgabe 2 a

Versuchsidee: Beschleunigte Elektronen sollen mit umherfliegenden Quecksilberatomen zusammenstoßen, die Wechselwirkung möchte man beobachten.

Tipp zu Teilaufgabe 2 b

Die Höhe der Temperatur wirkt sich auf die Zahl der Quecksilberatome und damit der Stoßpartner für die Elektronen aus.

Tipp zu Teilaufgabe 2 c

Die angeregten Quecksilberatome geben überschüssige Energie ab, indem sie Photonen der gemessenen Wellenlänge aussenden.

Tipp zu Teilaufgabe 2 d

Berechnen Sie zunächst die Energie der Photonen im roten Spektralbereich (etwa 400 nm) und vergleichen Sie diese mit den beim Elektron-Neon-Stoß übertragenen ca. 20 eV.

Lösungen (Themenbereich II)

1. a) Bei der Zerfallskette

$$^{222}_{86}\mathrm{Rn} \rightarrow \ldots \rightarrow \, ^{206}_{82}\mathrm{Pb}$$

sinkt die Anzahl der Nukleonen um 16, es kommen also vier Alphazerfälle vor. Die Anzahl der Protonen im Kern müsste dann um 8 abnehmen, tatsächlich verringert sie sich nur um 4; d. h., es finden auch noch vier Betazerfälle statt.

b) Betrachtet man etwa die Zeitpunkte mit einer Aktivität von 40, 20, 10 Zerfällen pro Minute (Abbildung 2), dann erkennt man eine Gesamthalbwertszeit von etwa 30 Minuten.

Begründung: Po218 spielt wegen seiner geringen Halbwertszeit von 3,1 min kaum eine Rolle. Dann kommen mit relevanter Halbwertszeit Pb214 und Bi214; das resultierende Po214 (0,2 ms) zerfällt praktisch sofort zum vergleichsweise „stabilen“ Pb210 (22,3 a). Die Gesamthalbwertszeit, die sich in der Messkurve ausdrückt, wird also wesentlich durch die Zerfälle im Bereich von Pb214 bis Pb210 bestimmt.

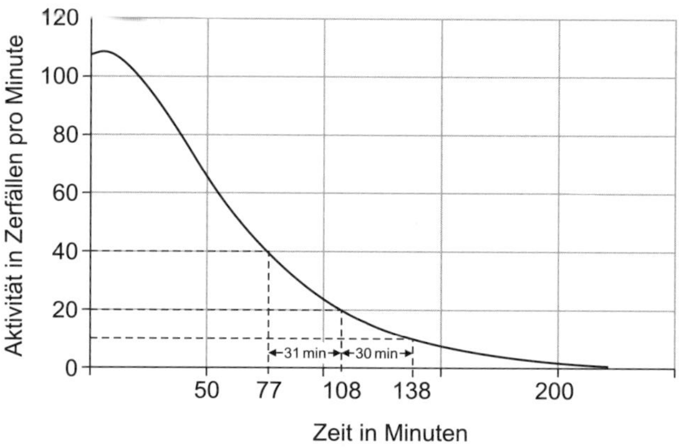

Abb. 2

c) Eine zunächst steigende Aktivität kann nur vorkommen, wenn das Tochterprodukt wieder radioaktiv ist und weiter zerfällt (hier: Pb214). Dann kommt es (bei „geeigneten“ Halbwertszeiten für Mutter- und Tochterkern wie hier: $t_M = 3{,}1$ bzw. $t_T = 26{,}8$ min) dazu, dass die Aktivität aus dem ersten Zerfall noch recht hoch ist und die neu entstandenen Tochterkerne zusätzlich zur Gesamtaktivität beitragen, sodass diese zunächst ansteigt. Mit der Zeit, d. h. nach einigen t_M, kommen aber immer weniger Mutterzerfälle nach und die Aktivität klingt wie üblich ab.

d) Nach einer Halbwertszeit ist die Aktivität um den Faktor $\frac{1}{2}$ gesunken, nach n Halbwertszeiten um den Faktor $(\frac{1}{2})^n = \frac{1}{2^n}$. Damit die Aktivität auf weniger als 0,1 % der Ausgangsaktivität sinkt, muss daher gelten:

$$\frac{1}{2^n} < 0{,}001 \quad \Leftrightarrow \quad 2^n > 1000 \quad \Leftrightarrow \quad n > \frac{\ln 1000}{\ln 2} = 9{,}96\ldots \quad \Rightarrow \quad \underline{\underline{n_{min} = 10}}$$

Nach 10 Halbwertszeiten ist die Aktivität auf weniger als 0,1 % abgesunken.

Schneller ans Ziel kommt, wer die Potenzen zur Basis 2 auswendig weiß: Erinnern Sie sich, dass $2^{10} = 1024$ gilt, und Sie können sofort das Ergebnis angeben: $\frac{1}{2^{10}} = \frac{1}{1024} < \frac{1}{1000} = 0{,}001$.

e) **Alphazerfall:** Aus dem Mutterkern löst sich ein He-Kern mit zwei Neutronen und zwei Protonen (das Alphateilchen) und fliegt davon, beschleunigt von der Coulombabstoßung, die nach Erreichen der Kernkraftgrenze einsetzt.
Im Atomkern selbst ist dann die Protonenzahl um 2 kleiner (es ist also ein anderes chemisches Element geworden) und die Nukleonenzahl sinkt sogar um 4 (wegen der zwei Neutronen).

Betazerfall: Ein Kernneutron wandelt sich spontan um in ein Proton und ein schnelles Elektron, welches den Kern verlässt und Betateilchen genannt wird. Im Kern nimmt bei gleichbleibender Nukleonenzahl die Protonenzahl um 1 zu (anderes Element!), die Neutronenzahl sinkt entsprechend um 1.

f) Ist ein radioaktiver Kern nach langer Zeit immer noch nicht zerfallen, dann wird deswegen die Wahrscheinlichkeit, in der nächsten Sekunde zu zerfallen, nicht größer (wie etwa die Sterbenswahrscheinlichkeit bei sehr alten Lebewesen), sondern bleibt immer gleich. Dieses Gleichbleiben der „Überlebenschance" eines radioaktiven Kerns ist gemeint mit der Aussage „Atome altern nicht". Das Alter ändert also keineswegs die Eigenschaften eines Atoms.

g) Um den Kern zu verlassen, muss das Alphateilchen Arbeit gegen die Kraft verrichten, die aus dem Kernpotenzial resultiert (Abbildung 3). Dieses wird verursacht durch die anziehende starke Wechselwirkung der Nukleonen einerseits („Potenzialtopf") und der abstoßenden Coulombwechselwirkung der Protonen andrerseits („Coulombwall"). Der klassisch einzig mögliche Weg 1, nämlich über die Spitze des Coulombwalls, ist nicht möglich, weil die Energie des Alphateilchens nicht ausreichen

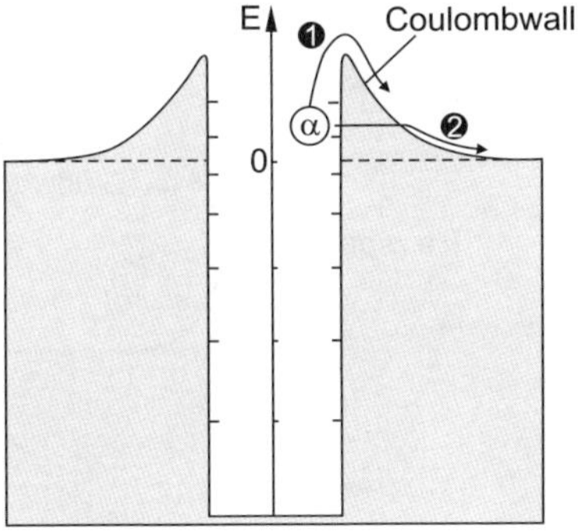

Abb. 3

würde, den höchsten Punkt zu erreichen. Dagegen kann das Teilchen den Wall „durchtunneln" (Weg 2). Dieser **Tunneleffekt** lässt sich nur quantenphysikalisch erklären: In der Wand des endlich hohen Topfrandes ist die Aufenthalts-

wahrscheinlichkeit des Alphateilchens zwar klein, aber nicht null. Ist der Wall genügend schmal und niedrig, kann es daher mit einer gewissen Wahrscheinlichkeit zum Tunneln kommen.
Der Zerfall findet in der Regel nicht sofort statt; vielmehr ist in jeder Sekunde die Wahrscheinlichkeit seines Eintretens gleich groß. Je geringer diese Wahrscheinlichkeit ist, desto größer ist die **Halbwertszeit** des Strahlers.

h) **Strahlenschutzmaßnahmen**

- *Abstand:* Die Intensität von radioaktiver Strahlung nimmt (mindestens) mit dem Abstandquadrat ab, in doppelter Entfernung vom Strahler hat sie also nur noch ein Viertel der Stärke.
- *Abschirmung:* Durch Beton- und Bleiwände wird radioaktive Strahlung stark geschwächt. Alphastrahlung lässt sich bereits durch ein Blatt Papier abschirmen, Betastrahlung durch ein Holzbrett.
- *Kurze Bestrahlungszeit:* Da die Strahlenbelastung proportional zur Zeit wächst und damit auch das Schadensrisiko größer wird, sollte man unvermeidbare Bestrahlungen auf eine möglichst kurze Zeit beschränken.
- *Inkorporation vermeiden:* Alphastrahler können nicht einmal durch die Haut dringen, sind also von außen kommend harmlos. Im Körper können sie jedoch wegen ihrer hohen Ionisationsfähigkeit in dem kleinen Bereich ihrer Reichweite gewaltigen Schaden anrichten. Darum sollte man die Aufnahme in den Körper unbedingt vermeiden.

Radon wird eingeatmet und in der Regel – also falls es nicht vorher zerfällt – wieder ausgeatmet. Wenn es aber zerfällt, dann kann das Alphateilchen in der Lunge wirken. Außerdem entsteht das Polonium als Feststoff, der nicht mehr ausgeatmet wird und als weiter alphastrahlendes Isotop den Körper belastet.

2. a) In einem (evakuierten) Glaskolben befindet sich ein Tropfen Quecksilber, der bei der Betriebstemperatur von etwa 200 Grad Celsius als Dampf vorliegt (Abbildung 4).

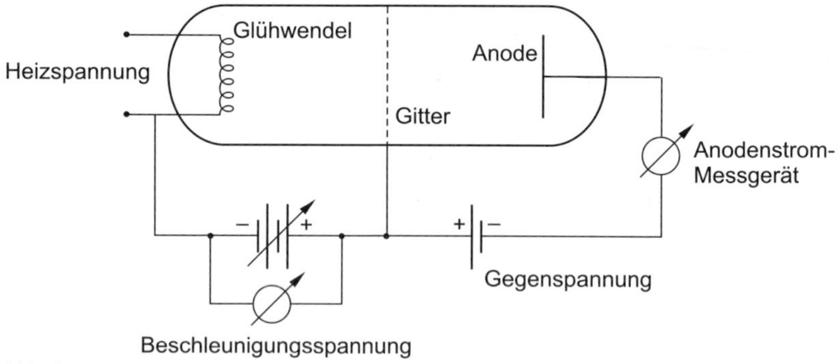

Abb. 4

Eine Glühwendel im Franck-Hertz-Rohr sendet Elektronen aus, die durch eine veränderliche Spannung zu einem positiv geladenen Gitter beschleunigt werden und (falls sie durch dieses hindurchgetreten sind) ein elektrisches Gegenfeld bis zu einer negativ geladenen Anode durchlaufen können. Bei zunehmender Beschleunigungsspannung U ergibt sich etwa der in Abbildung 5 dargestellte Zusammenhang mit dem gemessenen Anodenstrom.

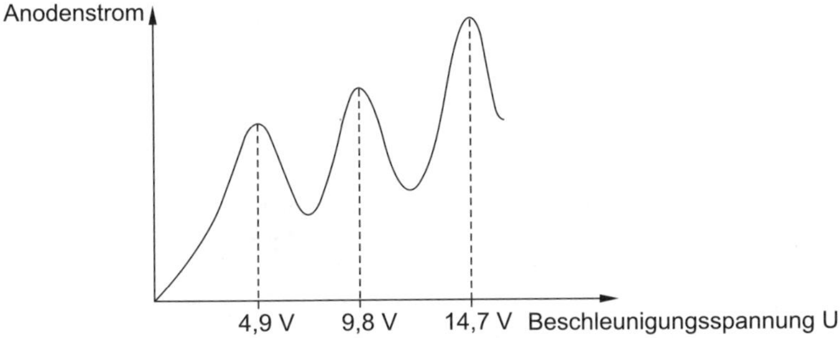

Abb. 5

Das Absinken der Stromstärke rechts von 4,9 V hat seine Ursache in unelastischen Stoßprozessen zwischen Elektronen und Quecksilberatomen, bei denen das Elektron seine Energie an das Quecksilberatom übergibt und wieder neu beschleunigt werden muss. Bei einer Energie unterhalb der 4,9 eV ist dieser Vorgang offenbar nicht möglich, die Teilchen stoßen praktisch elastisch. Bei 9,8 V Beschleunigungsspannung bricht die Stromstärke wieder zusammen, weil viele Elektronen ein zweites Mal ein Quecksilberatom anregen usw.

b) Bei **zu geringer** Temperatur ist der Dampfdruck zu niedrig und die Elektronen finden zu wenige Stoßpartner. Die Maxima und Minima in Abbildung 5 würden weniger deutlich oder ganz verschwinden.
Bei **zu hoher** Temperatur wird die mittlere freie Weglänge zwischen zwei Stoßprozessen für die Elektronen sehr klein, sodass die Elektronen sehr häufig stoßen und ständig bzgl. der Beschleunigungsrichtung abgelenkt werden. Die minimalen Energieverluste beim einzelnen (fast) elastischen Stoß zwischen Elektron und Hg-Atom summieren sich bei der Vielzahl an Stößen zu einem nennenswerten Energieverlust. Die Elektronen erreichen daher nicht mehr die Anode, die klaren Maxima bzw. Minima verschwinden ebenfalls.

c) Die angeregten Quecksilberatome geben die Anregungsenergie $\Delta E_{kin} = e \cdot U$ aus dem Stoß mit den Elektronen wieder ab in Form eines Photons der Energie $E_{ph} = h \cdot f$. Für dessen Wellenlänge folgt:

$$E_{ph} = \Delta E_{kin} \quad \Leftrightarrow \quad h \cdot f = e \cdot U \quad \Leftrightarrow \quad h \cdot \frac{c}{\lambda} = e \cdot U \quad \Leftrightarrow \quad \lambda = \frac{h \cdot c}{e \cdot U}$$

Mit der experimentell gefundenen Anregungsenergie von etwa 4,9 eV ergibt sich der Wert

$$\lambda = \frac{6{,}63 \cdot 10^{-34}\,\text{Js} \cdot 3{,}0 \cdot 10^{8}\,\frac{\text{m}}{\text{s}}}{1{,}6 \cdot 10^{-19}\,\text{As} \cdot 4{,}9\,\text{V}} \approx 2{,}5 \cdot 10^{-7}\,\text{m} = 250\,\text{nm},$$

der in etwa mit der gemessenen Wellenlänge von 245 nm übereinstimmt.

d) Rotes Licht liegt im Wellenlängenbereich von etwa 400 nm, die Photonenenergie ist also ungefähr

$$h \cdot \frac{c}{\lambda} = \frac{6{,}63 \cdot 10^{-34}\,\text{Js} \cdot 3{,}0 \cdot 10^{8}\,\frac{\text{m}}{\text{s}}}{400 \cdot 10^{-9}\,\text{m}} \approx 4{,}97 \cdot 10^{-19}\,\text{J} \approx 3{,}1\,\text{eV}.$$

Bei dieser geringen Energie (< 20 eV) treten laut Angabentext die unelastischen Stoßprozesse noch nicht auf. Die Photonen entstehen vielmehr durch zwei- oder mehrstufige Übergänge in der Elektronenhülle eines Neonatoms: Vom Anregungszustand 20 eV geht das Atom zunächst unter Aussendung eines Photons auf ein 3,1 eV tiefer liegendes Niveau über, anschließend bei einem weiteren Übergang die restlichen etwa 16,9 eV.

Themenbereich III: Astrophysik

1. **Das Weltraumteleskop CoRoT und Transitplaneten**

   a) Was versteht man unter einem Transitplaneten? (3 BE)

   b) Nennen Sie zwei weitere Methoden zur Entdeckung extrasolarer Planeten. (2 BE)

   Das Weltraumteleskop CoRoT (Abbildung 1) entdeckte beim Stern CoRoT-Exo-3 – einem Stern der Spektralklasse F3 in einer Entfernung von 2 220 ly und der scheinbaren Helligkeit 13,3 – den Transitplaneten CoRoT-Exo-3b.
   Die Masse des Sternes beträgt 1,37 Sonnenmassen. Das entdeckte Objekt hat eine Masse von 21,66 Jupitermassen, einen Radius, der dem des Jupiter entspricht, und umkreist den Stern in einer Entfernung von 0,057 AE (Abbildung 2).

Abb. 1: © CNES / D. Ducros

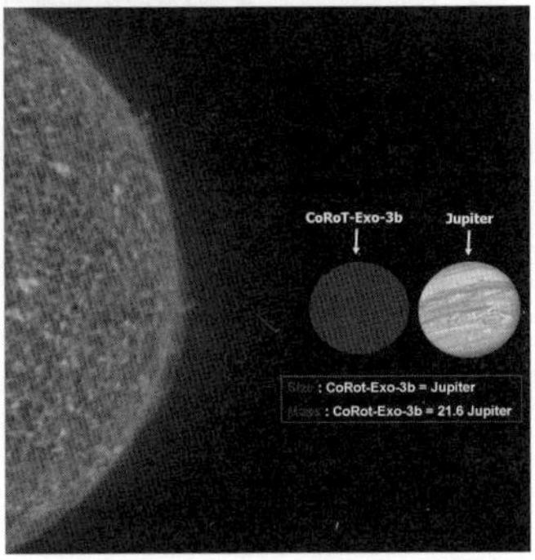

Abb. 2: © Laboratoire d'Astrophysique de Marseille

   c) Berechnen Sie die Umlaufdauer des Objektes. (4 BE)

   d) Welche Dichte hat CoRoT-Exo-3b?
   Diskutieren Sie den Wert der Dichte im Vergleich zu den Planeten unseres Planetensystems. (3 BE)

   e) Welche Oberflächenbeschleunigung kann man für CoRoT-Exo-3b bestimmen? (4 BE)

   f) Kann man CoRoT-Exo-3b als „Planeten" bezeichnen? Begründen Sie Ihre Meinung durch berechnete Daten.
   Um welches Objekt könnte es sich sonst handeln? (4 BE)

   Nun einige Überlegungen zum Zentralstern:

   g) Welche Informationen können Sie der angegebenen Spektralklasse F3 entnehmen? (3 BE)

   h) Berechnen Sie die absolute Helligkeit des Sternes. (3 BE)

   i) Welche Leuchtkraft und welchen Radius kann man für CoRoT-Exo-3 berechnen? (5 BE)

   Hinweis: Gehen Sie von einer Oberflächentemperatur von 6 700 K aus.

j) Wie kann man die angegebene Masse abschätzen?
Begründen Sie Ihr Vorgehen. (3 BE)

k) Fertigen Sie eine maßstabsgetreue Zeichnung für CoRoT-Exo-3 und seinen Planeten an. Zeichnen Sie darin zum Vergleich die Sonne mit der Umlaufbahn von Merkur ein. (3 BE)

2. **Beobachtung des Planeten Venus**

Die Venus ist ein einfach zu beobachtender Planet.

a) Wann und in welchen Himmelsrichtungen kann man den Planeten auffinden? (2 BE)

b) Beschreiben Sie anhand einer Zeichnung, die die Sonne sowie die Bahnen der Planeten Erde und Venus beinhaltet, wie es zu diesen Beobachtungszeiten und Orten kommt. Skizzieren Sie auch die Stellung der Venus, in der man sie am längsten beobachten kann.
In Abbildung 3 sehen Sie mehrere Fernrohraufnahmen der Venus. Erklären Sie anhand Ihrer Zeichnung die auftretenden Phasen sowie die unterschiedlichen Größen der Venus. (10 BE)

Abb. 3

c) Berechnen Sie das Verhältnis der scheinbaren Durchmesser der Venus in der unteren und oberen Konjunktion.
Überprüfen Sie, ob das Größenverhältnis der Bilder in Abbildung 3 damit übereinstimmt. (5 BE)

Die maximale scheinbare Helligkeit der Venus beträgt $m = -4{,}6$.

d) Gehen Sie davon aus, dass die Venus bei dieser Helligkeit die Stellung erreicht, in der sie am längsten zu beobachten ist, und berechnen Sie damit die absolute Helligkeit der Venus.
(Die Venusbahn darf dafür als Kreisbahn angesehen werden.) (6 BE)

(60 BE)

Tipps und Hinweise (Themenbereich III)

Tipps zu Teilaufgabe 1 a

- Was bedeutet der Begriff „Transit“ wörtlich?
- Welche Bedeutung kann das bei einem Planeten im Bezug zu seinem Stern bei der Beobachtung haben?

Tipp zu Teilaufgabe 1 b

- Welche Effekte beim Stern bzw. bei der Beobachtung eines Sterns mit Planeten können zur Entdeckung eines Planeten führen?

Tipps zu Teilaufgabe 1 c

- Für Umlaufzeiten bei gegebenen Halbachsen und Massen ist das 3. Kepler'sche Gesetz zuständig.
- Ein Vergleich mit dem System Erde/Sonne führt zu einheitenfreier Rechnung.

Tipp zu Teilaufgabe 1 d

- Dichten der Sonnenplaneten berechnet man anhand der entsprechenden Tabelle in der Formelsammlung. Prinzipiell unterscheidet man die festen und die gasförmigen Planeten.

Tipp zu Teilaufgabe 1 e

- Denken Sie an die Fallbeschleunigung, Gewichtskraft und Gravitationskraft.

Tipp zu Teilaufgabe 1 f

- Wie bezeichnet man Objekte, die eine größere Masse als Jupiter haben, aber dennoch keine Sterne sind?

Tipp zu Teilaufgabe 1 g

- Angaben über die Spektren, die Farbe und die Oberflächentemperatur sind notwendig.

Tipp zu Teilaufgabe 1 h

- Sie kennen die scheinbare Helligkeit und die Entfernung!

Tipps zu Teilaufgabe 1 i

- Die Leuchtkraft hängt mit der absoluten Helligkeit zusammen.
- Der Radius wird mit dem Gesetz von Stefan und Boltzmann berechnet.

Tipp zu Teilaufgabe 1 j

- Denken Sie an die Masse-Leuchtkraftbeziehung.

Tipp zu Teilaufgabe 1 k

- Wichtig ist das Verhältnis der beiden großen Halbachsen.

Tipps zu Teilaufgabe 2 b

- Die Zeichnung muss die Erdbahn und die Venusbahn sowie die wichtigsten Stellungen enthalten.
- Überlegen Sie sich, wie sich die Reihenfolge der Auf- bzw. Untergänge von Sonne und Venus abspielen.

Tipps zu Teilaufgabe 2 c

- Berechnen Sie zunächst die verschiedenen Entfernungen der Venus in unterer bzw. oberer Konjunktion.
- Überlegen Sie sich dann, in welchem Verhältnis die scheinbaren Durchmesser der Venus in den beiden Stellungen stehen, und vergleichen Sie dann mit der Zeichnung.

Tipps zu Teilaufgabe 2 d

- Erste Überlegung: Wie weit ist die Venus in dieser Stellung von der Erde entfernt?
- Anschließend wenden Sie den Entfernungsmodul an.

Lösungen (Themenbereich III)

1. a) Transitplaneten sind Exoplaneten, welche dadurch entdeckt werden, dass sie vor ihrem Zentralstern vorüberziehen und ihn damit geringfügig verdunkeln.

   b) Radialgeschwindigkeitsmessung (Doppler-Wobble); Astrometrie (Schlingerbewegungen des Hauptsternes ohne optisch erkennbare 2. Komponente)

   c) Gegeben sind Sternmasse und Bahnradius, $M_C = 1{,}37\ M_\odot$ und $r = 0{,}057$ AE. Setzt man das 3. Kepler'sche Gesetz für das Corot-System und das System Erde/Sonne an, erhält man (mit der großen Halbachse $a = r$):

$$\frac{T_C^2}{a^3} = \frac{4\pi^2}{G \cdot M_C} \quad \text{und} \quad \frac{(365\ \text{d})^2}{(1\ \text{AE})^3} = \frac{4\pi^2}{G \cdot M_\odot}$$

   Teilt man die Gleichungen durcheinander, folgt:

$$\frac{T_C^2}{(365\ \text{d})^2} \cdot \frac{(1\ \text{AE})^3}{(0{,}057\ \text{AE})^3} = \frac{M_\odot}{M_C} \quad \Rightarrow \quad T_C = \sqrt{0{,}057^3 \cdot \frac{1}{1{,}37}} \cdot 365\ \text{d} = \underline{\underline{4{,}2\ \text{d}}}$$

   d) Mithilfe der Formelsammlung und den gegebenen Daten lässt sich sofort die Dichte berechnen:

$$\rho = \frac{m}{V} = \frac{21{,}66 \cdot 318 \cdot 5{,}98 \cdot 10^{24}\ \text{kg}}{\frac{4}{3}\pi \cdot (11{,}2 \cdot 6{,}368 \cdot 10^6\ \text{m})^3} = 2{,}71 \cdot 10^4\ \frac{\text{kg}}{\text{m}^3} = \underline{\underline{27{,}1\ \frac{\text{kg}}{\text{dm}^3}}}$$

   Die Dichte ist **wesentlich größer** als die der Sonne und auch als die eines Planeten vom Typ Erde.

   e) Zur Berechnung der Oberflächenbeschleunigung setzt man die Gewichtskraft auf der Oberfläche gleich der Gravitationskraft:

$$m \cdot g = G \cdot \frac{M \cdot m}{R^2} \quad \Rightarrow \quad g = \frac{G \cdot M}{R^2}$$

   Speziell für die Erde gilt dann:

$$g_{\text{Erde}} = \frac{G \cdot M_{\text{Erde}}}{R_{\text{Erde}}^2}$$

   Teilt man wieder durcheinander, ergibt sich:

$$\frac{g}{g_{\text{Erde}}} = \frac{M \cdot R_{\text{Erde}}^2}{M_{\text{Erde}} \cdot R^2} = \frac{318 \cdot 21{,}66}{11{,}2^2} = 54{,}9$$

$$\Rightarrow \quad g = 54{,}9 \cdot 9{,}81\ \frac{\text{m}}{\text{s}^2} = \underline{\underline{539\ \frac{\text{m}}{\text{s}^2}}}$$

   f) Bei der berechneten Dichte und der berechneten Fallbeschleunigung kann man nicht von einem Planeten reden. Es handelt sich hier um einen sogenannten **Braunen Zwerg**.

g) Das Spektrum zeigt Linien von neutralem Eisen (FeI) sowie von atomarem Wasserstoff (H; Balmerlinien, maximale Stärke bereits überschritten) und anderen Metalle. Die Oberflächentemperatur des Sterns beträgt ca. 7 000 K, damit erscheint er gelb-weiß.

h) Die Entfernung $r_C = 2\,220\,\text{ly} = 681\,\text{pc}$ und die scheinbare Helligkeit $m_C = 13{,}3$ sind angegeben. Mithilfe des Entfernungsmoduls für die absolute Helligkeit:

$$m_C - M_C = 5 \cdot \lg \frac{r_C}{10\,\text{pc}}$$

$$\Rightarrow \quad M_C = m_C - 5 \cdot \lg \frac{r_C}{10\,\text{pc}} = 13{,}3 - 5 \cdot \lg 68{,}1 = \underline{\underline{4{,}1}}$$

i) Die **Leuchtkräfte** von Corot und Sonne hängen mit ihren absoluten Helligkeiten zusammen (Formelsammlung):

$$L^* = \frac{L_C}{L_\odot} = q^{M_\odot - M} = q^{4,8-4,1} = 2{,}512^{0,7} = \underline{\underline{1{,}9}}$$

Zur Berechnung des **Sternradius** verwendet man die Formel von Stefan und Boltzmann: $L = \sigma \cdot 4\pi R^2 \cdot T^4$, welche einmal auf den Stern und einmal auf die Sonne angewendet wird:

$$L_C = \sigma \cdot 4\pi \cdot R_C^2 \cdot T_C^4 \qquad \text{(I)}$$

$$L_\odot = \sigma \cdot 4\pi \cdot R_\odot^2 \cdot T_\odot^4 \qquad \text{(II)}$$

Division (I) : (II) und Auflösen nach R* führt auf:

$$L^* = (R^*)^2 \cdot \frac{T_C^4}{T_\odot^4} \quad \Rightarrow \quad R^* = \sqrt{L^*} \cdot \left(\frac{T_\odot}{T_C}\right)^2 = \sqrt{1{,}9} \cdot \left(\frac{5800\,\text{K}}{6700\,\text{K}}\right)^2 = \underline{\underline{1{,}03}}$$

D. h.: Der Stern ist unserer Sonne relativ ähnlich!

j) Die Masse lässt sich mithilfe der Masse-Leuchtkraftbeziehung abschätzen, nach der näherungsweise gilt:

$$M \sim \sqrt[3]{L} \quad \Rightarrow \quad M^* = \sqrt[3]{L^*} = \sqrt[3]{1{,}9} = 1{,}2 \quad \Rightarrow \quad M_C = \underline{\underline{1{,}2 \cdot M_\odot}}$$

k) Abbildung 4 zeigt maßstabsgetreu die Bahnen der Himmelskörper. Der Bahnradius von CoRoT-Exo-3b beträgt 0,057 AE, der des (sonnennächsten) Planeten Merkur 0,387 AE.

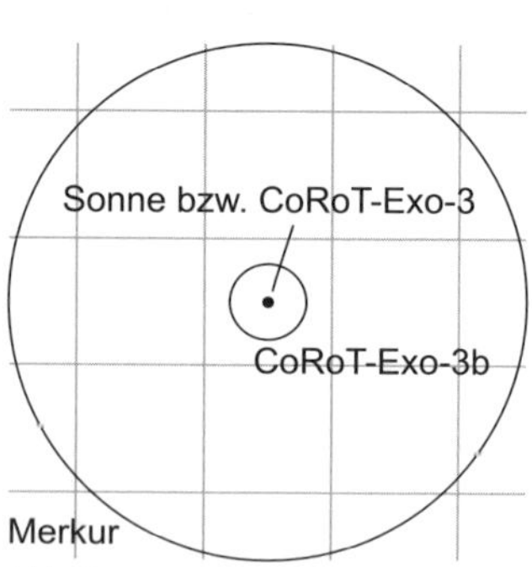

Abb. 4

2. a) Die Venus ist entweder als Morgenstern am Morgen in Richtung Osten oder am Abend als Abendstern in Richtung Westen zu beobachten.

b) **Beobachtungszeiten und -orte**

In der Stellung V_1 (Abbildung 5) steht die Venus in der **größten östlichen Elongation** (größter Abstand von der Sonne in östliche Richtung) und geht damit ein paar Stunden nach der Sonne unter, ist also am Abendhimmel im Westen zu beobachten.

In der Stellung V_2 steht die Venus in der **größten westlichen Elongation** – und geht entsprechend einige Stunden vor der Sonne auf. Aufgrund ihrer großen Helligkeit kann die Venus z. T. bei noch nicht ganz untergegangener Sonne beobachtet werden.

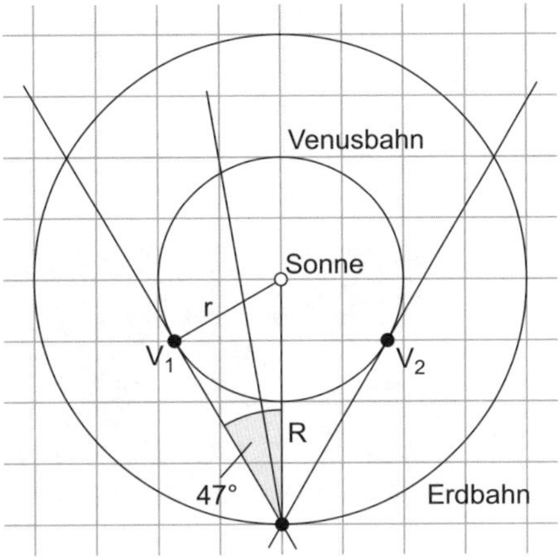

Abb. 5

In der **unteren bzw. oberen Konjugation** steht die Venus vor bzw. hinter der Sonne und kann nicht beobachtet werden. In jeder anderen Stellung geht die Venus knapper vor der Sonne auf, bzw. knapper nach der Sonne unter, sodass sich nur die Beobachtungsdauer, nicht jedoch der Ort verändert.

Venusphasen

In Abbildung 6 kann man zunächst die **Phasen** der Venus erkennen, die aus deren unterschiedlicher relativen Positionen bzgl. von Erde (Beobachtungsort) und Sonne (Lichtquelle) resultieren.

Außerdem sind die unterschiedlichen **Größen** eingezeichnet, die daher rühren, dass sich der Abstand der Venus zur Erde ändert.

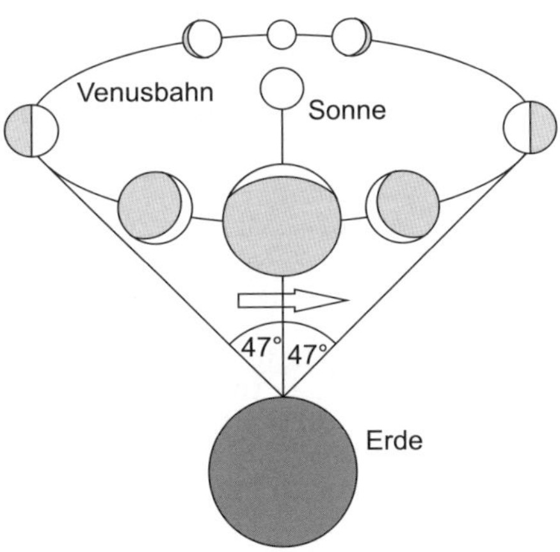

Abb. 6

c) Der Abstand zwischen Erde und Venus beträgt
   - in der unteren Konjunktion
     $r_{min} = 1\ \text{AE} - 0{,}723\ \text{AE} = 0{,}277\ \text{AE}$,
   - in der obere Konjunktion
     $r_{max} = 1\ \text{AE} + 0{,}723\ \text{AE} = 1{,}723\ \text{AE}$.

   Das Verhältnis der scheinbaren Durchmesser ist gleich dem Verhältnis der Radien (Strahlensatz):

   $$\frac{d_{max}}{d_{min}} = \frac{r_{max}}{r_{min}} = \frac{1{,}723}{0{,}277} = \underline{\underline{6{,}2}} \qquad (1)$$

Abb. 7

   Aus den fotografierten Venusphasen liest man das Verhältnis

   $$\frac{21}{8} = 2{,}6 \qquad (2)$$

   ab (Abbildung 7). Die Größenverhältnisse (1) und (2) stimmen **nicht** überein. Das deutet daraufhin, dass verschiedene Vergrößerungen verwendet wurden.

d) Zunächst berechnet man die Entfernung in der genannten Stellung (Position V_1 bzw. V_2 in Abbildung 5) mithilfe des Satzes von Pythagoras:

   $$r_{EV}^2 = 1\ \text{AE}^2 - (0{,}723\ \text{AE})^2 = 0{,}477\ \text{AE}^2$$

   $$\Rightarrow\ r_{EV} = 0{,}6908\ \text{AE} = 3{,}345 \cdot 10^{-6}\ \text{pc}$$

   Weiter folgt mit dem Entfernungsmodul:

   $$m - M = 5 \cdot \lg \frac{r}{10\ \text{pc}} = 5 \cdot \lg(3{,}345 \cdot 10^{-7}) = -32{,}4$$

   $$\Rightarrow\ M = m + 32{,}4 = -4{,}6 + 32{,}4 = \underline{\underline{27{,}8}}$$

   Die absolute Helligkeit der Venus beträgt 27,8 (mag).

Abitur Physik (Bayern G8) – Aufgaben im Stil der neuen Abiturprüfung
Prüfungsaufgabe 2

Hinweis: Die Aufgabe zum Themenbereich I und eine der beiden Aufgaben zu den Themenbereichen II und III bilden zusammen eine vollständige Prüfungsaufgabe.

Themenbereich I: Elektromagnetische Felder, Relativitätstheorie

1. **Fadenstrahlröhre**

   a) Beschreiben Sie Aufbau und Funktionsweise einer Fadenstrahlröhre. Geben Sie eine geeignete Vorrichtung zur Erzeugung eines weitgehend homogenen Magnetfeldes im Experimentierbereich an. (6 BE)

   b) Mithilfe einer Fadenstrahlröhre kann die spezifische Ladung des Elektrons bestimmt werden. Leiten Sie die hierbei gültige Formel

   $$\frac{e}{m} = \frac{2U_B}{r^2 \cdot B^2}$$

   her (U_B: Beschleunigungsspannung). (4 BE)

   c) Geben Sie ein Verfahren an, mit dem sich der Bahnradius r möglichst genau bestimmen lässt. (2 BE)

   d) Durch einen versehentlichen Stoß wird die Fadenstrahlröhre so verdreht, dass die Einflugrichtung der beschleunigten Elektronen mit den magnetischen Feldlinien einen Winkel von 80° einschließt. Beschreiben Sie die sich ergebende Elektronenbahn qualitativ sowie auch quantitativ im Vergleich zu der anfangs beobachteten Kreisbahn mit Radius r. (6 BE)

   e) Die spezifische Ladung $\frac{e}{m}$ ist eine typische Größe für geladene Teilchen. Ändert sich ihr Wert bei relativistischen Geschwindigkeiten? (4 BE)

2. **Massenspektrograph nach Thomson (Parabelmethode)**
   Beim Massenspektrografen nach Thomson verlaufen elektrische und magnetische Feldlinien parallel zueinander (Abbildung 1) und werden von zunächst dazu senkrecht einfliegenden Ionen durchquert. Auf einem Schirm werden diese Teilchen anschließend registriert, die Auftreffstellen liegen auf Parabeläste.

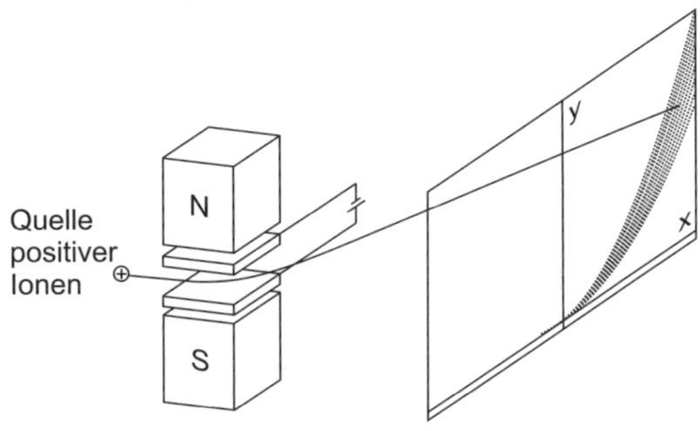

Abb. 1

a) Der Feldbereich habe in Einflugrichtung die Länge L. Bestätigen Sie für diesen Bereich die Ablenkung

$$y = \frac{Q \cdot E \cdot L^2}{2m \cdot v^2}$$

in vertikaler Richtung sowie

$$x \approx \frac{Q \cdot B \cdot L^2}{2m \cdot v}$$

in waagrechter Richtung. Die vom Magnetfeld verursachte Beschleunigung darf für den Feldbereich näherungsweise als konstant angenommen werden. (6 BE)

b) Begründen Sie mit den in Teilaufgabe 2 a hergeleiteten Formeln die Parabelform der Bahnkurve, indem Sie die Geschwindigkeit v eliminieren. Gehen Sie dabei auch auf die Bedeutung des Schirmabstands ein (unter der Voraussetzung, dass zwischen dem oben genannten Feldbereich und dem Schirm kein Feld herrscht).

[Zwischenergebnis: $y = \frac{2E \cdot m}{Q \cdot B^2 \cdot L^2} \cdot x^2$] (4 BE)

c) Nennen Sie die Gemeinsamkeiten sowie Unterschiede zwischen zwei geladenen Teilchen, die auf dem gleichen Parabelast landen. (4 BE)

d) CH_3^+- und CH_4^+-Ionen treffen auf verschiedene Parabeln. Welche treffen die steilere? (4 BE)

e) Diskutieren Sie, ob auch der zweite Ast dieser Parabeln von geeigneten Ionen getroffen werden kann. (4 BE)

3. **Interferenz am Gitter**

Ein Spalt wird von einer starken Glühlampe beleuchtet und mit einer Sammellinse auf einem Schirm abgebildet. Zur Untersuchung von einem Farbfilter wird außer diesem auch ein Strichgitter mit 40 Strichen je Millimeter in den Strahlengang gebracht.

a) Fertigen Sie eine Skizze des Aufbaus an. (4 BE)

Das gefilterte Licht liefert auf dem Schirm in 3,5 m Abstand vom Gitter ein Spektrum erster Ordnung, das 50 mm neben dem Hauptmaximum beginnt und 65 mm neben ihm endet.

b) Berechnen Sie den Wellenlängenbereich, der das Filter passieren kann. (4 BE)

c) Gelegentlich überschneiden sich Spektren verschiedener Ordnung auf dem Schirm. Überprüfen Sie, ob das hier vorkommt, und erläutern Sie, welchen Einfluss die Gitterkonstante hierbei spielt. (4 BE)

d) Beschreiben Sie die Auswirkungen einer veränderten Gitterkonstante b auf die Anzahl der sichtbaren Spektren sowie auf deren Breite. (4 BE)

(60 BE)

Tipps und Hinweise (Themenbereich I)

Tipps zu Teilaufgabe 1 a

- Die Bahn der Elektronen wird durch Photonen sichtbar gemacht, die angeregte Neonatome bei der Rückkehr in den Grundzustand aussenden.
- Erzeugung des nahezu homogenen Magnetfelds: Helmholtzspulen.

Tipp zu Teilaufgabe 1 b

- Verwenden Sie zur Herleitung die Tatsache, dass es sich bei der Lorentzkraft um eine Zentripetalkraft handelt, sowie die Bewegungsenergie der Elektronen.

Tipp zu Teilaufgabe 1 c

- Um perspektivische Verzerrungen oder seitliche Verschiebungen bei der Messung zu vermeiden, kann man einen Spiegel verwenden und Bahn sowie Spiegelbild der Bahn neben einer Zentimeterskala zur Deckung bringen.

Tipp zu Teilaufgabe 1 d

- Zerlegen Sie die Geschwindigkeit in einem Anteil parallel zum Magnetfeld und in einen Anteil senkrecht dazu.

Tipp zu Teilaufgabe 1 e

- Überprüfen Sie die relativistische Abhängigkeit der vorkommenden Größen einzeln.

Tipp zu Teilaufgabe 2 a

- Betrachten Sie einzeln die Wirkung des elektrischen Feldes und die des magnetischen Feldes (die im Feldbereich näherungsweise als konstant angenommen werden darf).

Tipp zu Teilaufgabe 2 b

- Lösen Sie eine der Gleichungen nach v auf und ersetzen Sie v in der anderen Gleichung. Außerhalb des Feldbereichs fliegen die Teilchen geradlinig weiter.

Tipp zu Teilaufgabe 2 c

- Der Parabelfaktor vor dem x^2 ist für alle Teilchen auf einer Parabel der gleiche – also muss der Unterschied zwischen Teilchen, die auf der gleichen Parabel liegen, in der (zuvor eliminierten) Geschwindigkeit v liegen. Die Gemeinsamkeit findet man, wenn man den Parabelfaktor auf teilchenbezogene Größen untersucht.

Tipp zu Teilaufgabe 2 d

Überprüfen Sie den Parabelfaktor für beide Fälle.

Tipp zu Teilaufgabe 2 e

Denken Sie v. a. an die Auswirkung des elektrischen Feldes.

Tipp zu Teilaufgabe 3 a

Für die Abbildung eines beleuchteten Spalts auf einen Schirm benötigt man im einfachsten Fall eine Sammellinse.

Tipp zu Teilaufgabe 3 b

Maxima erster Ordnung treten bei einem Gangunterschied von einer Wellenlänge auf.

Tipp zu Teilaufgabe 3 c

Überlappung tritt dann auf, wenn der kleinste Winkel des Spektrums höherer Ordnung kleiner ist als der größte Winkel des Spektrums niedrigerer Ordnung.

Tipp zu Teilaufgabe 3 d

Argumentieren Sie mit der Formel für die Maximumsbedingung.

Lösungen (Themenbereich I)

1. a) **Fadenstrahlröhre:** Ein Glaskolben mit Neon bei geringem Druck enthält einen Glühfaden, der nach Anlegen einer Heizspannung Elektronen aussendet. Diese werden von der Spannung U_B beschleunigt, treten an der Anode durch ein Loch und fliegen (nach präziser Ausrichtung des Kolbens) senkrecht zu einem homogenen Magnetfeld. Gemäß Rechte-Hand-Regel erfahren sie die Lorentzkraft senkrecht zu Flugrichtung und Magnetfeld und werden auf eine Kreisbahn gelenkt.

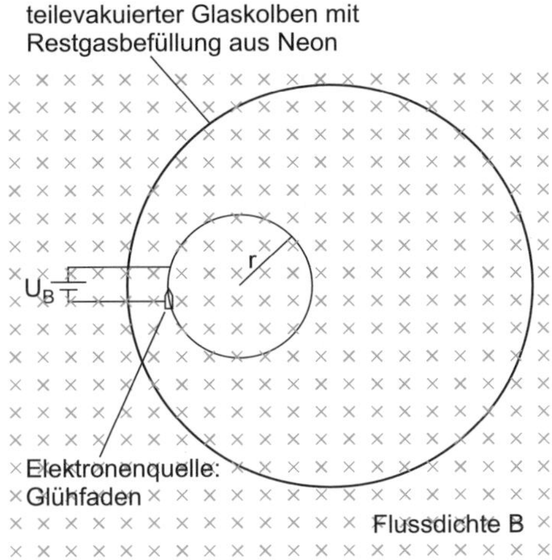

Abb. 2

Die **Erzeugung des homogenen Magnetfelds** erfolgt durch ein **Helmholtzspulenpaar**. Dabei handelt es sich um eine allseits zugängliche Anordnung, bei der zwei Spulen im Abstand vom Spulenradius aufgestellt sind. Die Überlagerung beider Spulenfelder führt auf ein weitgehend homogenes Magnetfeld in der Umgebung der Spulenachse.

b) Die Lorentzkraft ist eine Zentripetalkraft, damit gilt (mit v, m, e: Geschwindigkeit, Masse bzw. Ladung eines Elektrons; r: Radius der Kreisbahn):

$$e \cdot v \cdot B = \frac{m \cdot v^2}{r} \quad \Leftrightarrow \quad v = \frac{e \cdot B \cdot r}{m} \qquad (1)$$

Die Bewegungsenergie der im elektrischen Feld beschleunigten Elektronen beträgt

$$\frac{1}{2} m \cdot v^2 = e \cdot U_B.$$

Ersetzt man darin die Geschwindigkeit durch den Term (1) und formt um, erhält man den gesuchten Ausdruck für die **spezifische Ladung** des Elektrons:

$$\frac{1}{2} m \cdot \left(\frac{e \cdot B \cdot r}{m} \right)^2 = e \cdot U_B$$

$$\frac{e \cdot B^2 \cdot r^2}{2m} = U_B$$

$$\frac{e}{m} = \underline{\underline{\frac{2U_B}{B^2 \cdot r^2}}}$$

c) Eine ziemlich genaue Messung des Bahnradius r in dem Glaskolben lässt sich beispielsweise mit einem **Spiegel** erreichen, auf dem ein Lineal vertikal befestigt wird. Bringt man nun – von vorne durch den Kolben auf den dahinter, parallel zur Bahnebene liegenden Spiegel blickend – die Nullmarke des Lineals mit dem höchsten Punkt der Elektronenbahn und deren Spiegelbild zur Deckung, dann kann man beim tiefsten Punkt der Bahn und dessen Spiegelpunkt auf dem Lineal den Radius ablesen.

d) Es ergibt sich eine **Schraubenlinie** als Bahnkurve. Sie lässt sich beschreiben durch ihren Radius ρ und ihre Ganghöhe h.
ρ kennzeichnet die Kreisbahn, die analog zu den in Teilaufgaben b beschriebenen Vorgängen entsteht und durch die Geschwindigkeitskomponente senkrecht zur Magnetfeldrichtung bestimmt ist:

$$v_\perp = v \cdot \sin 80°$$

Aus der Formel (1) folgt dann sofort:

$$v_\perp = \frac{e \cdot B \cdot \rho}{m}$$

$$\Rightarrow \quad \rho = \frac{m \cdot v_\perp}{e \cdot B} = \frac{m \cdot v \cdot \sin 80°}{e \cdot B} \qquad (2)$$

$$= r \cdot \sin 80° \approx \underline{\underline{0{,}98 \cdot r}}$$

Die Kreisbahn ist jetzt geringfügig kleiner als vorher. Während der Zeit t, die das Elektron für einen Umlauf (Umfang $2\pi \cdot \rho$) benötigt, fliegt es gleichzeitig mit der konstanten Geschwindigkeitskomponente

$$v_{||} = v \cdot \cos 80°$$

parallel zur Magnetfeldrichtung. Mit

$$t = \frac{2\pi \cdot \rho}{v_\perp} = \frac{2\pi \cdot \rho}{v \cdot \sin 80°} \overset{(2)}{=} \frac{2\pi}{v \cdot \sin 80°} \cdot \frac{m \cdot v \cdot \sin 80°}{e \cdot B} = \frac{2\pi \cdot m}{e \cdot B}$$

folgt für die Ganghöhe h:

$$h = v_{||} \cdot t = v \cdot \cos 80° \cdot \frac{2\pi \cdot m}{e \cdot B} = \cos 80° \cdot 2\pi \cdot \frac{m \cdot v}{e \cdot B} = \cos 80° \cdot 2\pi \cdot r \approx \underline{\underline{1{,}09 \cdot r}}$$

e) Die elektrische Ladung e ist geschwindigkeitsunabhängig, die Masse m wächst mit zunehmender Geschwindigkeit, also wird der Wert von $\frac{e}{m}$ bei hohen Geschwindigkeiten kleiner.

2. a) Die **Vertikalablenkung** der Ionen (Ladung Q, Geschwindigkeit v, Masse m) wird vom **elektrischen Feld** verursacht. Es wirkt während der Aufenthaltszeit

$$t = \frac{L}{v}$$

im Feld mit der in Betrag und Richtung konstanten Kraft

$$\vec{F}_{el} = F_{el} \cdot \vec{y}_0, \text{ mit } F_{el} = E \cdot Q.$$

Aus dem Weg-Zeit-Gesetz der Bewegung mit konstanter Beschleunigung folgt damit:

$$a_{el} = \frac{E \cdot Q}{m} \quad \Rightarrow \quad y = \frac{1}{2} a_{el} \cdot t^2 = \frac{1}{2} \cdot \left(\frac{E \cdot Q}{m}\right) \cdot \left(\frac{L}{v}\right)^2 = \underline{\underline{\frac{E \cdot Q \cdot L^2}{2m \cdot v^2}}}$$

In der Ebene senkrecht zum elektrischen Feld wirkt die **Lorentzkraft** vom Betrag $F_{mag} = Q \cdot v \cdot B$ und zwingt das Teilchen auf eine im Feldbereich kreisförmige Bahn. Da laut Angabentext die durch die Lorentzkraft verursachte Beschleunigung als konstant angenommen werden darf, gilt analog zur Vertikalablenkung für die **horizontale Ablenkung**:

$$a_{mag} = \frac{Q \cdot v \cdot B}{m} \quad \Rightarrow \quad x \approx \frac{1}{2} a_{mag} \cdot t^2 = \frac{1}{2} \cdot \left(\frac{Q \cdot v \cdot B}{m}\right) \cdot \left(\frac{L}{v}\right)^2 = \underline{\underline{\frac{Q \cdot B \cdot L^2}{2m \cdot v}}}$$

Warum gilt diese Berechnung der Horizontalablenkung nur näherungsweise? Da F_{mag} radial wirkt, also stets senkrecht zur Ionenbahn, besitzt sie *keine* konstante x-Komponente, diese wird vielmehr während des Flugs durch das Feld kleiner. Da der Radius gemäß (vgl. (1), Teilaufgabe 1 b)

$$r = \frac{m \cdot v}{Q \cdot B}$$

proportional zu der Ionengeschwindigkeit ist, darf man aber annehmen, dass er deutlich größer als die Flugtrecke L im Feld ist, $r \gg L$, und die Beschleunigung in x-Richtung näherungsweise als konstant ansehen.

b) Eliminieren der Geschwindigkeit v in den beiden Gleichungen führt auf:

$$x = \frac{Q \cdot B \cdot L^2}{2m \cdot v} \quad \Rightarrow \quad v = \frac{Q \cdot B \cdot L^2}{2m \cdot x}$$

$$\Rightarrow \quad y = \frac{E \cdot Q \cdot L^2}{2m \cdot v^2}$$

$$= \frac{E \cdot Q \cdot L^2}{2m} \cdot \left(\frac{2m \cdot x}{Q \cdot B \cdot L^2}\right)^2$$

$$= \frac{2E \cdot m}{Q \cdot B^2 \cdot L^2} \cdot x^2 \qquad (3)$$

$$= k \cdot x^2, \text{ mit } k = \frac{2E \cdot m}{Q \cdot B^2 \cdot L^2} = \text{konst.}$$

Der Graph dieser Funktionsgleichung ist eine **Parabel**. Ihre **Form** liegt bereits beim Verlassen des Feldbereichs fest, durch Veränderung des Schirmabstands wird nur die Parabelgröße beeinflusst: Da keine weiteren Kräfte wirken, fliegen die Ionen geradlinig weiter und bilden am Schirm eine geometrisch ähnliche Figur ab wie beim Verlassen des Feldbereichs.

c) Betrachtet man in der Parabelgleichung (3) die ionenbezogenen Größen m und Q, dann stellt man fest, dass

$$y = \frac{m}{Q} \cdot \frac{2E}{B^2 \cdot L^2} \cdot x^2 = \frac{m}{Q} \cdot k' \cdot x^2 \qquad (4)$$

für alle Ionen mit **gleicher spezifischer Ladung** die **gleiche Parabel** liefert. Weil in den Ablenkformeln (Teilaufgabe 2 a) v jeweils im Nenner steht, werden dabei die **langsameren Teilchen stärker abgelenkt als die schnellen**, sie sind daher weiter außen und oben auf der gleichen Parabel zu finden.

d) CH_4^+-Ionen sind schwerer bei gleicher Ladung, also ist in (4) der Koeffizient vor x^2 größer und damit die zugehörige Parabel steiler.

e) Der andere Parabelast würde eine Ablenkung in negative x-Richtung voraussetzen. Die Teilchen müssten dann negativ geladen sein, was aber wegen des unveränderten elektrischen Feldes gleichzeitig zu einer Ablenkung nach unten führen würde. Der andere Ast kann also **nicht** getroffen werden.

3. a)

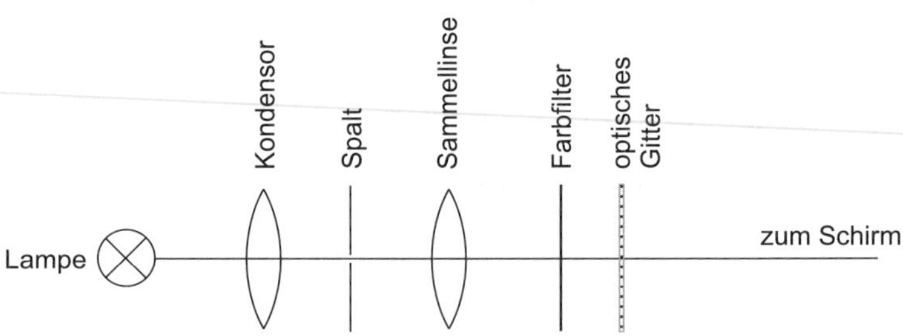

Abb. 3

b) Beim Maximum erster Ordnung beträgt der Gangunterschied benachbarter Strahlen gerade eine Wellenlänge:

$$\Delta s = \lambda = b \cdot \sin\alpha, \quad \text{mit } b = \frac{1}{40}\,\text{mm} = 0{,}025\text{ mm}$$

Die dem Anfang bzw. dem Ende des Spektrums erster Ordnung zugeordneten Beugungswinkel sind gegeben durch

$$\tan\alpha_1 = \frac{50\text{ mm}}{3\,500\text{ mm}} \quad \text{bzw.} \quad \tan\alpha_2 = \frac{65\text{ mm}}{3\,500\text{ mm}}.$$

Die Kleinwinkelnäherung $\alpha \approx \sin\alpha \approx \tan\alpha$ ist hier zulässig, also ergibt sich:

$$\lambda_1 = 0{,}025\text{ mm} \cdot \frac{50}{3500} \approx 3{,}57 \cdot 10^{-4}\text{ mm} = 3{,}57 \cdot 10^{-7}\text{ m} = \underline{\underline{357\text{ nm}}}$$

$$\lambda_2 = 0{,}025\text{ mm} \cdot \frac{65}{3500} \approx \underline{\underline{464\text{ nm}}}$$

Das Filter lässt den Wellenlängenbereich von 357 nm bis 464 nm durch.

c) Eine Überlappung liegt dann vor, wenn sich das von n-te Spektrum der oberen Grenzwellenlänge in das (n + 1)-te Spektrum der unteren Grenzwellenlänge erstreckt. Es gilt dann (Abbildung 4):

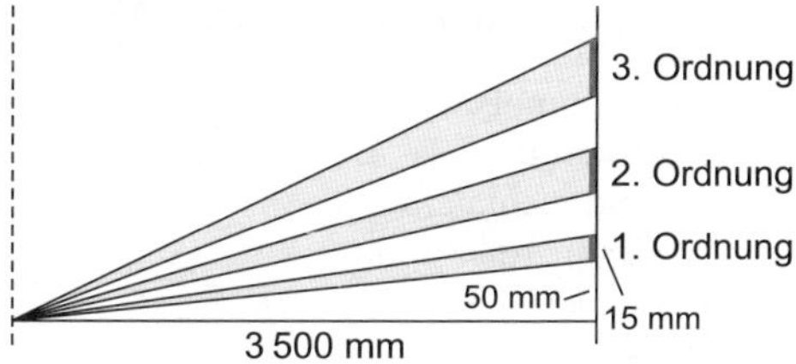

Abb. 4

$$\sin\alpha_{2,n} > \sin\alpha_{1,n+1}$$

$$\frac{n\cdot\lambda_2}{b} > \frac{(n+1)\cdot\lambda_1}{b}$$

$$n\cdot\lambda_2 > (n+1)\cdot\lambda_1$$

Für n folgt daraus:

$$n > \frac{\lambda_1}{(\lambda_2-\lambda_1)} = \frac{357\ \text{nm}}{464\text{nm} - 357\ \text{nm}} = 3{,}336\ldots \Rightarrow \underline{\underline{n_{min} = 4}}$$

Die aufeinanderfolgenden Spektren vierter und fünfter Spektrum (sowie analog die weiteren) überlappen. Die Gitterkonstante b spielt hierfür (wie man an der Berechnung sieht) keine Rolle.

d) An der Formel

$$\frac{n\cdot\lambda}{b} = \sin\alpha_n$$

sieht man, dass ein kleinerer Strichabstand b einen größeren Wert des Sinus und damit von α_n zur Folge hat. Die Spektren werden mit feinerem Gitter also breiter. Zudem werden weniger Ordnungen sichtbar sein, weil der Sinus höchstens den Wert 1 annehmen kann und damit bei kleinerem Nenner auch der Zähler (und dort n) kleiner bleiben muss.

1. **Spektralanalyse**
Analysiert man das Licht einer Straßenlaterne mit Quecksilberdampflampe, erhält man z. B. das in Abbildung 1 gezeigte Spektrum. Darin sind die Hg-Linien mit der zugehörigen Wellenlänge gekennzeichnet, die weiteren Linien haben ihre Ursache in den Eigenschaften der Leuchtschicht auf der Innenseite des Lampenglases.

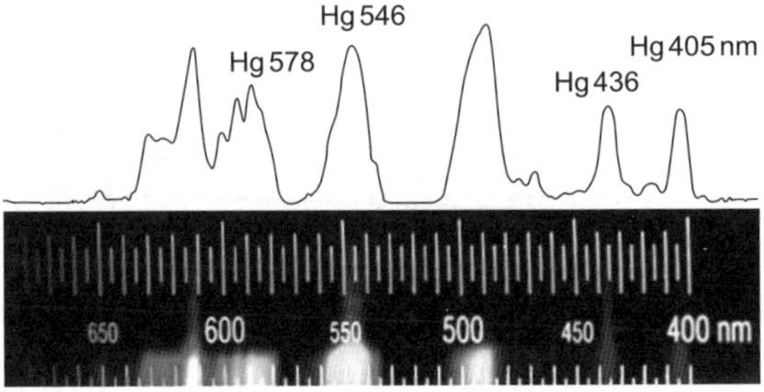

Abb. 1

a) Begründen Sie, warum Quecksilberlampen ein Linienspektrum haben, Glühlampen dagegen ein kontinuierliches Spektrum. (4 BE)

b) Erklären Sie das Auftauchen der für Quecksilber untypischen Linien. (4 BE)

Das Quecksilberspektrum weist zwei eng benachbarte Linien bei 577,0 nm und 579,1 nm auf. Die getrennte Wahrnehmung dieser Linien gelingt mit einem Gitter, das 20 Striche je Millimeter besitzt und auf einer Breite von 8,0 mm beleuchtet wird. Unter dem sogenannten **Auflösungsvermögen** des Gitters versteht man den Quotienten aus kleinerer Wellenlänge λ und Wellenlängendifferenz $\Delta\lambda$. Er hängt mit der Ordnungszahl k des betrachteten Maximums und der Anzahl N der beleuchteten Spalte über $\frac{\lambda}{\Delta\lambda} = k \cdot N$ zusammen.

c) Berechnen Sie die Ordnung k und den Winkel α zwischen den beiden Linien, wenn diese erstmals getrennt wahrgenommen werden können. (6 BE)

d) Vergleichen Sie die Energien der auftretenden Photonen (bei Hg, $\lambda > 313$ nm) mit der Ionisierungsenergie von Quecksilber (ca. 10,4 eV) und erläutern Sie den Zusammenhang. (4 BE)

Mit dem monochromatischen Licht eines He-Ne-Lasers wird ein Doppelspalt beleuchtet, dahinter befindet sich ein Schirm, der das Interferenzmuster zeigt.

e) Skizzieren Sie die Intensitätsverteilung auf dem Schirm. (4 BE)

Die Beleuchtungsstärke wird nun so verringert, dass praktisch einzelne Photonen nacheinander die Anordnung durchlaufen, nach entsprechend verlängerter Beobachtungszeit entsteht das gleiche Interferenzmuster wie anfangs bei starker Beleuchtung.

f) Interpretieren Sie den Doppelspalt als zwei seitlich versetzte Einzelspalte und vergleichen Sie die Interferenzmuster. Nehmen Sie Stellung zu der Aussage:
„Hält man beim Doppelspalt den linken Spalt zu, erhält man den einen Teil des Interferenzmusters, hält man den rechten zu, ergibt sich der andere Teil.“ (4 BE)

Das elektromagnetische Spektrum bietet Möglichkeiten für viele technische Anwendungen bei verschiedensten Frequenzen.

g) Nennen Sie drei solche Frequenzbereiche mit entsprechender technischer Nutzungsmöglichkeit. (3 BE)

Röntgen- und Gammaquanten kommen in einem gemeinsamen Frequenzbereich vor und lassen sich physikalisch nicht mehr unterscheiden.

h) Beschreiben Sie die völlig unterschiedlichen Entstehungsweisen dieser beiden Strahlungsarten. (5 BE)

2. **Anwendungen der Radioaktivität**

Technetium ist ein Element mit mehr als 30 Isotopen und Nukleonenzahlen zwischen 85 und 118. Es wird zur medizinischen Diagnose eingesetzt und je nach Zielsetzung an bestimmte Stoffe angelagert, in den Körper gebracht und anschließend in dem zu untersuchenden Organ angereichert. Das Technetiumisotop $^{99m}_{43}Tc$ ist metastabil (daher das „m“ am oberen Index), hat eine Halbwertszeit von nur 6 Stunden und sendet Gammastrahlung von 140 keV aus, wenn es zum Betastrahler $^{99}_{43}Tc$ zerfällt. Dieser wiederum hat eine Halbwertszeit von mehr als 210 000 Jahren (Zerfallsprodukt $^{99}_{44}Ru$) und richtet daher einen vergleichsweise geringen Zusatzschaden im Körper an. Das $^{99m}_{43}Tc$ entsteht aus $^{99}_{42}Mo$, das durch Neutronenbeschuss aus $^{98}_{42}Mo$ erzeugt wird.

a) Geben Sie die Reaktionsgleichungen von Mo98 bis zum Ru99 an. (4 BE)

Die typische Gammastrahlung lässt sich gut detektieren und liefert so ein Bild schwer zugänglicher Körperteile.

b) Berechnen Sie den Bruchteil der Anfangsaktivität des $^{99m}_{43}Tc$, der nach 24 Stunden noch vorhanden ist. (3 BE)

Der weitere Zerfall des sehr langlebigen Tochteratoms $^{99}_{43}Tc$ spielt zunächst keine nennenswerte Rolle für die Aktivität, solange noch kurzlebige Mutteratome in großer Zahl vorhanden sind. Ist die Aktivität des kurzlebigen Strahlers fast verschwunden, trägt praktisch nur noch das langlebige Präparat zur Strahlung bei.

c) Erklären Sie, warum es bei einem Mutter-Tochter-Zerfall grundsätzlich möglich ist, dass zunächst die Gesamtaktivität einer Probe zunimmt. (4 BE)

Andere Radioisotope als das Technetium enthält der Körper von Natur aus, so etwa einen kleinen Anteil ($1:10^{12}$) C14 unter den vielen Kohlenstoffatomen. Der natürliche C14-Anteil bleibt nahezu konstant, weil durch kosmische Strahlung in den oberen Atmosphärenschichten ständig neues C14 entsteht. Bei einer Halbwertszeit von 5 370 Jahren zerfällt es in Stickstoff N14.

d) Geben Sie die Reaktionsgleichung an. (2 BE)

Im Diagramm der Abbildung 2 wird der C14-Anteil am Gesamtkohlenstoff der Luft (Neuseeland und Österreich) im Lauf der vergangenen Jahrzehnte gezeigt. Man sieht deutlich die erhöhten Werte ab 1955, die auch bis heute noch nicht auf den „natürlichen" Wert (etwa 100 auf der Diagrammskala) zurückgegangen ist.

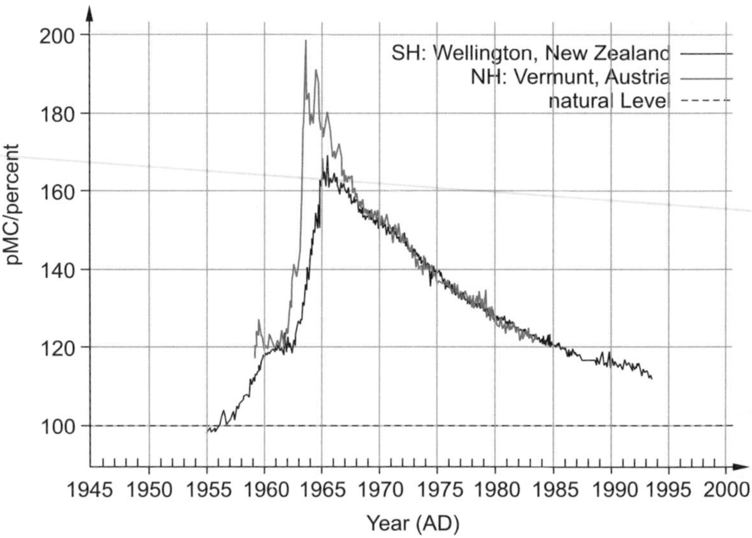

Abb. 2 Quelle: wikimedia.org

e) Nennen Sie mögliche Ursachen für die erhöhte C14-Konzentration der letzten 50 Jahre. (3 BE)

f) Grundsätzlich lässt sich bei einer Probe, deren Alter mit der C14-Methode bestimmt werden soll, ein Zählrohr verwenden, mit dem die Aktivität des isolierten Kohlenstoffs ermittelt wird.
Erklären Sie Aufbau und Funktionsweise eines solchen Zählrohres. (4 BE)

Bei wertvollen Funden ist es wünschenswert, für die Altersbestimmung nur geringe Probenmengen zu entnehmen. Die Anzahl der Zerfälle pro Zeiteinheit wird damit aber sehr klein, die Messung ungenau. Moderne Verfahren ermitteln den C14-Gehalt über Beschleuniger-Massenspektroskopie und können so Isotopenverhältnisse bis $1:10^{15}$ trennen.

g) Beschreiben Sie den prinzipiellen Aufbau eines Beschleuniger-Massenspektrometers, fertigen Sie eine Zeichnung dazu an und erläutern Sie die Funktion. Gehen Sie dabei insbesondere auf die räumliche Trennung von Isotopen mit unterschiedlicher spezifischer Ladung ein. (6 BE)

(60 BE)

Tipps und Hinweise (Themenbereich II)

Tipp zu Teilaufgabe 1 a

Bei Quecksilberlampen entsteht Licht nicht durch thermische Anregung, sondern durch Anregungszustände der Hüllenelektronen von Gasatomen.

Tipp zu Teilaufgabe 1 b

Ein großer Teil des Quecksilberspektrums liegt im UV-Bereich und wird erst durch eine Leuchtschicht sichtbar.

Tipp zu Teilaufgabe 1 c

Verwenden Sie die angegebene Formel und die Bedingungsgleichung für konstruktive Interferenz.

Tipp zu Teilaufgabe 1 d

Unterscheiden Sie zwischen gebundenen und ungebundenen Zuständen.

Tipp zu Teilaufgabe 1 e

Beachten Sie, dass die Maxima höherer Ordnung immer schwächer zu sehen sind.

Tipp zu Teilaufgabe 1 f

Licht hat sowohl Teilchen- als auch Wellencharakter.

Tipp zu Teilaufgabe 1 g

Hier ist an weit verbreitete technische Geräte gedacht, die jedermann kennt.

Tipp zu Teilaufgabe 1 h

Gammastrahlung: Kernprozesse. Bei Röntgenstrahlung werden zunächst Elektronen beschleunigt.

Tipp zu Teilaufgabe 2 a

Fast alle Informationen sind im Aufgabentext zu finden.

Tipp zu Teilaufgabe 2 b

Zählen Sie die Halbwertszeiten.

Tipp zu Teilaufgabe 2 c

Bedenken Sie, dass und wie beide Kernarten zur Gesamtaktivität beitragen.

Tipp zu Teilaufgabe 2 d

Welche Zerfallsart liefert eine unveränderte Nukleonenzahl?

Tipp zu Teilaufgabe 2 e

Erinnern Sie sich an politgeschichtliche Ereignisse in dieser Zeit, die hiermit zusammenhängen könnten.

Tipp zu Teilaufgabe 2 f

Radioaktive Strahlung zeigt ionisierende Wirkung.

Tipp zu Teilaufgabe 2 g

Zunächst werden die Teilchen ionisiert, dann beschleunigt und schließlich einem Magnetfeld ausgesetzt.

Lösungen (Themenbereich II)

1. a) Bei der **Glühlampe** entsteht das Licht durch thermische Anregung praktisch freier Elektronen im Metall des Glühfadens; es sind im energetisch relevanten Bereich alle Energiewerte und damit alle Wellenlängen möglich.
Beim **Quecksilber** werden gebundene Elektronen einzelner Gasatome angeregt, die nur ganz bestimmte Energiewerte annehmen können. Die Energiedifferenzen haben somit auch nur ganz bestimmte, diskrete Werte, und beim Zurückfallen in den Grundzustand (bzw. einen weniger stark angeregten Zustand) werden dementsprechend nur ganz bestimmte Wellenlängen emittiert.

b) Die Photonen des Quecksilber liegen teilweise im unsichtbaren UV-Bereich und werden von den Bestandteilen der Leuchtschicht absorbiert. Die Energie wird dann – z. B. durch mehrstufige Photonenabgabe – im niederenergetischen, sichtbaren Bereich wieder abgegeben. Das erklärt die Peaks bei anderen Wellenlängen als denen des Quecksilberspektrums. Die Lichtausbeute der Lampen wird dadurch deutlich erhöht.

c) Die Gleichung $\frac{\lambda}{\Delta\lambda} = k \cdot N$ sagt aus, dass der beobachtbare Wellenlängenunterschied $\Delta\lambda$ umso kleiner ist (das Auflösungsvermögen also umso besser), je größer bei gegebenem N die Ordnung k des betrachteten Maximums ist. Gesucht ist hier das kleinste k, für das die Beziehung gültig ist. Mit den gegebenen Werten erhält man:

$$\frac{577{,}0\text{ nm}}{(579{,}1 - 577{,}0)\text{ nm}} = k \cdot 8{,}0\text{ mm} \cdot 20\,\frac{1}{\text{mm}}$$

$$\Rightarrow\quad k = \frac{577{,}0\text{ nm}}{160 \cdot 2{,}1\text{ nm}} = 1{,}71\ldots \quad\Rightarrow\quad \underline{\underline{k_{min} = 2}}$$

Die Trennung ist erstmals im Maximum zweiter Ordnung erkennbar. Dabei ist der Winkel $\Delta\alpha$ zwischen diesen Linien die Differenz zwischen den jeweiligen Beugungswinkeln 2. Ordnung, die sich aus der Bedingungsgleichung $b \cdot \sin\alpha = k \cdot \lambda$ für konstruktive Interferenz berechnen lassen:

$$\sin\alpha_1 = \frac{2 \cdot \lambda_1}{b} = \frac{2 \cdot 577{,}0 \cdot 10^{-9}\text{ m}}{0{,}05 \cdot 10^{-3}\text{ m}} \approx 0{,}02308 \quad\Rightarrow\quad \alpha_1 \approx 1{,}3225°$$

$$\sin\alpha_2 = \frac{2 \cdot \lambda_2}{b} = \frac{2 \cdot 579{,}1 \cdot 10^{-9}\text{ m}}{0{,}05 \cdot 10^{-3}\text{ m}} \approx 0{,}023164 \quad\Rightarrow\quad \alpha_2 \approx 1{,}3273°$$

$$\Rightarrow\quad \alpha = \alpha_2 - \alpha_1 \approx \underline{\underline{0{,}0048°}}$$

Der Winkelunterschied beträgt 0,0048° bzw. etwa 17 Winkelsekunden.

d) Ein Photon der Mindestwellenlänge 313 nm hat die Energie

$$E = h \cdot f = \frac{h \cdot c}{\lambda} = \frac{6{,}63 \cdot 10^{-34}\text{ Js} \cdot 3{,}00 \cdot 10^{8}\,\frac{\text{m}}{\text{s}}}{313 \cdot 10^{-9}\text{ m}} \approx 6{,}35 \cdot 10^{-19}\text{ J} \approx 3{,}97\text{ eV}.$$

Alle anderen auftretenden Wellenlängen sind größer und die Energien der Photonen damit kleiner. Sie sind erst recht kleiner als die erste Ionisationsenergie (hier 10,4 eV). Das muss so sein, weil die diskreten Spektren bei den Übergängen zwischen zwei gebundenen Zuständen eines Hüllelektrons auftreten und dafür die Ionisation eine natürliche Obergrenze darstellt.

e) Intensitätsverteilung hinter dem Doppelspalt (Abbildung 3).

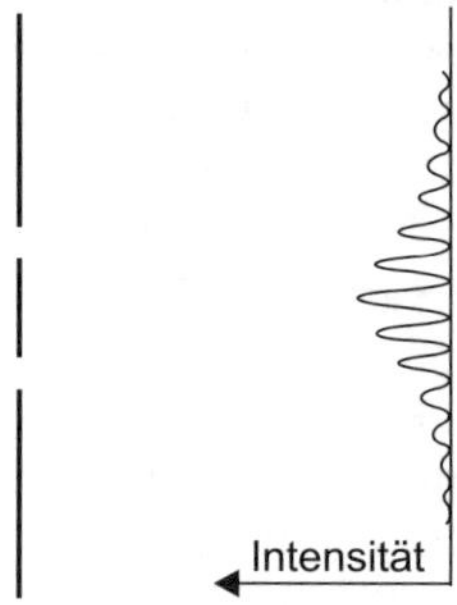

Abb. 3

f) Die Aussage ist falsch, wie der Vergleich der Abbildungen 3 und 4 zeigt.
Der Fehler bei dieser Aussage ist die Unterstellung des Teilchencharakters der Photonen, denn dann würden sich die Intensitäten der „Treffer" durch Spalt 1 und Spalt 2 tatsächlich addieren. Offenbar ist das hier nicht der Fall. Bei diesem Versuch zeigt Licht ganz deutlich seinen Wellencharakter.

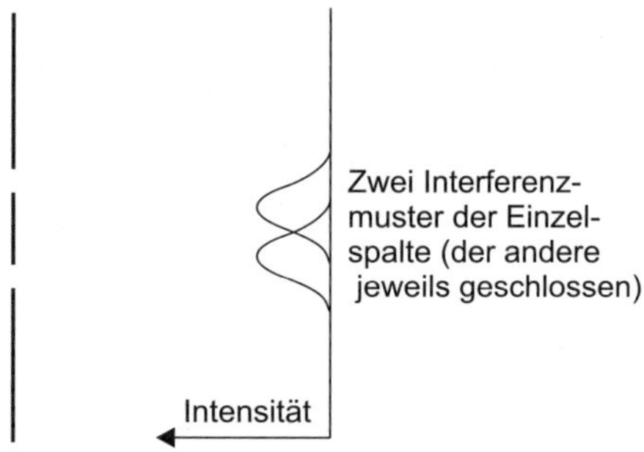

Abb. 4

Dass auch Elektronen – also Teilchen im Sinne der klassischen Physik – bei einem Doppelspaltversuch ihre Wellennatur zeigen, beweist der Versuch von Möllenstedt. Ebenso ist die Wellennatur von Fullerenen (z. B. dem C60-Molekül, wegen seiner Struktur auch „Fußball"-Molekül genannt) erfolgreich nachgewiesen.

f)

Frequenzbereich	**Anwendung**
ca. 100 MHz	UKW-Radiosender
ca. 900 Mhz	D-Netz für Mobilfunk
ca. 2,455 GHz	Mikrowellenherd
ca. 10^{19} Hz (bei ca. 50 kV Beschleunigungsspannung)	Röntgenstrahlung für Einsatz in Medizin (Diagnostik), Materialwissenschaft (Strukturanalyse), Astronomie (Röntgensatelliten)

h) Im Bereich von etwa 10^{20} Hz gibt es sowohl Röntgenquanten als auch Gammaquanten. **Gammastrahlung** entsteht bei **Kernprozessen** wie dem radioaktiven Zerfall und stellt eine mögliche Form dafür da, wie Kernbausteine überschüssige Energie beim Wechsel in einen energetisch günstigeren Zustand abgeben. **Röntgenstrahlung** entsteht beim **plötzlichen Abbremsen** von vorher beschleunigten Elektronen in einem schweren Material, etwa Molybdän. Hier geben die Elektronen ihre Bewegungsenergie bei einem oder mehreren Stößen mit den schweren Atomen als Röntgenquanten ab.

2) a) Reaktionsgleichungen

- Neutronenbeschuss: ${}^{98}_{42}\mathrm{Mo} + {}^{1}_{0}\mathrm{n} \rightarrow {}^{99}_{42}\mathrm{Mo}$
- Betazerfall: ${}^{99}_{42}\mathrm{Mo} \rightarrow {}^{99\mathrm{m}}_{43}\mathrm{Tc} + {}^{0}_{-1}\mathrm{e} + \overline{\nu}$
- Gammazerfall: ${}^{99\mathrm{m}}_{43}\mathrm{Tc} \rightarrow {}^{99}_{43}\mathrm{Tc} + \gamma$
- Betazerfall: ${}^{99}_{43}\mathrm{Tc} \rightarrow {}^{99}_{44}\mathrm{Ru} + {}^{0}_{-1}\mathrm{e} + \overline{\nu}$

b) 24 Stunden sind gerade 4 Halbwertszeiten, also ist die Aktivität auf

$$\frac{1}{2^4} = \frac{1}{16} = \underline{\underline{6,25\,\%}}$$

des Anfangswertes zurückgegangen.

c) Betrachtet man eine Zerfallsfolge B $\rightarrow$ C $\rightarrow$ D und geht davon aus, dass zunächst nur die Mutterkerne B vorhanden sind, dann zeigen diese eine Aktivität A_B. Die Aktivität A_C ist mangels vorhandener C-Kerne noch null. Beim Zerfall B $\rightarrow$ C entstehen nun allmählich auch C-Kerne, die weiter zerfallen zu D. Sind die Halbwertszeiten der Kerne B und C ungefähr gleich, dann steigt die Aktivität zunächst an, weil sie sich aus den Anteilen A_b und A_C zusammensetzt. Wenn die Anzahl der vorhandenen Mutterkerne B weit genug gesunken ist, nimmt die Gesamtaktivität wie üblich ab.

d) Reaktionsgleichung C14-Zerfall: ${}^{14}_{6}\mathrm{C} \rightarrow {}^{14}_{7}\mathrm{N} + {}^{0}_{-1}\mathrm{e} + \overline{\nu}$

e) Ursache sind die Atomwaffentests der Nuklearmächte in der Zeit 1945–1963.

f) Ein Zählrohr ist ein metallischer Zylinder, in dessen Symmetrieachse ein Draht verläuft. Dieser wird über einen Widerstand mit dem Pluspol einer Spannungsquelle verbunden, der Zylinder mit dem Minuspol. Im Inneren des Zylinders befindet sich ein Edelgas bei geringem Druck.

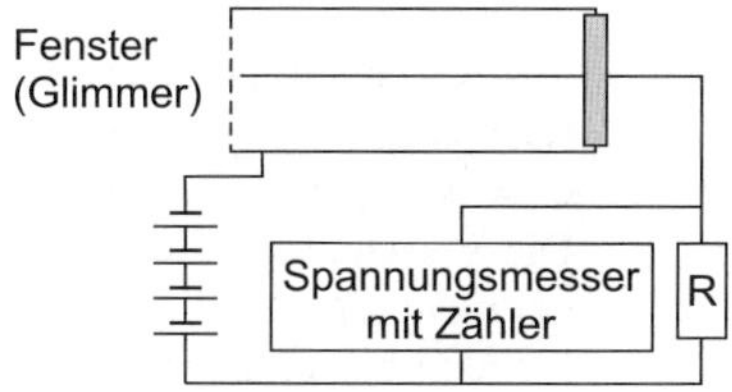

Abb. 6

Treffen Strahlen in das Zählrohr und ionisieren Gasatome, werden die freien Elektronen zügig zum Mitteldraht beschleunigt, am Widerstand fällt kurzzeitig die Spannung ab und es wird ein Zählimpuls ausgelöst (Abbildung 6).

g) Zunächst wird eine reine Kohlenstoffprobe aus dem Material hergestellt, die C12 und C14 enthält. Diese Atome werden ionisiert (Ladung Q, Masse m) und im elektrischen Feld eines Kondensators auf die Geschwindigkeit v beschleunigt (Beschleunigungsspannung U_B):

$$Q \cdot U_B = \frac{1}{2} m \cdot v^2 \quad \Rightarrow \quad v = \sqrt{\frac{2Q \cdot U_B}{m}} \qquad (1)$$

Anschließend fliegen die Ionen durch eine Blende in einen Bereich, in dem senkrecht zu ihrer Flugrichtung ein homogenes Magnetfeld herrscht (Abbildung 7).

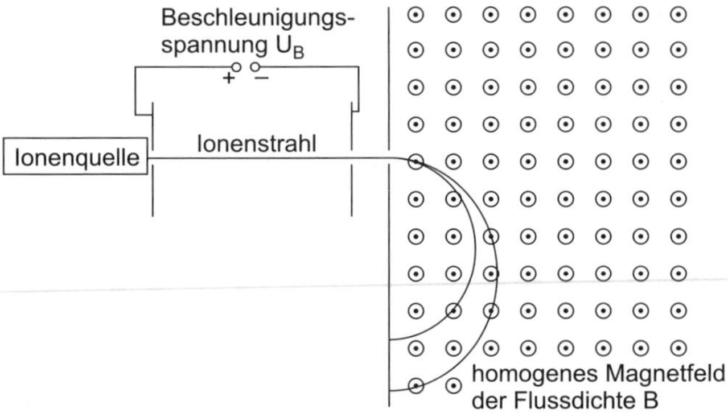

Abb. 7

Die Ionen erfahren die Lorentzkraft (eine Zentripetalkraft), die sie auf Kreisbahnen zwingt, für deren Radien jeweils gilt:

$$Q \cdot v \cdot B = \frac{m \cdot v^2}{r} \quad \Leftrightarrow \quad r = \frac{m \cdot v}{Q \cdot B}$$

Ersetzt man in diesem Ausdruck v durch den Term (1), folgt weiter:

$$r = \frac{m \cdot \sqrt{\frac{2Q \cdot U_B}{m}}}{Q \cdot B} = \sqrt{\frac{2m \cdot U_B}{Q \cdot B^2}} \quad \Rightarrow \quad r \sim \frac{1}{\sqrt{\frac{Q}{m}}}$$

Der Kreisbahnradius ist also insbesondere umgekehrt proportional zur spezifischen Ladung $\frac{Q}{m}$, die beim C14 kleiner als beim C12 ist; folglich fliegen die C14-Atome auf einer größeren Kreisbahn als die C12-Atome.
Die Verwendung eines Wien'schen Geschwindigkeitsfilters ist hier nicht angebracht, da das Isotopenverhältnis bestimmt werden soll und daher das Ausblenden einzelner Ionen das Ergebnis verfälschen würde.

1. **Alpha Scorpionis – Antares**
Der helle Fixstern Antares im Skorpion geht in den Monaten Mai und Juni im Osten mit Einbruch der Dunkelheit auf und kulminiert um Mitternacht (Abbildung 1).

Abb. 1

a) Was bedeutet der Begriff „kulminiert"? (2 BE)

Antares hat eine Deklination von $\delta = -26{,}5°$.

b) Welchen Winkel beschreibt die Deklination und welche Bedeutung hat das Minus? (2 BE)

c) Berechnen Sie die Kulminationshöhe von Antares über dem Horizont in einer geografischen Breite von $\varphi = 48°$. (2 BE)

Die wichtigste zu bestimmende Größe für Antares ist seine Entfernung zur Sonne.

d) Mit welcher Methode könnte man die Entfernung zu Antares bestimmen? Beschreiben Sie diese Methode ausführlich. (6 BE)

Der Astrometriesatellit Hipparcos hat die Entfernung zu Antares zu 600 ly bestimmt – allerdings mit einem Messfehler von 100 ly. Sein scheinbarer Durchmesser wurde interferometrisch zu $\alpha = 0{,}41''$ bestimmt.

e) Wie groß ist Antares damit mindestens?
Vergleichen Sie den Durchmesser mit dem der Sonne. (6 BE)

f) Fertigen Sie eine maßstabsgetreue Skizze mit Antares anstelle unserer Sonne im Sonnensystem zusammen mit den Bahnen von Erde und Mars. (3 BE)

g) Die scheinbare Helligkeit von Antares beträgt 0,96.
Berechnen Sie die absolute Helligkeit von Antares. (3 BE)

h) Welche Leuchtkraft muss Antares demnach haben? (3 BE)

i) Der Spektraltyp von Antares ist M.
Welche Erkenntnisse kann man aus dieser Angabe bekommen? (5 BE)

j) Welcher Durchmesser ergibt sich für Antares aus dieser Rechnung, wenn man von einer Temperatur von 3 300 K ausgeht?
Vergleichen Sie mit dem berechneten Durchmesser aus Teilaufgabe e. (3 BE)

k) In welchem Spektralbereich liegt die Wellenlänge des Strahlungsmaximums von Antares? (3 BE)

2. **Helligkeitsentwicklung von Kometen am Beispiel des Kometen McNaught**

a) Von welchen physikalischen Begebenheiten hängt aus Ihrer Sicht die Helligkeitsentwicklung eines Kometen auf seiner Bahn um die Sonne ab? (3 BE)

Abbildung 2 zeigt die Helligkeitsentwicklung des Kometen 2 006/P1 McNaught.

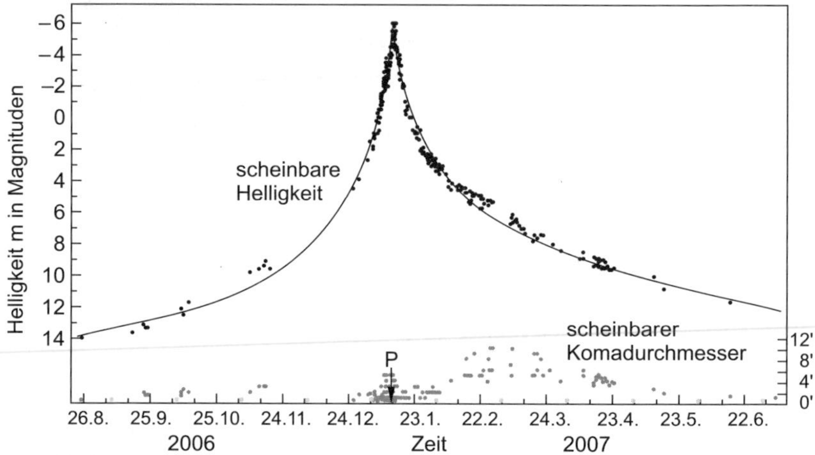

Abb. 2

b) Beschreiben Sie die Entwicklung der scheinbaren Helligkeit dieses Kometen. (2 BE)

c) An welchem Tag befand sich der Komet im Perihel? (2 BE)

d) In welchem Zeitraum konnte man McNaught ohne optische Hilfsmittel am Himmel beobachten? (4 BE)

e) Wie viel mal mehr Energie gelangt von 2 006/P1 im hellsten Stadium im Vergleich mit der geringsten scheinbaren Helligkeit im Diagramm zu uns? (4 BE)

Zum Vorausberechnen der scheinbaren Helligkeit m eines Kometen hat man die Formel $m = M + 5 \cdot \lg\Delta + 2{,}5 \cdot n \cdot \lg r$ aufgestellt mit M: absolute Helligkeit; Δ: Entfernung des Kometen zur Erde in AE; n: Aktivitätsfaktor und r: Abstand Komet–Sonne in AE.
Für McNaught wurden vor dem Perihel folgende Werte angesetzt:

$$m = 6{,}2 + 5 \cdot \lg\Delta + 12{,}1 \cdot \lg r$$

f) Welche Größe hatte demnach der Aktivitätsfaktor von McNaught? (2 BE)

g) Der Perihelabstand zur Sonne betrug 0,171 AE. Berechnen Sie mithilfe der Abbildung 2 die Entfernung des Kometen von der Erde. (5 BE)

(60 BE)

Tipps und Hinweise (Themenbereich III)

Tipp zu Teilaufgabe 1 a

- Denken Sie an die grundlegenden Begriffe an der scheinbaren Himmelskugel.

Tipp zu Teilaufgabe 1 b

- Deklination: Koordinate des beweglichen Äquatorialsystems.

Tipp zu Teilaufgabe 1 c

- Eine Querschnittskizze mit Himmelspol und Himmelsäquator ist hilfreich.

Tipps zu Teilaufgabe 1 d

- Beschreiben Sie eine grundlegende Methode der Entfernungsmessung.
- Wichtige Größen müssen in Ihrer Beschreibung erkennbar sein und Zusammenhänge aufgezeigt werden.

Tipps zu Teilaufgabe 1 e

- Überlegen Sie: Welche Entfernung müssen Sie, um den *Mindest*durchmesser berechnen zu können, verwenden?
- Geben Sie den Durchmesser am besten in AE an.

Tipp zu Teilaufgabe 1 f

- Legen Sie einen geeigneten Maßstab fest.

Tipp zu Teilaufgabe 1 g

- Verwenden Sie den Entfernungsmodul.

Tipp zu Teilaufgabe 1 h

- Die Berechnung der Leuchtkraft erfolgt über die absolute Helligkeit.

Tipp zu Teilaufgabe 1 i

- Wichtig sind Angaben zu folgenden Punkten: Spektrum, Farbe, Oberflächentemperatur.

Tipp zu Teilaufgabe 1 j

- Für den Durchmesser verwendet man hier das Gesetz von Stefan und Boltzmann.

Tipp zu Teilaufgabe 1 k

Das Strahlungsmaximum erhält man aus dem Wien'schen Verschiebungsgesetz.

Tipp zu Teilaufgabe 2 a

Denken Sie an den Aufbau eines Kometen. Welche Größen verändern sich auf der Flugbahn des Kometen?

Tipp zu Teilaufgabe 2 c

Wann erscheint uns ein Komet am hellsten?

Tipp zu Teilaufgabe 2 d

Sie müssen einen Maßstab auf der Zeitachse festlegen und anschließend die abgelesenen Längen in Tage umrechnen.

Tipp zu Teilaufgabe 2 e

Überlegen Sie: Wie hängt der Energiefluss mit der scheinbaren Helligkeit zusammen?

Tipp zu Teilaufgabe 2 f

Lösen Sie die gegebene Formel nach dem Aktivitätsfaktor auf.

Tipp zu Teilaufgabe 2 g

Aus dem Diagramm können Sie die scheinbare Helligkeit des Kometen im Perihel ablesen.

Lösungen (Themenbereich III)

1. a) Dass Antares kulminiert bzw. sich in oberer Kulmination befindet, bedeutet: Er erreicht am Meridian (Verbindungslinie Nordpunkt-Zenit-Südpunkt) seine höchste Position über dem Horizont.

   b) Die Deklination ist der Winkel zwischen dem Himmelsäquator und dem Stern. Eine negative Deklination wird in **südliche** Richtung gemessen.

   c) Bei gegebener Deklination $\delta = -26{,}5°$ und gegebener Breite $\varphi = 48°$ gilt:

   $$h_0 = \delta + 90° - \varphi = -26{,}5° + 90° - 48° = \underline{\underline{15{,}5°}}$$

   d) Bestimmung der Entfernung mithilfe der **trigonometrischen Parallaxe**: Man beobachtet die Verschiebung (Winkel 2φ) des Sternes vom weit entfernten Sternenhintergrund von der Erdumlaufbahn aus. Dann gilt für die Entfernung r (Abbildung 3):

   $$\tan\varphi = \frac{1\,\text{AE}}{r}$$

   $$\Rightarrow \quad r = \frac{1\,\text{AE}}{\tan\varphi} = \frac{1\,\text{AE}}{\varphi}$$

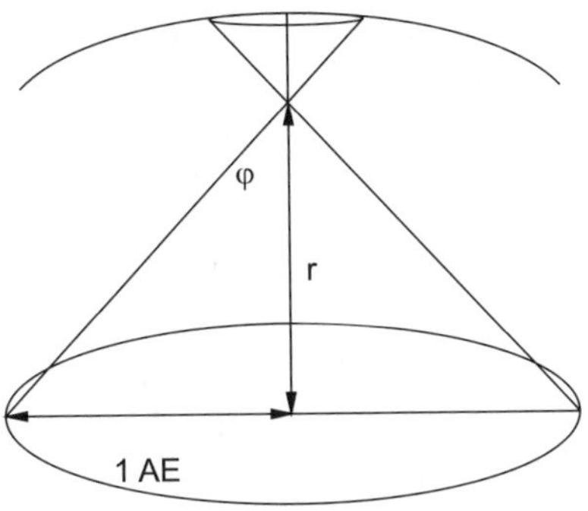

Abb. 3

   e) Aus der Angabe ergibt sich als minimale bzw. maximale Entfernung von Antares (in pc):

   $$r = 600\,\text{ly} \pm 100\,\text{ly} = 184\,\text{pc} \pm 31\,\text{pc} \quad \Rightarrow \quad \begin{cases} r_{min} = 153\,\text{pc} \\ r_{max} = 215\,\text{pc} \end{cases}$$

   Betrachtet man den Kreis um die Sonne mit Radius r, dann verhält sich der scheinbare Durchmesser $\alpha = 0{,}041''$ von Antares zum Vollwinkel wie der absolute Durchmesser d_A zum Umfang:

   $$\frac{\alpha}{360°} = \frac{d_A}{2\pi \cdot r}$$

   Der Term auf der linken Seite ist bei gegebenem α konstant. Daher ist d_A proportional zu r, sodass sich der Mindestdurchmesser $d_{A,\,min}$ für die minimale Entfernung r_{min} ergibt:

   $$d_{A,\,min} = \frac{\alpha}{360°} \cdot 2\pi \cdot r_{min}$$

   $$= \frac{0{,}041''}{360 \cdot 3\,600''} \cdot 2\pi \cdot 153 \cdot 206\,265\,\text{AE} = 6{,}273\ldots\,\text{AE} \approx \underline{\underline{6{,}27\,\text{AE}}}$$

Vergleich mit dem Sonnendurchmesser $d_{\odot}$ (Formelsammlung):

$$d_{\odot} = 2 \cdot 6{,}96 \cdot 10^8\,\text{m} \cdot \frac{1\,\text{AE}}{1{,}496 \cdot 10^{11}\,\text{m}} = 0{,}0093\,\text{AE}$$

$$\Rightarrow \quad d_{A,\,min} = \frac{6{,}27}{0{,}093} \cdot d_{\odot} \approx \underline{\underline{674 \cdot d_{\odot}}}$$

f) Die Erdbahn und die Marslaufbahn verlaufen vollständig innerhalb des Sterns Antares (Abbildung 4).

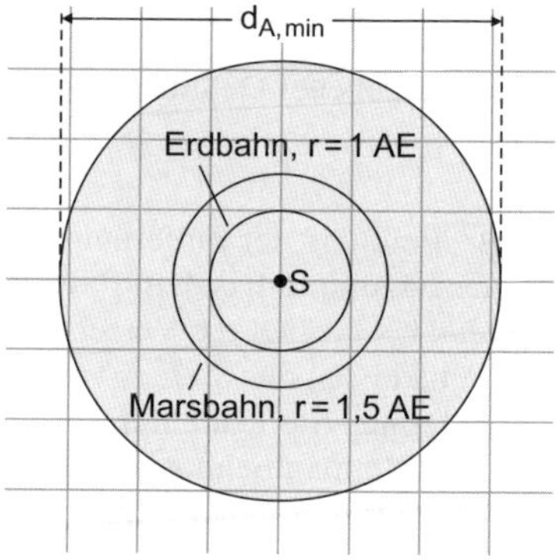

Abb. 4

g) Bei Kenntnis von m = 0,96 folgt mithilfe des Entfernungsmoduls sofort die **absolute Helligkeit**, wobei für die Entfernung das arithmetische Mittel aus den in Teilaufgabe e berechneten Extremwerten verwendet wird:

$$\overline{r} = \frac{r_{min} + r_{max}}{2} = \frac{153 + 215}{2}\,\text{pc}$$
$$= 184\,\text{pc}$$

$$m - M = 5 \cdot \lg \frac{\overline{r}}{10\,\text{pc}} \quad \Rightarrow \quad M = 0{,}96 - 5 \cdot \lg 18{,}4 = 0{,}966{,}3 \approx \underline{\underline{-5{,}4}}$$

h) Die **Leuchtkräfte** von Antares und Sonne hängen mit ihren absoluten Helligkeiten zusammen (Formelsammlung):

$$L^* = \frac{L_A}{L_{\odot}} = q^{M_{\odot} - M} = q^{4{,}8 - (-5{,}4)} = 2{,}512^{10{,}2} \approx \underline{\underline{12 \cdot 10^3}}$$

i) Bei der Spektralklasse M stehen die Bandspektren von TiO im Vordergrund. Ebenso findet man Linien von neutralem Kalzium (Ca) und anderen Molekülen. Die Oberflächentemperatur liegt bei 3000 K, was dem Stern ein rötliches Aussehen verleiht.

j) Zur Berechnung des **Durchmessers** von Antares verwendet man die Formel von Stefan und Boltzmann: $L = \sigma \cdot 4\pi R^2 \cdot T^4$, welche einmal auf den Stern und einmal auf die Sonne angewendet wird (R: Sternradius):

$$L_A = \sigma \cdot 4\pi \cdot R_A^2 \cdot T_A^4 \qquad \text{(I)}$$

$$L_{\odot} = \sigma \cdot 4\pi \cdot R_{\odot}^2 \cdot T_{\odot}^4 \qquad \text{(II)}$$

Division (I) : (II) und Auflösen nach R* führt auf:

$$L^* = (R^*)^2 \cdot \frac{T_A^4}{T_{\odot}^4} \quad \Rightarrow \quad R^* = \sqrt{L^*} \cdot \left(\frac{T_{\odot}}{T_A}\right)^2 = \sqrt{12 \cdot 10^3} \cdot \left(\frac{5800\,\text{K}}{3300\,\text{K}}\right)^2 \approx \underline{\underline{338}}$$

Der so berechnete relative Durchmesser ($d^* = R^* = 338$) ist erheblich kleiner als der aus der Interferometrie berechnete Wert von ca. 674 (Teilaufgabe e).

k) Nach dem Wien'schen Verschiebungsgesetz ist das Produkt aus λ_{max} (bei diesem Wert besitzt ein schwarzer Strahler die maximale Strahlungsleistung) und absoluter Temperatur des Strahlers konstant:

$$\lambda_{max} \cdot T = 2{,}8978 \cdot 10^{-3}\ m \cdot K$$

Mit T = 3 300 K folgt:

$$\lambda_{max} = \frac{2{,}8978 \cdot 10^{-3}\ m \cdot K}{3300\ K} \approx \underline{\underline{878\ nm}}$$

Antares besitzt sein Strahlungsmaximum im **Infrarotbereich**.

2. a) Die Helligkeitsentwicklung hängt ab von der
   - Entfernung Komet–Sonne;
   - Entfernung Komet–Erde
   - Aktivität auf dem Kometen und damit von Koma- und Schweifausbildung.

b) Der Komet ist im August 2006 mit einer scheinbaren Helligkeit von 14 für Beobachter ohne optische Hilfsmittel nicht erkennbar. Er steigert seine Helligkeit auf –6 Mitte Januar 2007. Danach nimmt seine Helligkeit (exponentiell) wieder ab.

c) Im Perihel ist der Komet am sonnennächsten und erscheint damit am hellsten. Abbildung 2 entnimmt man: Am hellsten war der Komet um den 20. 1. 2007.

d)

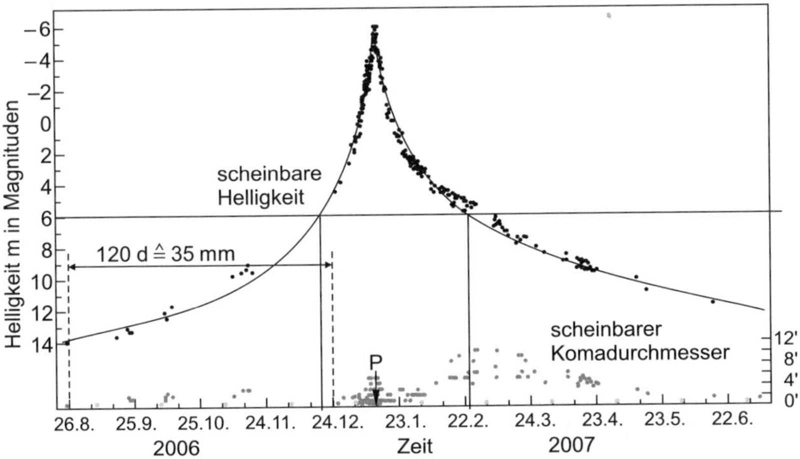

Abb. 5

Die Grenzhelligkeit für die Beobachtung ohne optische Hilfsmittel liegt bei 6,0. Man liest ab (Abbildung 5): 35 mm entsprechen 120 Tage. Das ergibt als unteren Grenztag den 18. 12. 2006, als oberen Grenztag den 23. 2. 2007. Die Grenzhelligkeit wurde im Zeitraum dazwischen überschritten.

e) Die eintreffende Energie ist proportional der Bestrahlungsstärke E. Das Verhältnis von E_{max} (bei $m_{max} = -6$) zu E_{min} (bei $m_{min} = 14$) ist durch die scheinbaren Helligkeiten bestimmt:

$$\frac{E_{max}}{E_{min}} = q^{m_{min} - m_{max}} = q^{14-(-6)} = 2{,}512^{20} = \underline{\underline{1 \cdot 10^8}}$$

Somit gelangt das Hundertmillionenfache der Energie zu uns!

f) Der Vergleich der angegebenen Formeln liefert als Koeffizienten vor $\lg r$:

$$2{,}5 \cdot n = 12{,}1 \iff \underline{\underline{n = 4{,}84}}$$

g) Im Perihel gilt $m = -6$. Eingesetzt in die gegebene Formel folgt:

$$-6 = 6{,}2 + 5 \cdot \lg \Delta + 12{,}1 \cdot \lg 0{,}171$$

$$\Rightarrow \lg \Delta = \frac{1}{5} \cdot (-6 - 6{,}2 - 12{,}1 \cdot \lg 0{,}171)$$

$$= -0{,}584$$

$$\Rightarrow \Delta = 10^{-0{,}584} = \underline{\underline{0{,}26\ (\text{AE})}}$$

Der Komet war 0,26 AE von der Erde entfernt.

Aufgabenvorschlag 1

1. **Massenbestimmung von Elektronen**
Die Elektronenquelle EQ sendet Elektronen mit unterschiedlicher Geschwindigkeit aus. Die Elektronen treten durch die Lochblenden L_1 und L_2, wie abgebildet, in ein homogenes Magnetfeld mit der Flussdichte $B = 4{,}0$ mT ein. Das magnetische Feld herrscht im schattierten Bereich, das elektrische nur im Plattenkondensator.

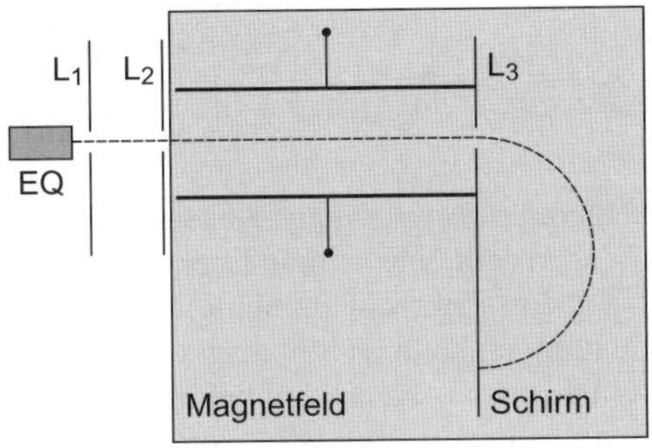

Abb. 1

a) Erläutern Sie eingehend, warum man durch geeignete Wahl der beiden Felder erreichen kann, dass nur Elektronen einer bestimmten Geschwindigkeit den Kondensator geradlinig passieren und danach nach unten abgelenkt werden. Zeichnen Sie dazu die Orientierung des magnetischen Feldes und die Polung des Kondensators in die Abbildung ein. (6 BE)

b) Leiten Sie die Beziehung

$$v = \frac{E}{B}$$

für die Geschwindigkeit der Elektronen nach L_3 her und berechnen Sie die elektrische Feldstärke E im Kondensator für Elektronen mit 5,0 % der Vakuumlichtgeschwindigkeit. (4 BE)

c) Erläutern Sie, wie mithilfe obiger Anordnung bei bekannter Elektronenladung die Elektronenmasse m_e bestimmt werden kann. Geben Sie hierzu alle relevanten Messgrößen an und beziehen Sie diese in eine Formel zur Berechnung von m_e ein. (7 BE)

d) Bei großen Geschwindigkeiten ergeben sich merkliche Abweichungen von der Ruhemasse eines Elektrons. Berechnen Sie, bei welcher Geschwindigkeit diese Abweichung 10 % beträgt. (5 BE)

2. **Bewegung im Magnetfeld**

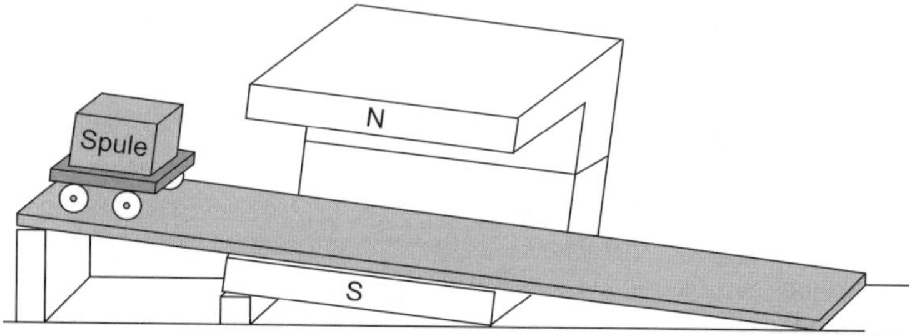

Abb. 2

Auf einem Laborwagen aus Kunststoff liegt eine quaderförmige Spule. Der Wagen rollt eine schiefe Ebene hinunter und durchquert dabei ein Magnetfeld, das senkrecht zur schiefen Ebene gerichtet ist. Für die folgenden Betrachtungen kann davon ausgegangen werden, dass das Magnetfeld ausschließlich zwischen den beiden Polen existiert und homogen ist. Die Reibung kann vernachlässigt werden.

a) Begründen Sie kurz, bei welcher Orientierung der Spule sich Induktionseffekte ergeben. (3 BE)

b) Die Anschlüsse der Spule sind nicht verbunden. Die folgenden Diagramme zeigen die Geschwindigkeit v des Wagens bzw. die induzierte Spannung U, die an den Anschlüssen abgegriffen werden kann, in Abhängigkeit von der Zeit t.

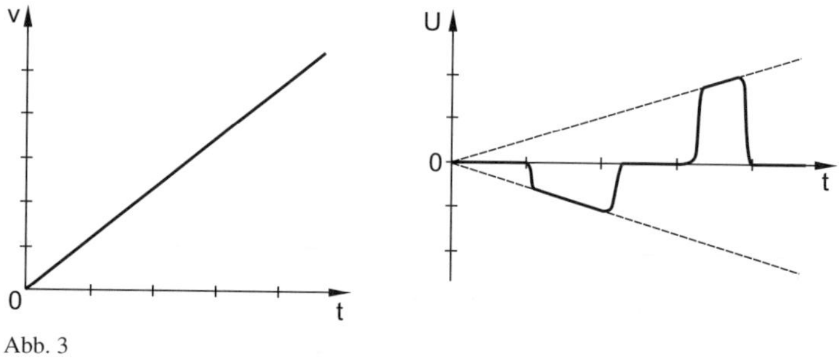

Abb. 3

Beschreiben und erklären Sie das Zustandekommen der Diagramme. (8 BE)

c) Jetzt wird an die Anschlüsse der Spule ein Strommessgerät angeschlossen und der Vorgang wiederholt. Beschreiben Sie qualitativ, was sich an der Bewegung des Wagens gegenüber Teilaufgabe b ändert.
Für welche Zeitbereiche erwarten Sie einen Ausschlag des Strommessgeräts? (5 BE)

3. **Gestörter Rundfunkempfang**

Ein Sportplatz ist einseitig von einem Zaun begrenzt, der vollständig mit Blech beschlagen ist. In größerer Entfernung vom Zaun befindet sich der Sendedipol eines UKW-Senders. Auf beiden Seiten des Zauns steht jeweils ein Sportler ① bzw. ② mit einem tragbaren Radio in einem bestimmten Abstand d vom Zaun. Trotz optimal eingestellter Empfänger haben beide sehr schlechten Radioempfang, doch kann einer der beiden Sportler durch eine geringfügige Veränderung seines Abstands vom Zaun die Empfangssituation deutlich verbessern, der andere nicht.

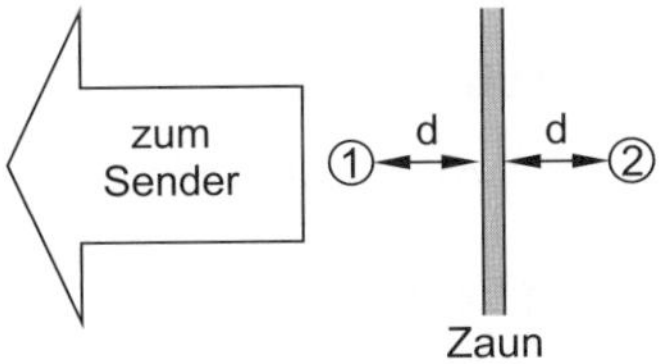

Abb. 4

a) Erläutern Sie, warum anfangs beide Personen schlechten Radioempfang haben konnten und warum die Abstandsänderung nur bei einem der beiden zu einer Empfangsverbesserung führt. (8 BE)

Im Metallzaun sind zwei Türen T_1 und T_2. Wenn beide offen sind, hat man hinter dem Zaun auf den skizzierten sechs Linien praktisch keinen Empfang. Der Abstand der Türmitten ist 10 m.

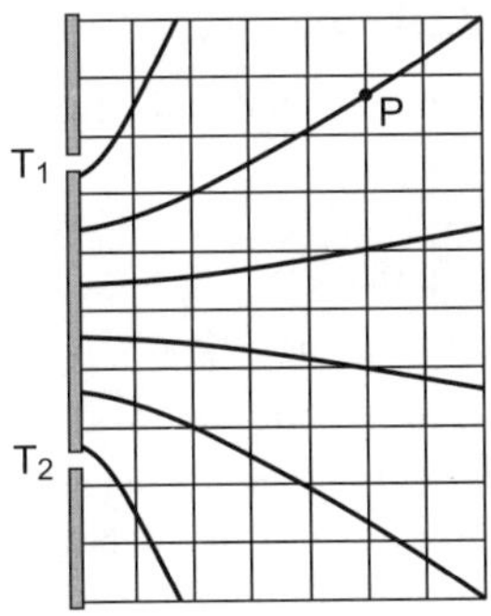

Abb. 5

b) Berechnen Sie die Wellenlänge und die Frequenz f des Senders unter Zuhilfenahme von Punkt P. Die Breite eines Kästchens in der Zeichnung entspricht 2 m in der Natur. Beschreiben Sie, an welchen Orten besonders guter Empfang herrscht.
[Zur Kontrolle: $f = 8 \cdot 10^7$ Hz] (11 BE)

c) Bestimmen Sie eine mögliche Länge eines optimal abgestimmten Sendedipols. (3 BE)

(60 BE)

Tipps und Hinweise zum Aufgabenvorschlag 1

Tipp zu Teilaufgabe 1 a

Die verschiedenen Ablenkungseffekte müssen sich gegenseitig aufheben.

Tipp zu Teilaufgabe 1 b

Denken Sie an ein Gleichgewicht der elektrostatischen und magnetischen Kräfte.

Tipp zu Teilaufgabe 1 c

Setzen Sie die Kräfte gleich und berücksichtigen Sie, dass es sich um einen Plattenkondensator handelt.

Tipp zu Teilaufgabe 1 d

Verwenden Sie die relativistische Massenformel nach Einstein.

Tipp zu Teilaufgabe 2 a

Prüfen Sie alle möglichen Veränderungen in der Anordnung, die zu Induktionseffekten führen können.

Tipps zu Teilaufgabe 2 b

- Entnehmen Sie dem t-v-Diagramm die Beschleunigung (qualitativ). Wie kommt die Bewegung des Wagens zustande?
- Wegen der nicht verbundenen Anschlüsse kann nur eine Induktionsspannung auftreten, aber kein Induktionsstrom fließen (außer kurz zur Ladungstrennung).
  Beachten Sie den geradlinigen Verlauf des t-v-Graphen und die gestrichelten Hilfslinien im t-U-Diagramm.
- Überlegen Sie anhand der Ergebnisse zu Teilaufgabe 1 a und mithilfe des Induktionsgesetzes, wie die Induktionsspannung mit der zeitlichen Änderung der vom Magnetfeld durchsetzten Fläche zusammenhängt. Daraus können Sie sofort auf die Herkunft der gestrichelten Geraden schließen.
- Zur Erklärung des t-U-Graphen müssen Sie berücksichtigen, dass die Induktion nur in bestimmten Zeitabschnitten auftritt.

Tipps zu Teilaufgabe 2 c

- Durch das Verbinden der Anschlüsse über ein Amperemeter fließt in Folge der Induktionspannung auch ein Induktionsstrom, der wiederum ein Magnetfeld aufbaut.
- Beachten Sie die Lenz'sche Regel.

Tipp zu Teilaufgabe 3 a

- UKW-Signale werden an Metalloberflächen reflektiert und es treten Interferenzerscheinungen auf.

Tipps zu Teilaufgabe 3 b

- Die eingezeichneten Linien zeigen Interferenzminima der beiden in T_1 und T_2 startenden Elementarwellen.
- Ermitteln Sie den notwendigen Gangunterschied aus der Interferenzbedingung, messen Sie den tatsächlichen Gangunterschied anhand der Abbildung (Kästchen zählen!) und schließen Sie aus beiden Ergebnissen auf die Wellenlänge.
- Guter Empfang: Interferenzmaxima!

Tipp zu Teilaufgabe 3 c

- Beachten Sie den Zusammenhang zwischen Wellenlänge und Dipolabmessungen.

Lösungen zum Aufgabenvorschlag 1

1. a) Die Anordnung im Kondensator heißt **Wien'sches Geschwindigkeitsfilter**. Darin halten sich bei Teilchen mit einer Ladung Q und einer bestimmten Geschwindigkeit v die (geschwindigkeitsunabhängige) elektrische Feldkraft und die (proportional zur Geschwindigkeit wachsende) magnetische Lorentzkraft das Gleichgewicht. Alle Teilchen mit dieser Geschwindigkeit v fliegen dann geradlinig durch den Kondensator.

Die **Richtungen der Felder** ergeben sich aus der Kreisbahn im Anschluss an das Filter: Da die negativ geladenen Elektronen hinter dem Kondensator nach unten abgelenkt werden, muss die Lorentzkraft nach unten zeigen und damit gemäß der Drei-Finger-Regel der linken Hand das Magnetfeld in die Zeichenebene hinein. Im Kondensator zieht die Lorentzkraft ebenfalls nach unten, daher drückt die kompensierende Kraft des elektrischen Feldes im Bereich des Kondensators die Elektronen nach oben in Richtung positiv geladener Platte; folglich zeigen die elektrischen Feldlinien nach unten. Die ergänzte Zeichnung zeigt Abbildung 6.

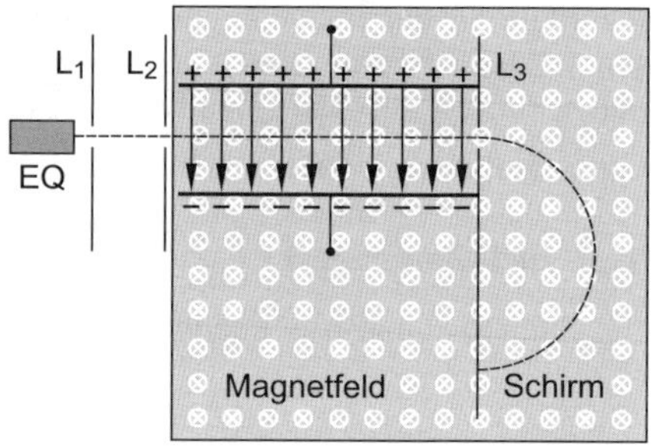

Abb. 6

b) Die elektrische Feldkraft beträgt $F_{el} = E \cdot Q$, die magnetische Lorentzkraft ergibt sich zu $F_L = Q \cdot v \cdot B$. Bei Kräftegleichgewicht gilt:

$$E \cdot Q = Q \cdot v \cdot B \Rightarrow \underline{\underline{v = \frac{E}{B}}} \quad \text{(unabhängig von der Ladung Q!)}$$

Durch Einsetzen der Werte erhält man mit $v = 0{,}050\,c$ und $B = 4{,}0\,mT$ für die Feldstärke:

$$E = v \cdot B = 1{,}5 \cdot 10^7\,\frac{m}{s} \cdot 4{,}0 \cdot 10^{-3}\,T = 6{,}0 \cdot 10^4\,\frac{m \cdot T}{s} = \underline{\underline{6{,}0 \cdot 10^4\,\frac{V}{m}}}$$

Einheitenkontrolle:

$$1\,\frac{m \cdot T}{s} = 1\,\frac{m \cdot \frac{Vs}{m^2}}{s} = 1\,\frac{V}{m}$$

c) Den entscheidenden Ansatz zur **Berechnung der Elektronenmasse** liefert die Bedingung für das Durchlaufen der Kreisbahn. Die notwendige Zentripetalkraft ist durch die Lorentzkraft gegeben:

$$F_L = F_Z \Leftrightarrow e \cdot v \cdot B = m_e \cdot \frac{v^2}{r} \quad (1)$$

Die Geschwindigkeit lässt sich gemäß dem Ergebnis aus Teilaufgabe 1 b durch E und B ausdrücken, die elektrische Feldstärke ist ihrerseits durch die Kondensatorspannung U und den Plattenabstand d gegeben:

$$E = \frac{U}{d}$$

Insgesamt folgt durch Umstellen von (1) und Ersetzen von E:

$$m_e = \frac{e \cdot B \cdot r}{v} = \frac{e \cdot B \cdot r}{\frac{E}{B}} = \frac{e \cdot B^2 \cdot r}{\frac{U}{d}} = \underline{\underline{\frac{e \cdot B^2 \cdot r \cdot d}{U}}}$$

Die benötigten **Messgrößen** sind somit die Kondensatorspannung, der Abstand der Kondensatorplatten, die magnetische Flussdichte und der Bahnradius.

Einheitenkontrolle:

$$1\,\frac{C \cdot T^2 \cdot m \cdot m}{V} = 1\,\frac{As \cdot \left(\frac{Vs}{m^2}\right)^2 \cdot m^2}{V} = 1\,\frac{As^3 \cdot V}{m^2} = 1\,\frac{VAs \cdot s^2}{m^2}$$

$$= 1\,\frac{J \cdot s^2}{m^2} = 1\,\frac{Nm \cdot s^2}{m^2} = 1\,kg$$

d) Die relativistische Massenformel lautet allgemein

$$m(v) = \frac{m_0}{\sqrt{1 - \left(\frac{v}{c}\right)^2}}$$

Sie liefert – unabhängig vom betrachteten Teilchen – eine relative Massenzunahme von 10 % unter der Bedingung $m(v) = 1{,}10 \cdot m_0$, woraus für die nötige Geschwindigkeit folgt:

$$1{,}10 \cdot m_0 = \frac{m_0}{\sqrt{1 - \left(\frac{v}{c}\right)^2}} \quad \Rightarrow \quad 1 - \left(\frac{v}{c}\right)^2 = \left(\frac{1}{1{,}10}\right)^2$$

$$\frac{v}{c} = \sqrt{1 - \left(\frac{1}{1{,}10}\right)^2} \approx 0{,}417 = \underline{\underline{41{,}7\,\%}}$$

Eine Massenzunahme von 10 % wird bei knapp 42 % der Lichtgeschwindigkeit erreicht.

2. a) Für das Auftreten von Induktionsspannung ist es notwendig, dass sich der magnetische Fluss $\Phi = B \cdot A$ in der Spule ändert. Die Flussdichte B des äußeren Magnetfelds ist konstant, es muss sich daher die von den Flusslinien durchsetzte Fläche ändern. Damit es zu einer solchen Durchsetzung kommt, darf die Spulenachse **nicht senkrecht** zu den Feldlinien verlaufen (nur bei senkrechtem Verlauf treten gar keine Effekte auf!)

Die in der Musterlösung des ISB gegebene Musterantwort lautet, dass die Spulenachse parallel zu den Magnetfeldlinien gerichtet sein müsse. Diese Antwort setzt unausgesprochen (aber praxisgerecht) voraus, dass die quaderförmige Spule auf dem Wagen nur zwei Positionen einnehmen kann, nämlich mit der Achse senkrecht oder parallel zum Magnetfeld orientiert. Entsprechend kommt es zu keinen oder zu maximalen Induktionseffekten.

b) Beim **t-v-Diagramm** erkennt man an dem geraden Verlauf des Graphen, dass sich der Spulenkörper – aufgrund der Hangabtriebskraft – mit konstanter Beschleunigung entlang der schiefen Ebene bewegt.

Beim **t-U-Diagramm** sind die gestrichelten Hilfslinien (zwei zur t-Ache symmetrische Ursprungsgeraden) in folgender Weise zu erklären: Die Induktionsspannung ist zur zeitlichen Änderung des magnetischen Flusses $\Phi = B \cdot A$ proportional. Weil die Flussdichte konstant ist, ist die Spannung proportional zur Änderung der vom Magnetfeld durchsetzten Fläche. Diese ist rechteckig und vergrößert bzw. verkleinert sich beim Ein- bzw. Austritt, wobei gilt (Länge ℓ, Breite b):

$$A(t) = \ell(t) \cdot b = v \cdot t \cdot b = a \cdot t^2 \cdot b \quad \Rightarrow \quad \dot{A}(t) = 2a \cdot b \cdot t \quad \Rightarrow \quad U \sim \dot{A}(t) \sim t$$

Der t-U-Graph ist also in der Zeit, in der Induktionseffekte auftreten, Teil einer Ursprungsgeraden. Für den Verlauf bzgl. der Gesamtbewegung gilt:

- **Vor dem Eintauchen** des Wagens in das Magnetfeld verläuft der Graph entlang $U = 0$.
- **Zu Beginn der Eintauchphase** ändert sich der Wert abrupt und der Graph verläuft anschließend entlang der unteren gestrichelten Geraden (wegen $U = -N \cdot \dot{\Phi}$ bedeutet zunehmender Fluss eine negative Spannung).
- Ist der Wagen **ganz im Magnetfeld**, tritt keine Induktionsspannung auf und der Graph verläuft wieder entlang $U = 0$.
- **Beim Verlassen des Magnetfeldes** tritt die Induktionsspannung mit entgegengesetztem Vorzeichen auf (abnehmender Fluss), der Wert ist aufgrund der mittlerweile höheren Geschwindigkeit höher als in der Eintauchphase, die Austrittsphase dauert aber nicht so lange.

Nicht verlangt (aber trotzdem physikalisch wesentlich) ist die Aussage, dass die Flächeninhalte oberhalb und unterhalb des Graphen gleich groß sind.

c) Wenn Strom fließen kann – d. h. in den Abschnitten mit $U \neq 0$ –, dann wirkt dieser gemäß der **Regel von Lenz** seiner Ursache (der Bewegung) entgegen, der Wagen wird also gebremst. Diese Bremskraft wiederum hängt aber von der Geschwindigkeit ab (eine Art Wirbelstrombremse), kann also den Wagen nicht zum Stillstand bringen. Die Beschleunigung in der Eintauch- und in der Austrittsphase wird verringert, d. h. das t-v-Diagramm würde in diesen Phasen etwas flacher verlaufen, sonst (außerhalb des Magnetfeldes) mit gleicher Steigung. In den Phasen mit $U \neq 0$ schlägt der Zeiger des Strommessgerätes aus (mit wechselndem Vorzeichen).

3. a) Der Blechzaun (metallischer Leiter) reflektiert die elektromagnetische Welle des UKW-Senders, sodass also rechts davon dem Sportler ② nicht nur im Abstand d, sondern überall der Empfang misslingen wird.
Auf der linken Seite des Zauns bilden einfallende und reflektierte Welle gemeinsam durch Interferenz eine stehende Welle mit abwechselnden Knoten und Bäuchen im Abstand einer halben Wellenlänge. Wenn Sportler ① sich etwas weiter vom Zaun entfernt, wird der Empfang zunächst besser, irgendwann optimal und anschließend wieder schlechter.

b) P liegt auf einem Empfangsminimum, dort löschen sich die nach dem **Huygens'schen Prinzip** in den Türöffnungen entstehenden Elementarwellen gegenseitig aus. Ihr Gangunterschied ist folglich ein ungerades Vielfaches der halben Wellenlänge. Auf den beiden mittleren Minimumslinien ist wegen der Anordnung der Türen der Gangunterschied am geringsten, also eine halbe Wellenlänge. Auf den beiden Linien, von denen eine den Punkt P enthält, ist der Gangunterschied dann 1,5 Wellenlängen (weiter außen dann 2,5 λ).
Gemäß Angabe misst ein Kästchen 2 m. Indem man zunächst die Kästchen zwischen den Türöffnungen und dem Punkt P zählt und anschließend den Satz von Pythagoras anwendet, erhält man die Abstände $\overline{PT_1} \approx 10{,}3\text{ m}$ sowie $\overline{PT_2} \approx 16{,}0\text{ m}$. Der Gangunterschied beträgt damit

$$\Delta s = 16{,}0\text{ m} - 10{,}3\text{ m} = 5{,}7\text{ m}.$$

Da Δs das 1,5-Fache der Wellenlänge sein muss, beträgt diese

$$\lambda \approx 3{,}8\text{ m}.$$

Die Frequenz berechnet sich damit zu etwa

$$f = \frac{c}{\lambda} \approx \frac{3{,}0 \cdot 10^8\ \frac{\text{m}}{\text{s}}}{3{,}8\text{ m}} \approx \underline{\underline{8 \cdot 10^7\text{ Hz}}}.$$

Ziemlich genau **in der Mitte zwischen den Minimumslinien** liegen die Maximumslinien (konstruktive Interferenz), auf denen vergleichsweise **guter Empfang** möglich ist (dennoch ist keine hohe Intensität durch diese beiden Türen zu erwarten, denn die meiste Sendeleistung wird nach links reflektiert).

c) Ein optimaler Sendedipol hat die halbe Wellenlänge als Länge:

$$\ell = \frac{\lambda}{2} \approx \frac{3{,}8\text{ m}}{2} = \underline{\underline{1{,}9\text{ m}}}$$

Aufgabenvorschlag 2

1. **Elektrische Feldstrukturen**

Zwei geladene Kugeln 1 und 2 sind 20 cm voneinander entfernt. Der Punkt A befindet sich genau in der Mitte zwischen den beiden Kugeln.
Kugel 1 trägt die Ladung $Q_1 = +3{,}2 \cdot 10^{-9}$ As, der Betrag der Ladung auf Kugel 2 ist halb so groß.

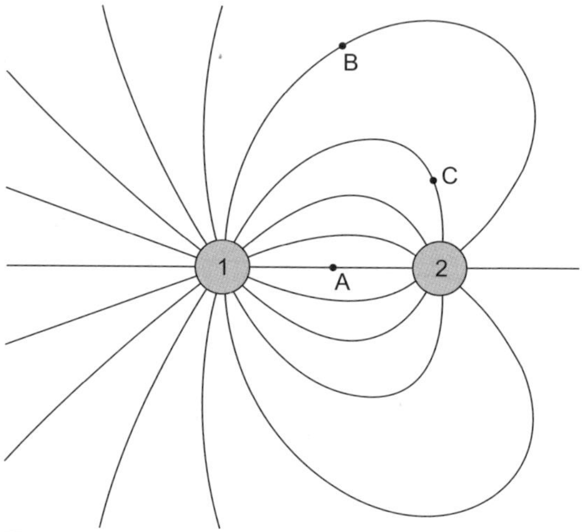

Abb. 1

a) Bestimmen Sie Betrag und Richtung der elektrischen Feldstärke im Punkt A. (7 BE)

b) Ergänzen Sie in der Abbildung rechts die Richtungen der Feldlinien.
Zeichnen Sie Äquipotenziallinien durch die Punkte A, B und C ein. (7 BE)

c) Wie stellt sich das elektrische Feld für einen Beobachter in sehr großer Entfernung dar? (3 BE)

d) Beschreiben Sie ein selbst gewähltes Phänomen aus der Natur oder aus der Technik (z. B. Gewitterentstehung oder Funktionsprinzip der Xerographie), bei dem elektrische Felder eine entscheidende Rolle spielen. (6 BE)

2. **Gold-Cap-Kondensatoren**

Ein „Gold Cap“ ist ein Kondensator mit sehr hoher Kapazität, der sich durch eine kleine Baugröße auszeichnet. Auf einem handelsüblichen Exemplar findet man die Aufschrift: „Gold Cap 2,3 V 10 F“.

a) Berechnen Sie die Plattenfläche, die ein Plattenkondensator bei einem Plattenabstand von 10 µm und einer Kapazität von 10 F hat. (3 BE)

Zwei Gold Caps sind in der Schaltung rechts eingebaut. Der Schalter befindet sich zunächst in der Stellung „A“.

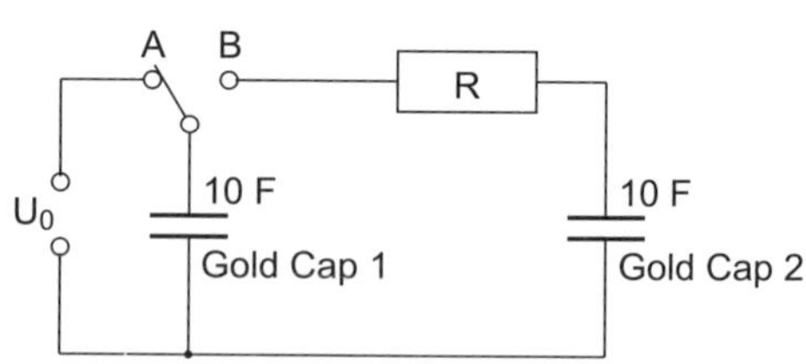

Abb. 2

b) Die Spannung U_0 wird auf 2,0 V eingestellt. Bestimmen Sie die Ladung Q_A des Gold Cap 1 und die Energie E_A, die in seinem elektrischen Feld gespeichert ist. (5 BE)

Nun wird der Schalter von der Position „A" in die Position „B" umgelegt.

c) Berechnen Sie die Spannung, die sich lange Zeit nach Umlegen des Schalters an den beiden Kondensatoren einstellt, und die Gesamtenergie in beiden Feldern. Erläutern Sie, warum nun weniger Energie in den Feldern „steckt" als bei Teilaufgabe b. (8 BE)

d) Statt des Gold Cap 2 soll nun eine Spule verwendet werden. Wieder wird zuerst der Schalter in Stellung „A" gebracht und dann auf „B" umgelegt.
Skizzieren Sie qualitativ den zeitlichen Verlauf der Spannung am Gold Cap 1 und die Stromstärke durch den Widerstand ab dem Zeitpunkt des Umschaltens. (6 BE)

3. **CD als Beugungsgitter**
Auf einer CD werden Informationen digital durch Vertiefungen in spiralförmigen Spurlinien gespeichert, die sich mit einem Laser im CD-Player auslesen lassen. Der Abstand g der nebeneinander liegenden Spurlinien beträgt 1,6 μm. Wenn man die Etikettbeschichtung der CD ablöst, kann man die CD als Beugungsgitter verwenden.

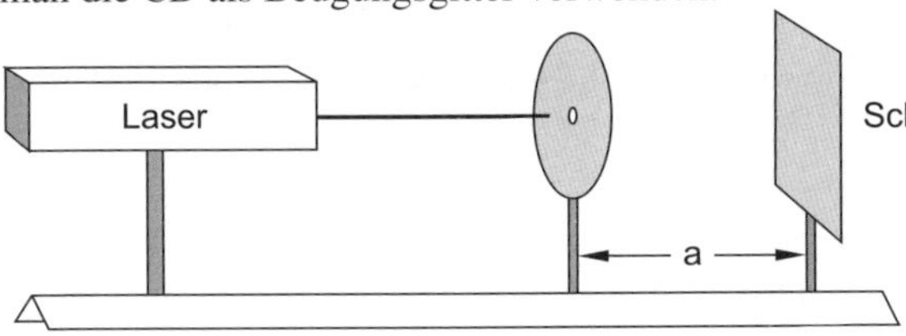

Abb. 3

a) Der abgebildete Versuch soll zur Bestimmung der Wellenlänge des Lasers dienen. Skizzieren Sie das Interferenzbild auf dem Schirm und das Vorgehen zur Bestimmung der Wellenlänge. (5 BE)

b) Bei einem Versuch ergibt sich für den Abstand zwischen dem nullten und dem ersten Maximum 8,6 cm. Der Abstand zwischen CD und Schirm beträgt a = 20 cm.
Berechnen Sie die Wellenlänge des verwendeten Lasers. (6 BE)

c) Beschreiben Sie die zu erwartenden Änderungen des Interferenzbildes, wenn der zunächst verwendete rote Laser durch einen grünen ersetzt wird und danach statt einer CD eine DVD verwendet wird, deren Spurlinien enger liegen. (4 BE)

(60 BE)

Tipps und Hinweise zum Aufgabenvorschlag 2

Tipps zu Teilaufgabe 1 a

- Da beide Kugeln Ladung tragen und keine geerdet ist, überlagern sich die elektrischen Feldstärken.
- Überlegen Sie zunächst das Vorzeichen der zweiten Kugel.

Tipp zu Teilaufgabe 1 b

- Vergleichen Sie mit der analogen Situation im hügeligen Gelände: Der Coulombkraft entspricht dann die Gravitationskraft (Gefälle), den Äquipotenziallinien entsprechen die Höhenlinien, wie sie in Landkarten eingezeichnet sind.

Tipp zu Teilaufgabe 1 c

- Stellen Sie sich die Kugeln 1 und 2 als ein Gesamtsystem vor, das aus großer Entfernung nur noch „punktförmig" wahrgenommen werden kann, also nicht als System zweier geladener Kugeln.

Tipps zu Teilaufgabe 1 d

- Mögliche Beispiele: Gewitter, Xerographie (Fotokopierer), Piezoeffekt (mechanischer Druck erzeugt in einem Piezokristall eine elektrische Spannung).
- Z. B. Gewitter: Interpretieren Sie Erdoberfläche und Gewitterwolke als großen Plattenkondensator.

Tipp zu Teilaufgabe 2 a

- Lösen Sie die Formel zur Kapazitätsberechnung beim Plattenkondensator nach der Fläche A auf.

Tipp zu Teilaufgabe 2 b

- Die Ladungsformel steht in der Formelsammlung.

Tipp zu Teilaufgabe 2 c

- Die Ladung verteilt sich bei dieser Schaltung gleichmäßig auf beide Kondensatoren.

Tipp zu Teilaufgabe 2 d

- Achten Sie auch auf die Phasenbeziehung zwischen Stromstärke und Spannung.

Tipp zu Teilaufgabe 3 a

- Zur Wellenlängenbestimmung benötigt man den Abstand der Maxima 1. Ordnung vom Hauptmaximum am Schirm sowie dessen Abstand von der CD.

Tipp zu Teilaufgabe 3 b

- Setzen Sie die angegebenen Werte ein und führen Sie die eben beschriebene Berechnung explizit durch.

Tipps zu Teilaufgabe 3 c

- Prüfen Sie, wie sich die Auswertung der Beugungsbedingung, die Sie in Teilaufgabe 3 b verwendet haben, ändert.
- Grünes Licht hat eine kürzere Wellenlänge als rotes.
- Die Gitterkonstante ist für eine DVD kleiner als für eine CD.

Lösungen zum Aufgabenvorschlag 2

1. a) Die Feldlinie durch A verläuft von der Ladung Q_1 direkt zur Ladung Q_2, also muss Q_2 entgegengesetztes Vorzeichen besitzen und negativ sein. Der Betrag ist laut Angabe halb so groß, also ist $Q_2 = -1{,}6 \cdot 10^{-9}$ As.
Der Punkt A liegt genau in der Mitte, also im Abstand 10 cm von den beiden Kugeln. Damit sind die Beträge der elektrischen Feldstärken der Einzelkugeln

$$|E_1| = \frac{|Q_1|}{4\pi \cdot \varepsilon_0 \cdot r^2} = \frac{3{,}2 \cdot 10^{-9}\,\text{As}}{4\pi \cdot 8{,}85 \cdot 10^{-12}\,\frac{\text{As}}{\text{Vm}} \cdot (0{,}10\,\text{m})^2} = 2{,}877\ldots\,\frac{\text{kV}}{\text{m}}$$

und

$$|E_2| = \frac{|Q_2|}{4\pi \cdot \varepsilon_0 \cdot r^2} = \frac{\frac{1}{2}|Q_1|}{4\pi \cdot \varepsilon_0 \cdot r^2} = \frac{1}{2}|E_1|.$$

Die Feldstärkevektoren zeigen wegen der unterschiedlichen Polarität in die gleiche Richtung, die Beträge addieren sich daher zur Gesamtfeldstärke im Punkt A:

$$|E| = |E_1| + |E_2| = \frac{3}{2}|E_1| \approx \frac{3}{2} \cdot 2{,}877\ldots\,\frac{\text{kV}}{\text{m}} \approx \underline{\underline{4{,}3\,\frac{\text{kV}}{\text{m}}}}$$

$\vec{E}$ zeigt zwischen den Ladungen nach **rechts** (von Ladung 1 nach Ladung 2).

b) Die Feldlinien verlaufen immer von der positiven zur negativen Ladung, die Äquipotenziallinien stehen immer senkrecht auf den Feldlinien, sodass sich das folgende Bild ergibt:

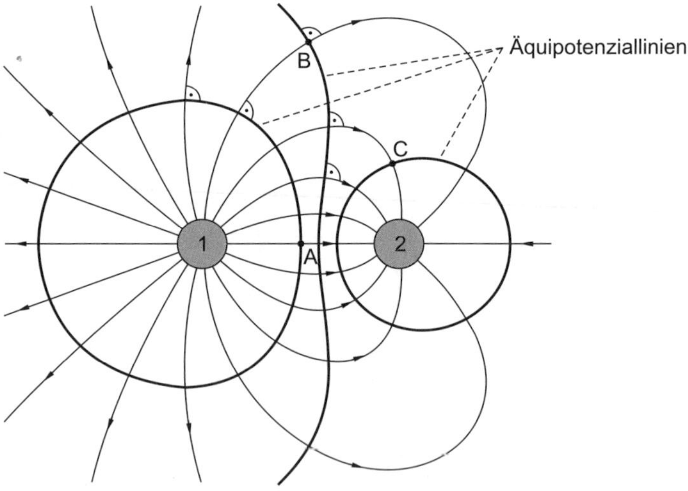

Abb. 4

c) In sehr großer Entfernung erkennt man die getrennten Ladungen 1 und 2 nicht mehr einzeln, die Details des Feldes dazwischen und in der näheren Umgebung spielen im Außenbereich keine Rolle mehr und die Anordnung gleicht mehr und mehr einer positiven Punktladung mit $Q = \frac{1}{2}Q_1$.

d) **Beispiel aus der Natur: Gewitter**
Zunächst bewegen sich im Wolkeninneren Wasser- und Eispartikelchen je nach Luftbewegung auf- oder abwärts und werden durch Kontaktelektrizität geladen, sodass nach und nach eine starke Ladungstrennung zwischen dem oberen und dem unteren Bereich entsteht. Die Erdoberfläche wird influenzbedingt entgegengesetzt geladen wie die Wolkenunterseite, die ihr näher ist. In diesem „Kondensator" mit den „Platten" Erdoberfläche und Wolkenunterseite entstehen hohe elektrische Feldstärken, sodass die Luft im Zwischenraum leitend wird und Blitze für Entladung sorgen. Dabei wird die Umgebungsluft im Blitzkanal sehr schnell auf sehr hohe Temperaturen erhitzt und es entsteht ein Plasma im Kanal, in dem die Stromstärke sehr hoch werden kann.

Beispiel 1 aus der Technik: Xerographie
Bei der Xerographie (Verfahren zur Erstellung von Fotokopien) wird eine mit einem lichtsensiblen Halbleiter beschichtete Metalltrommel einem starken elektrischen Feld ausgesetzt, durch Sprühentladung wird die Halbleiterschicht aufgeladen. Anschließend erfolgt die Belichtung der Schicht. An den belichteten Stellen wird der Halbleiter leitend und entlädt sich dort, sodass bei der anschließenden Bewegung in unmittelbarer Nähe zum Tonerpulver keine Anziehung erfolgt, in den dunklen Bereichen dagegen schon. Schließlich wird die Trommel unter Druck mit dem Papier in Verbindung gebracht, dieses nimmt den Toner auf (evtl. erfolgt noch eine thermische Fixierung).

Beispiel 2 aus der Technik: Piezoeffekt
Beim Piezoeffekt wird eine feste Kristallstruktur (z. B. Quarz) durch Druck verformt. Durch die Verschiebung einzelner Ionen wird das elektrostatische Gleichgewicht der Anordnung lokal gestört, es entstehen so elektrische Spannungen, die etwa zum Zünden eines Feuerzeugs oder für viele andere Schaltprozesse dienen können.

2. a) Die Kapazität eines (evakuierten oder in guter Näherung auch eines luftgefüllten) Plattenkondensators ist

$$C = \varepsilon_0 \cdot \frac{A}{d},$$

sodass sich für die benötigte Plattenfläche ergibt:

$$A = \frac{C \cdot d}{\varepsilon_0} = \frac{10\,\frac{\text{As}}{\text{V}} \cdot 10 \cdot 10^{-6}\,\text{m}}{8{,}85 \cdot 10^{-12}\,\frac{\text{As}}{\text{Vm}}} \approx \underline{\underline{1{,}13 \cdot 10^{7}\,\text{m}^2}}$$

b) Wenn der Kondensator voll geladen ist, trägt er gemäß $C = \frac{Q}{U}$ die **Ladung**

$$Q = C \cdot U = 10\,\frac{\text{As}}{\text{V}} \cdot 2{,}0\ \text{V} = \underline{\underline{20\ \text{As}}}.$$

Die **gespeicherte elektrische Energie** ist

$$E_A = \frac{1}{2} C \cdot U^2 = \frac{1}{2} \cdot 10\,\frac{\text{As}}{\text{V}} \cdot (2{,}0\ \text{V})^2 = 20\ \text{VAs} = \underline{\underline{20\ \text{J}}}.$$

c) In Stellung B ist die Spannungsquelle vom Kondensatorkreis getrennt. Die Ladung verteilt sich im oberen Teil des Stromkreises gleichmäßig auf die beiden baugleichen, oberen Platten der Kondensatoren, unten verteilt sie sich ebenso gleichmäßig. Jede Platte trägt dann also nach langer Zeit die Ladung 10 As. Dann ist auch die **Spannung** wegen $U = \frac{Q}{C}$ jeweils halb so groß und beträgt

$$U_B = \underline{\underline{10\ \text{V}}}.$$

Als elektrischen **Energieinhalt** erhält man damit

$$E_B = E_1 + E_2 = \frac{1}{2} C \cdot U_B^2 + \frac{1}{2} C \cdot U_B^2 = 2 \cdot \frac{1}{2} \cdot 10\,\frac{\text{As}}{\text{V}} \cdot (1{,}0\ \text{V})^2 = \underline{\underline{10\ \text{J}}},$$

also nur noch halb so viel wie bei Stellung A. Die übrigen 10 J sind beim Ladungsfluss durch den Widerstand R in **Wärmeenergie** umgewandelt worden.

d) Skizze:

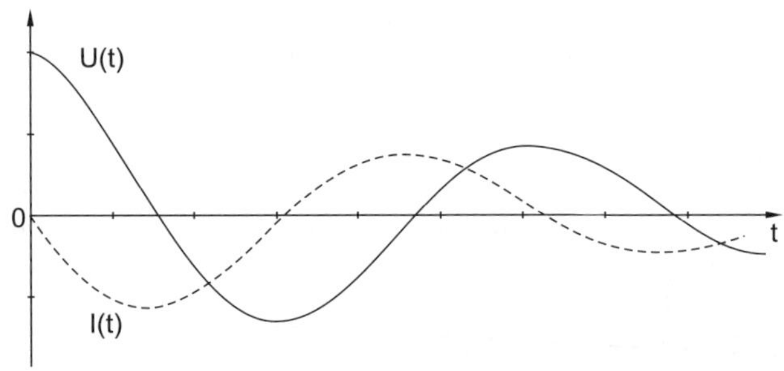

Abb. 5

Auch an der t-Achse gespiegelte Graphen sind eine korrekte Lösung.

Erläuterung (nicht verlangt): Beim Umschalten auf Stellung B wird ein gedämpfter Schwingkreis mit geladenem Kondensator angestoßen. Die Entladung sorgt für Stromfluss in Widerstand R und Spule, dort baut sich deswegen ein Magnetfeld auf. Nach der Entladung des Kondensators käme der Stromfluss eigentlich zum Erliegen, durch das sich abbauende Magnetfeld der Spule fließt er aber in gleicher Richtung weiter und lädt den Kondensator entgegengesetzt auf. Allerdings erreicht er nicht mehr die Ausgangsspannung, weil ein Teil der Energie im Widerstand als Wärme abgegeben worden ist.

3. a) Der Laser sendet monochromatisches Licht aus, die feine Rillenstruktur der CD mit ihren bekannten Abmessungen wirkt wie ein optisches Gitter und auf dem Schirm im Abstand a hinter der CD zeigt sich ein Interferenzmuster (Abbildung 6).

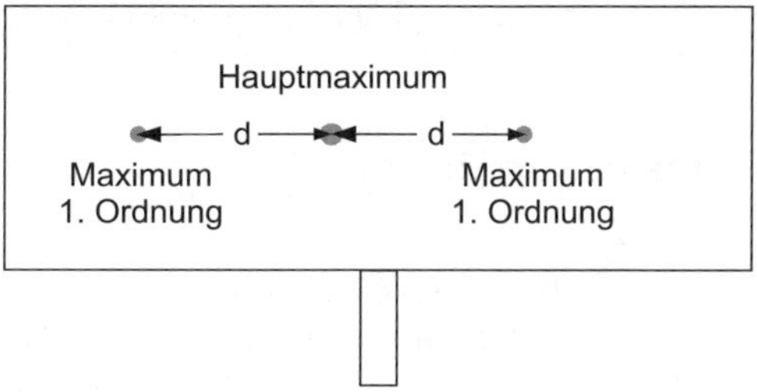

Abb. 6

Man misst den Abstand d der Maxima erster Ordnung vom Hauptmaximum, berechnet aus d und dem Abstand a den Beugungswinkel und daraus mithilfe der bekannten Gitterkonstante den Gangunterschied, der gerade eine ganze Wellenlänge sein muss.

b) Aus der Lage des ersten Maximums lässt sich zunächst der Winkel berechnen (Abbildung 7):

$$\tan\alpha = \frac{d}{a}$$

$$= \frac{8{,}6\ \text{cm}}{20\ \text{cm}} = 0{,}43$$

$$\Rightarrow \quad \alpha \approx 23{,}27°$$

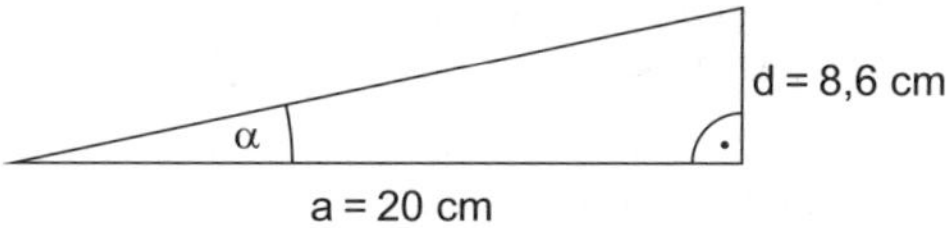

Abb. 7

Der Gangunterschied Δs benachbarter Wellenzüge beträgt für ein Maximum 1. Ordnung gerade eine Wellenlänge. Mit der Beugungsbedingung für konstruktive Interferenz und der gegebenen Gitterkonstante lässt sich damit die Wellenlänge berechnen:

$$\sin\alpha = \frac{\Delta s}{b} = \frac{\lambda}{b} \qquad (*)$$

$$\Rightarrow \quad \lambda = b \cdot \sin\alpha = 1{,}6 \cdot 10^{-6}\ \text{m} \cdot \sin 23{,}27° \approx \underline{\underline{6{,}3 \cdot 10^{-7}\ \text{m}}}$$

Der Laser emittiert **rotes Licht** der Wellenlänge 630 nm.

c) Bei Verwendung grünen Laserlichts und sonst gleichen Versuchsbedingungen bewirkt die die kürzere Wellenlänge, dass der Zähler in der Beugungsbedingung (*) kleiner wird und damit auch der Beugungswinkel (weil der Sinus in diesem Bereich echt monoton wächst): Das grüne Maximum 1. Ordnung liegt **weiter innen** als das rote.
Tauscht man anschließend die CD gegen eine DVD mit dichteren Gitterlinien aus, dann wird b im Nenner von (*) kleiner und damit der Winkel α größer: Das Maximum 1. Ordnung findet sich wieder **weiter außen**.

Abitur Physik (Bayern G8) – Musterabitur
Themenbereich II: Aufbau der Materie

Aufgabenvorschlag 1

1. **Neutron**

Im Jahr 1930 bestrahlten Walther Bothe und sein Assistent Herbert Becker Beryllium mit Alphateilchen der Energie 4,5 MeV. Neben einem Restkern entstand dabei eine damals noch unbekannte Art von Strahlung. Zwei Jahre später fand Chadwick heraus, dass diese Strahlung aus elektrisch neutralen Teilchen besteht, die etwa die gleiche Masse wie Protonen besitzen – den Neutronen.

a) Geben Sie die Reaktionsgleichung zu obigem Experiment an. Gehen Sie vereinfachend davon aus, dass Beryllium ausschließlich aus dem Isotop ^{9}Be besteht. (3 BE)

b) Zeigen Sie durch Berechnung der freiwerdenden Bindungsenergie, dass diese Reaktion prinzipiell möglich ist. (7 BE)

c) Wenn man α-Teilchen verwendet, deren kinetische Energie erheblich kleiner ist, dann tritt diese Reaktion nicht mehr auf, obwohl sie nach dem Energieerhaltungssatz immer noch ablaufen könnte. Warum ist das so? (3 BE)

Wie alle Quantenobjekte besitzen auch Neutronen Welleneigenschaften und sind deshalb für die Untersuchung einiger Eigenschaften von Festkörpern geeignet, zum Beispiel für die Analyse der Kristallstruktur. Die Wellenlänge der verwendeten Neutronen muss dabei in der Größenordnung der Abmessung der zu untersuchenden Struktur liegen. Andernfalls erhält man keine verwertbaren Ergebnisse.

d) Leiten Sie aus der Formel von de Broglie her, dass für nichtrelativistische Neutronen folgender Zusammenhang zwischen der kinetischen Energie E und der Wellenlänge λ gilt: $E = \frac{h^2}{2m \cdot \lambda^2}$ (7 BE)

e) Die kinetische Energie der in obigem Versuch erzeugten Neutronen liegt über 4,5 MeV. Zeigen Sie, dass diese Neutronen zu energiereich sind, um Strukturen von Atomgröße, also etwa 10^{-10} m, untersuchen zu können. (5 BE)

f) Die Neutronen müssen daher vor ihrer Verwendung erheblich abgebremst werden. Zur Verfügung stehen folgende drei Möglichkeiten:
   1. Die Neutronen werden durch einige Bleiplatten geleitet.
   2. Die Neutronen werden durch Wasser geleitet.
   3. Die Neutronen werden durch ein starkes Magnetfeld geleitet.

   Begründen Sie, welche der drei Varianten hierfür gut geeignet sind und welche nicht. (7 BE)

g) Von der Neutronenquelle bis zum Experimentierlabor legen die Neutronen einen 250 m langen Weg zurück. Freie Neutronen zerfallen mit einer Halbwertszeit von 11,7 Minuten. Begründen Sie, dass für die Strahlungsintensität bei Neutronen der Wellenlänge 0,1 nm der Zerfall auf diesem Weg keine nennenswerte Rolle spielt. (6 BE)

2. **Wellenfunktionen**

ImDiagrammist der Verlauf eines eindimensionalen, endlich tiefen Potenzialtopfs skizziert; darunter sind die Wellenfunktionen des Grundzustands und der ersten drei angeregten Zustände für ein gebundenes Elektron gezeichnet.

a) Begründen Sie, dass die Funktionen Φ_e und Φ_f keine Wellenfunktionen eines gebundenen Elektrons sein können. (3 BE)

b) Die Werte der Wellenfunktionen Ψ_a, Ψ_b, Ψ_c und Ψ_d am Rand und außerhalb des Potenzialtopfs sind nicht null. Was bedeutet das für das betreffende Elektron? Inwiefern unterscheidet sich hier das quantenmechanische Weltbild von unserer klassischen Vorstellung? (5 BE)

c) Nun wird das Potenzial so verändert, dass der Potenzialtopf tiefer ist. Wie verändern sich dadurch die Werte der Wellenfunktionen außerhalb des Potenzialtopfs? Begründen Sie Ihre Antwort! (4 BE)

d) Sortieren Sie die Wellenfunktionen Ψ_a, Ψ_b, Ψ_c und Ψ_d nach der zugehörigen Energie. Begründen Sie die Wahl Ihrer Reihenfolge. (5 BE)

e) Das Elektron befinde sich in dem Zustand, der durch Ψ_a beschrieben wird. Kennzeichnen Sie in der Zeichnung die Stellen zwischen –r und r eindeutig, an denen die Wahrscheinlichkeit, das Elektron anzutreffen, am größten bzw. am kleinsten ist. Begründen Sie jeweils kurz. (5 BE)

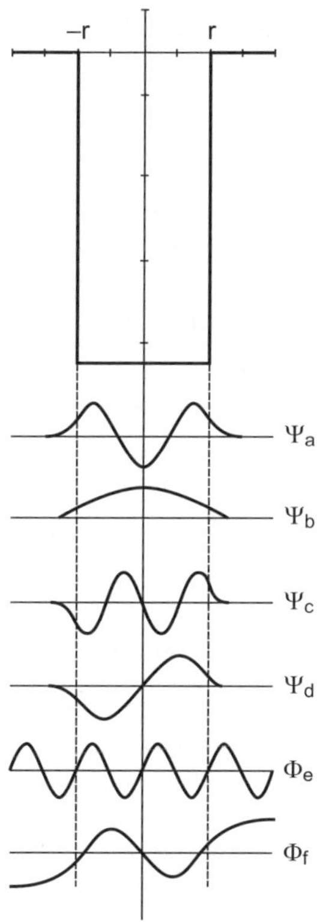

Abb. 1

(60 BE)

Atommassen:

Nuklid	Atommasse /u	Nuklid	Atommasse /u	Nuklid	Atommasse /u
^{1}n	1,008665	^{9}Be	9,012182	^{14}N	14,003074
^{1}H	1,007825	^{10}B	10,012938	^{16}O	15,994914
^{4}He	4,002603	^{11}B	11,009305	^{17}O	16,999133
^{6}Li	6,015126	^{12}C	12,000000	^{18}O	17,999159
^{7}Li	7,016005	^{13}C	13,003354		

Tipps und Hinweise zum Aufgabenvorschlag 1

Tipp zu Teilaufgabe 1 a

- Alphateilchen sind Heliumkerne.

Tipps zu Teilaufgabe 1 b

- Die Atommassen entnehmen Sie der Tabelle am Ende der Aufgabe.
- Ist der Q-Wert positiv?

Tipp zu Teilaufgabe 1 c

- Bedenken Sie: Alphateilchen tragen positive elektrische Ladung.

Tipp zu Teilaufgabe 1 d

- Verwenden Sie die nichtrelativistische Energie-Impuls-Beziehung und die Formel für die de-Broglie-Wellenlänge.

Tipp zu Teilaufgabe 1 e

- Lösen Sie die eben berechnete Formel nach der Wellenlänge auf, setzen Sie die angegebenen Werte ein und vergleichen Sie mit den Größenordnungen beim Atom.

Tipps zu Teilaufgabe 1 f

- Entscheidend sind hier elastische Stoßprozesse.
- Warum spielt das Magnetfeld für die kinetische Energie der Elektronen keine Rolle?

Tipps zu Teilaufgabe 1 g

- Bestimmen Sie zunächst die Fluggeschwindigkeit aus dem Neutronenimpuls und schließen Sie daraus auf die Flugdauer.
- Vergleichen Sie mit der Halbwertszeit.

Tipp zu Teilaufgabe 2 a

- Beachten Sie die Bereiche jenseits der Ränder bei $+r$ und $-r$ (Randbedingungen).

Tipp zu Teilaufgabe 2 b

- Vergleichen Sie die Aufenthaltswahrscheinlichkeiten in der klassischen und der quantenmechanischen Vorstellung.

Tipp zu Teilaufgabe 2 c

Schätzen Sie qualitativ die Auswirkung einer größeren Potenzialtopftiefe auf die Stärke der Bindung ab.

Tipp zu Teilaufgabe 2 d

Sie können die Zahl der Knoten oder der Extrema der Wellenfunktionen oder auch die Größe der Wellenlängen in den einzelnen Fällen für Ihre Argumentation heranziehen; die Begründungen sind gleichwertig.

Tipp zu Teilaufgabe 2 e

Das Betragsquadrat der Wellenfunktion liefert ein Maß für die Aufenthaltswahrscheinlichkeit.

Lösungen zum Aufgabenvorschlag 1

1. a) Bei der Reaktion muss (damit die Nukleonenzahlen vorher und nachher übereinstimmen) Kohlenstoff C12 entstehen, also lautet die Gleichung:

$$\underline{\underline{{}^{9}_{4}\text{Be} + {}^{4}_{2}\text{He} \rightarrow {}^{12}_{6}\text{C} + {}^{1}_{0}\text{n}}}$$

b) Der **Q-Wert** der Reaktion beträgt mit den Atommassen aus der Tabelle am Ende der Aufgabe:

$$\begin{aligned} Q &= (m_{Be9} + m_{He4} - m_{C12} - m_{n1}) \cdot c^2 \\ &= (9{,}012182 + 4{,}002603 - 12 - 1{,}008665) \cdot u \cdot c^2 \\ &= 0{,}00612 \cdot 931{,}5\ \text{MeV} \approx \underline{\underline{5{,}70\ \text{MeV}}} \end{aligned}$$

Dieser Wert ist **positiv**, die Reaktion kann also so ablaufen.

c) α-Teilchen sind doppelt positiv geladen und müssen zunächst den **Coulombwall** des Berylliumatoms überwinden, ehe die Kernreaktion stattfinden kann. Erst wenn der Abstand zwischen den Kernen so gering geworden ist, dass die stark anziehenden Kernkräfte mit ihrer geringen Reichweite wirken, hat der Heliumkern diesen energetischen Wall überwunden. Wenn seine Anfangsenergie nicht ausreichend hoch ist, dringt er nicht ein, sondern wird wieder abgestoßen.

d) Nach der Formel von de Broglie hängen Impuls und Wellenlänge über die Gleichung

$$p = \frac{h}{\lambda}$$

zusammen. Setzt man diesen Ausdruck in die allgemeine Formel $E = \frac{p^2}{2m}$ für die kinetische Energie ein, erhält man den angegebenen Term:

$$E = \frac{p^2}{2m} = \frac{\left(\frac{h}{\lambda}\right)^2}{2m} = \underline{\underline{\frac{h^2}{2m \cdot \lambda^2}}} \qquad (*)$$

e) Auflösen der Formel (∗) aus Teilaufgabe d nach der Wellenlänge ergibt:

$$\begin{aligned} \lambda &= \frac{h}{\sqrt{2m \cdot E}} \\ &= \frac{6{,}63 \cdot 10^{-34}\ \text{Js}}{\sqrt{2 \cdot 1{,}67 \cdot 10^{-27}\ \text{kg} \cdot 4{,}5 \cdot 10^{6} \cdot 1{,}6 \cdot 10^{-19}\ \text{J}}} \approx \underline{\underline{1{,}3 \cdot 10^{-14}\ \text{m} \ll 10^{-10}\ \text{m}}} \end{aligned}$$

Einheitenkontrolle:

$$1 \frac{\text{Js}}{\sqrt{\text{kg} \cdot \text{J}}} = 1 \frac{\text{Nm} \cdot \text{s}}{\sqrt{\text{kg} \cdot \text{Nm}}} = 1 \frac{\frac{\text{kg} \cdot \text{m}}{\text{s}^2} \cdot \text{m} \cdot \text{s}}{\sqrt{\text{kg} \cdot \frac{\text{kg} \cdot \text{m}}{\text{s}^2} \cdot \text{m}}} = 1 \frac{\frac{\text{kg} \cdot \text{m}^2}{\text{s}}}{\frac{\text{kg} \cdot \text{m}}{\text{s}}} = 1\ \text{m}$$

f) Bei den ersten beiden Möglichkeiten spielen die Gesetzmäßigkeiten beim **elastischen Stoß** die entscheidende Rolle (es gelten Energie- und Impulserhaltungssatz): Bleiatome sind sehr schwer und nehmen bei Stößen mit den Neutronen kaum Energie auf (vgl. Wand, an der ein Tennisball abprallt). Das Wasser bietet wegen der etwa gleich schweren Wasserstoffatome den Neutronen ideale Stoßpartner für ein größtmöglichen Energieübertrag und damit eine effektive Abbremsung.
Ein Magnetfeld wirkt sich nicht auf die Energie der Neutronen aus: Da sie keine elektrische Ladung tragen, kann keine Lorentzkraft auftreten wie etwa bei schnellen Protonen (abgesehen davon würde auch eine Lorentzkraft zwar ablenken, aber nicht bremsen).

Darüber hinaus besitzen Neutronen zwar ein magnetisches Moment – die Wechselwirkung mit dem Magnetfeld führt aber allenfalls zu einer Ausrichtung der Momente, nicht aber zu einem Energieverlust.

Für die Moderation der Neutronen eignet sich also nur das **Wasser**.

g) Mit der Impulsbeziehung $m \cdot v = p = \frac{h}{\lambda}$ ergibt sich eine Fluggeschwindigkeit von

$$v = \frac{h}{\lambda \cdot m} = \frac{6{,}63 \cdot 10^{-34}\,\text{Js}}{0{,}1 \cdot 10^{-9}\,\text{m} \cdot 1{,}67 \cdot 10^{-27}\,\text{kg}} \approx 4{,}0 \cdot 10^3\,\frac{\text{m}}{\text{s}}.$$

Die Neutronen sind also für die 250 m lange Strecke gerade nur

$$\frac{250\,\text{m}}{4{,}0 \cdot 10^3\,\frac{\text{m}}{\text{s}}} \approx \underline{\underline{0{,}06\,\text{s} \ll 11{,}7\,\text{min}}} = T_H$$

unterwegs, die Flugdauer ist deutlich kleiner als die Halbwertszeit. Es zerfallen daher nur vernachlässigbar wenige der Neutronen.

Die Rechnung mithilfe des Zerfallsgesetzes bestätigt dies: Der Anteil der Neutronen, die im Labor ankommen, beträgt

$$N(t) = N_0 \cdot 2^{-\frac{t}{T_H}} \Rightarrow \frac{N(t_{Flug})}{N_0} = 2^{-\frac{0{,}06\,\text{s}}{11{,}7 \cdot 60\,\text{s}}} = 0{,}99994\ldots \approx 99{,}99\,\%.$$

2. a) Die Funktionswerte der Wellenfunktion eines gebundenen Elektrons müssen an den Rändern links und rechts gegen null konvergieren. Dies ist bei den Funktionen Φ_e und Φ_f nicht der Fall, also können das keine Wellenfunktionen sein.

b) Nach der klassischen Vorstellung kann ein gebundenes Elektron den Potenzialtopf nicht verlassen, die Aufenthaltswahrscheinlichkeit außerhalb ist folglich null. In der quantenmechanischen Vorstellung ist die Aufenthaltswahrscheinlichkeit – deren Maß das Quadrat der Wellenfunktion ist – auch jenseits der Grenzen des Topfes zwar klein, aber echt positiv, d. h. das Elektron kann durchaus auch dort auftauchen.

c) Ein tieferer Potenzialtopf bedeutet stärkere Bindung, die Aufenthaltswahrscheinlichkeit außerhalb des Topfes wird also dann kleiner sein, die Werte der Wellenfunktion damit betragsmäßig auch.

d) Die Größe der Energie lässt sich anhand verschiedener Parameter der Wellenfunktion qualitativ bestimmen. Sie ist umso größer,

- je kleiner die Wellenlänge ist;
- je größer die Anzahl der Knoten (Nullstellen) ist;
- le größer die Anzahl an Extremstellen ist.

Damit ergeben sich folgende Relationen:

Energie	E_b	<	E_d	<	E_a	<	E_c
Wellenlänge	λ_b	>	λ_d	>	λ_a	>	λ_c
Anzahl Knoten	0	<	1	<	2	<	3
Anzahl Extrema	1	<	2	<	3	<	4
Wellenfunktion	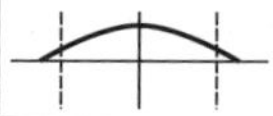						

e) Die größte Aufenthaltswahrscheinlichkeit tritt an den Extremstellen des Graphen von Ψ_a auf , weil dort $|\Psi_a|^2$ ein Maximum hat; die geringste tritt an den Nullstellen auf, weil dort $|\Psi_a|^2$ ein Minimum hat (Abbildung 2).

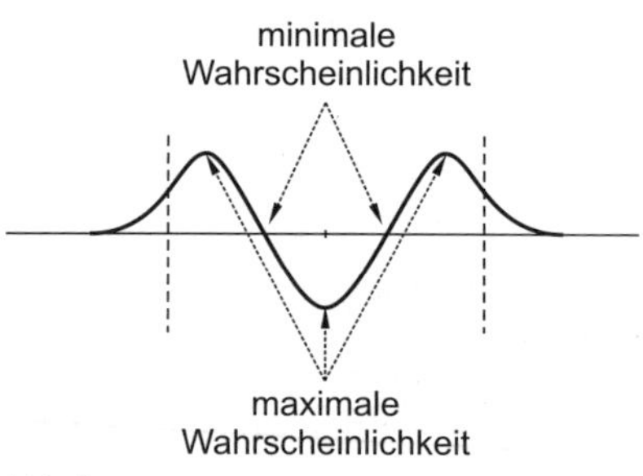

Abb. 2

Aufgabenvorschlag 2

1. **Spektren**
Für die Identifikation der chemischen Zusammensetzung unterschiedlicher Objekte werden seit über 150 Jahren Absorptions- und Emissionsspektren verwendet. Jedes Element und jedes Molekül hat sein charakteristisches Spektrum, an dem es eindeutig identifiziert werden kann. In der Abbildung ist ein Ausschnitt aus dem Spektrum von atomarem Wasserstoff skizziert.

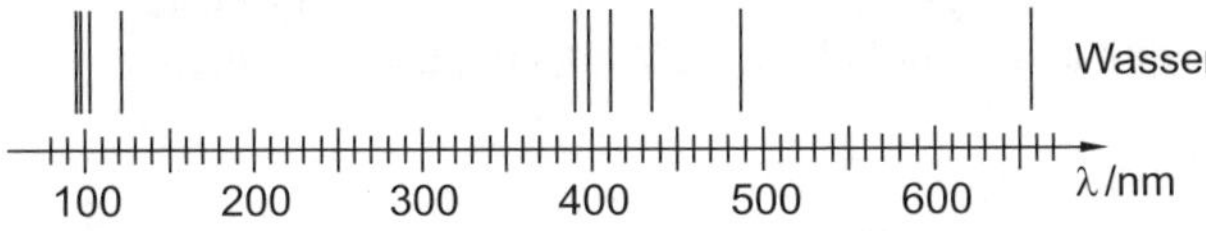

Abb. 1

a) Beschreiben Sie ein Experiment, mit dem man den Teil des Spektrums eines Gases darstellen kann, der im Bereich des sichtbaren Lichts liegt. Wie kann durch geeignete Messungen die Wellenlänge einer Spektrallinie bestimmt werden? (6 BE)

Für die Energiewerte E_n der einzelnen Energieniveaus eines Wasserstoffatoms gilt:

$$E_n = -13{,}6\,\text{eV} \cdot \frac{1}{n^2} \quad \text{mit } n = 1, 2, 3, 4, 5, \ldots$$

b) Berechnen Sie die Energiewerte der fünf niedrigsten Niveaus und geben Sie die Ionisierungsenergie an. Zeichnen Sie damit ein Energieniveauschema. (4 BE)

c) Die folgenden Bilder zeigen Querschnitte durch die Orbitale zu den drei niedrigsten Energieniveaus. Die Dichte der Punkte (Grad der Schwärzung) ist ein Maß für den Betrag des Wertes der Wellenfunktion am jeweiligen Ort. Ordnen Sie jedem dieser Bilder das entsprechende Energieniveau zu.
Geben Sie eine kurze Begründung für Ihre Entscheidung an.

Abb. 2 (4 BE)

d) Ein Elektron der kinetischen Energie 2,7 eV trifft auf ein Wasserstoffatom im ersten angeregten Zustand. Welche Übergänge in einen Zustand höherer Anregung können dabei auftreten? Zeichnen Sie diese Übergänge in das bei Teilaufgabe b gezeichnete Energieniveauschema ein. (4 BE)

e) Beurteilen Sie, welche der in Teilaufgabe d ermittelten Übergänge möglich sind, wenn das angeregte Wasserstoffatom von einem Photon der Energie 2,7 eV und nicht von einem Elektron getroffen wird. (3 BE)

f) Zeigen Sie, dass ein angeregtes Wasserstoffatom, das sich im Zustand n = 3 befindet, sichtbares Licht beliebiger Wellenlänge absorbieren kann. (4 BE)

2. **Atomkerne**

Die „Energiegewinnung" aus Atomkernen ist durch zwei verschiedene Prozesse möglich – durch Kernspaltung und durch Kernfusion. Im nebenstehenden Diagramm ist die mittlere Bindungsenergie pro Nukleon über der Nukleonenzahl angetragen.

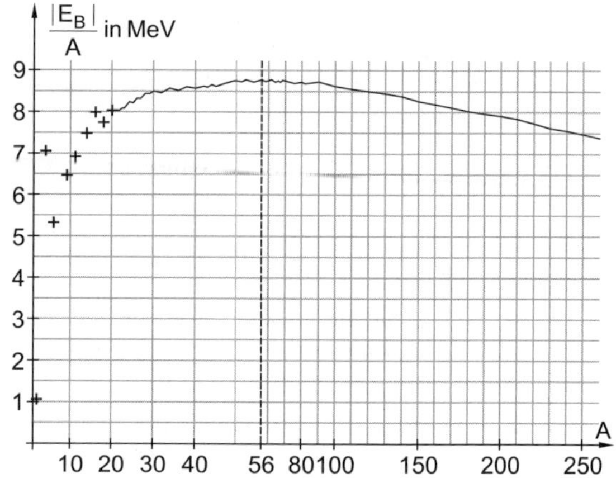

Abb. 3

a) Erklären Sie anhand dieses Diagramms, warum Energiegewinnung sowohl durch Kernspaltung als auch durch Kernfusion möglich ist. (5 BE)

b) Schätzen Sie mithilfe des Diagramms ab, wie viel Energie aus der Spaltung eines Gramms ^{235}U gewonnen werden kann. Gehen Sie vereinfachend davon aus, dass der Urankern in zwei etwa gleich große Bruchstücke gespalten wird. (7 BE)

Bei dem Reaktorunfall von Tschernobyl wurden große Mengen radioaktiven Materials freigesetzt und zum Teil durch den Wind auch nach Deutschland transportiert, wo sie sich durch Regenfälle auf die Oberfläche niederschlugen. Zur radioaktiven Kontamination trug unter anderem der Betastrahler ^{137}Cs ($T_{1/2} = 30$ a) bei.

c) Bei vielen Atomkernen, die „zu viele" Neutronen enthalten, wird dieses Missverhältnis durch einen Betazerfall korrigiert. Beschreiben Sie diesen Vorgang im Quarkmodell. (4 BE)

d) Beschreiben Sie die Wirkung von radioaktiver Strahlung auf die Zellen des menschlichen Körpers. Gehen Sie dabei auch auf mögliche Spätfolgen ein. (6 BE)

e) Der ^{137}Cs-Kern zerfällt in einen stabilen ^{137}Ba-Kern, der aus 56 Protonen und 81 Neutronen besteht. Begründen Sie unter Verwendung eines Potenzialmodells für Atomkerne, warum ein solcher Kern stabil sein kann, obwohl er immer noch erheblich mehr Neutronen als Protonen enthält. (5 BE)

f) Geben Sie für jede der folgenden Aussagen an, ob sie richtig oder falsch ist, und begründen Sie jeweils kurz Ihre Antwort.

   (1) Eine einige Meter entfernte radioaktive Quelle, die nur α-Strahlung abgibt, ruft keine körperlichen Schäden hervor.

   (2) Bei radioaktiv belasteten Lebensmitteln kann durch starkes Erhitzen die radioaktive Strahlung auf ein unbedenkliches Maß reduziert werden.

   (3) Bei jedem radioaktiven Zerfall entsteht ein Neutrino.

   (4) Radioaktivität hat an der Evolution einen maßgeblichen Beitrag. (8 BE)

(60 BE)

Tipps und Hinweise zum Aufgabenvorschlag 2

Tipps zu Teilaufgabe 1 a

- Überlegen Sie zunächst, wie man Gase zum Leuchten bringt und wie man anschließend dieses Licht spektral analysieren kann.
- Optisches Gitter: Die Wellenlänge lässt sich mithilfe der Beugungsbedingung für konstruktive Interferenz berechnen. Sie benötigen zwei Winkelbeziehungen.

Tipp zu Teilaufgabe 1 b

- Zeichnen Sie das Energieniveauschema maßstäblich.

Tipps zu Teilaufgabe 1 c

- Achten Sie auf Ringe minimaler (oder alternativ auf solche mit maximaler) Aufenthaltswahrscheinlichkeit und denken Sie an geeignete Wellenfunktionen.
- Auch eine Argumentation mit Kernabständen ist gleichwertig.

Tipp zu Teilaufgabe 1 d

- Vergleichen Sie die Differenzen zwischen den möglichen Energiestufen.
- Beachten Sie, dass gemäß Aufgabenstellung $n = 1$ nicht als Ausgangszustand in Frage kommt.

Tipp zu Teilaufgabe 1 e

- Photonen geben die gesamte Energie auf einmal ab, Elektronen können sie teilweise abgeben.

Tipps zu Teilaufgabe 1 f

- Sichtbares Licht liegt im Wellenlängenbereich zwischen etwa 400 nm und 750 nm.
- Berechnen Sie die zugehörigen Photonenenergien und vergleichen Sie mit der Ionisierungsenergie bzgl. $n = 3$.

Tipp zu Teilaufgabe 2 a

- Beachten Sie den groben Verlauf des Graphen mit einem Maximum im Bereich mittlerer Werte von A.

Tipps zu Teilaufgabe 2 b

- Die angegebenen Energiewerte beziehen sich auf ein Nukleon, ein Uranatom hat 235 Nukleonen.
- Sie benötigen außerdem die Zahl der Atome in einem Gramm U235.

Tipp zu Teilaufgabe 2 c

- Neutron und Proton unterscheiden sich in einem Quark.

Tipp zu Teilaufgabe 2 d

- Denken Sie sowohl an physikalische Primärprozesse als auch an biochemische Spätreaktionen.

Tipp zu Teilaufgabe 2 e

- Protonen tragen anders als die Neutronen eine positive elektrische Ladung und drücken sich damit tendenziell gegenseitig aus dem Kern.

Tipp zu Teilaufgabe 2 f

- Radioaktive Strahlung hat verschiedene Reichweiten, tritt unbeeinflusst von sonstigen physikalischen Gegebenheiten wie Temperatur o. Ä. auf und kann durch ihre ionisierende Wirkung auch Molekülstrukturen verändern.

Lösungen zum Aufgabenvorschlag 2

1. a) **Versuchsbeschreibung**

Das Gas kann in einen Glasbehälter mit zwei Elektroden gefüllt werden. Legt man eine geeignete Hochspannung an, beginnt das Gas zu leuchten und sendet das Licht durch die Glaswand nach außen. Ein Kondensor sammelt einen großen Teil dieses Lichtes, mit einer Sammellinse wird ein Spalt scharf auf einen entfernten Schirm abgebildet. Bringt man hinter dem Objektiv ein feines Gitter in diesen Strahlengang, dann wird das Licht spektral zerlegt und man sieht die monochromatischen Spaltbilder als Linien versetzt am Schirm.

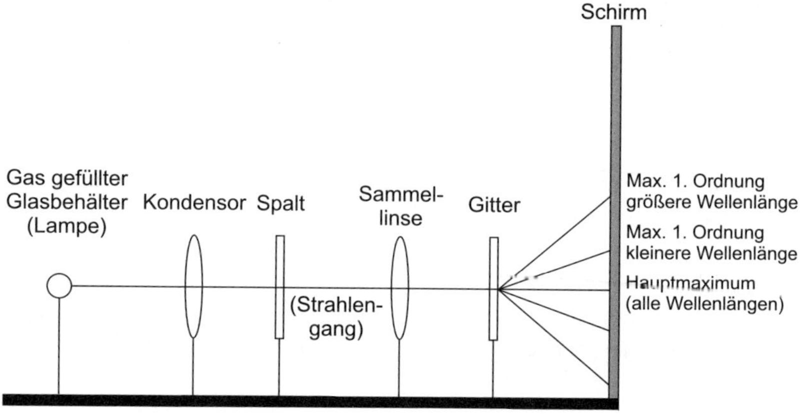

Abb. 4

Bestimmung der Wellenlänge

Grund für das Entstehen des Linienspektrums am Schirm ist das Auftreten von konstruktiver Interferenz und damit das Auftreten eines Maximums an den Stellen, an denen die Wellen von verschiedenen Gitterspalten ein ganzes Vielfaches der Wellenlänge als Gangunterschied aufweisen. Bei verschiedenen Wellenlängen treten diese Maxima unter verschiedenen Winkeln auf und aus ihrem Abstand d von der Symmetrieachse (durch das gemeinsame Hauptmaximum aller Wellenlängen) sowie dem Schirmabstand a lässt sich aus der Position des Spaltbildes die Wellenlänge berechnen. Dies geschieht für das Maximum 1. Ordnung in folgender Weise:

Einerseits gilt für den Winkel α (weil der Gangunterschied gerade eine Wellenlänge ist, Abbildung 5):

$$\sin\alpha = \frac{\lambda}{b} \qquad (1)$$

Andererseits ist aber auch (Abbildung 6):

$$\tan\alpha = \frac{d}{a} \qquad (2)$$

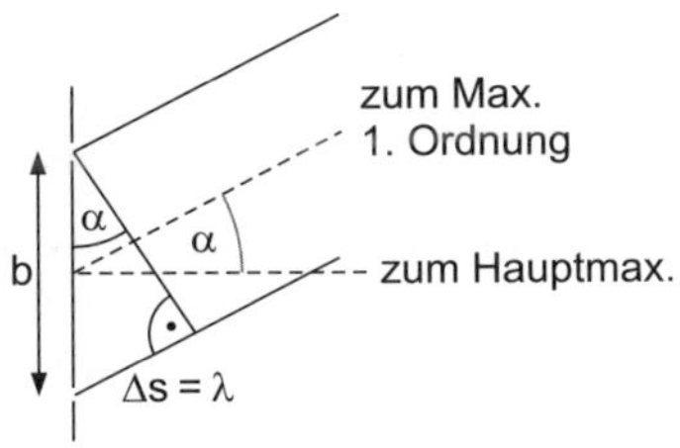

Abb. 5

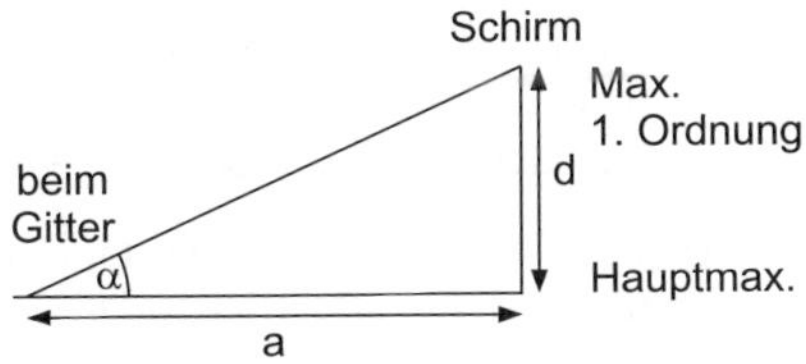

Abb. 6

Aus den Abständen d und a lässt sich mithilfe von Gleichung (2) der Winkel berechnen und daraus mithilfe des Gitterlinienabstandes b und Gleichung (1) die Wellenlänge.

b) Für die ersten fünf Stufen ergeben sich durch Einsetzen in die gegebene Formel folgende **Energiewerte**:

n	1	2	3	4	5
E_n in eV	–13,6	–3,40	–1,51	–0,85	–0,54

Die **Ionisierungsenergie** beträgt 13,6 eV, damit lässt sich ein Elektron im Grundzustand (n = 1) vom Niveau –13,6 eV in den ungebundenen Zustand E = 0 bringen.
Abbildung 7 zeigt das **Energieniveauschema** (die eingezeichneten Übergangsenergien beziehen sich auf Teilaufgabe 1 d).

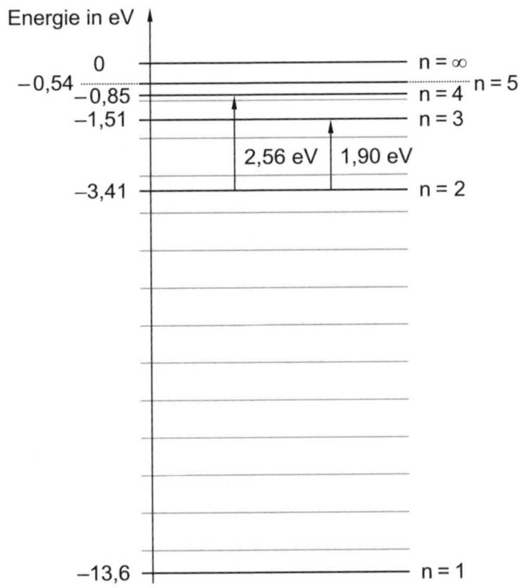

Abb. 7

c) Das Bild **rechts** enthält keine Bereiche mit „Knoten“, also Ringe mit verschwindender Aufenthaltswahrscheinlichkeit. Es muss daher zu **n = 1** gehören.
Das **mittlere** Bild weist einen solchen Bereich auf und wird deshalb **n = 2** zugeordnet.
Das **linke** Bild gehört wegen seiner beiden „Knotenringe“ zum Wert **n = 3**.

Alternativ können Sie auch mit dem Kernabstand argumentieren: Elektronen, die auch in größerer Entfernung vom Kern eine nennenswerte Aufenthaltswahrscheinlichkeit besitzen, befinden sich in höheren Energiezuständen.

d) Im ersten angeregten Zustand ($n = 2$) hat das Elektron die Energie $-3{,}41$ eV, dazu kommen bei maximaler Energieübertragung die 2,7 eV des auftreffenden Elektrons, das Niveau liegt dann bei $-3{,}41\ \text{eV} + 2{,}7\ \text{eV} = -0{,}71$ eV; das genügt für eine **Anregung auf n = 3 oder n = 4**.
Diese beiden Übergänge haben die Energiewerte 1,90 eV bzw. 2,56 eV. In dem Energieniveauschema der Abbildung 7 (Teilaufgabe 1 b) sind sie durch Pfeile gekennzeichnet.

e) Photonen können ihre Energie nur als Ganzes abgeben und nicht teilweise (wie die Elektronen), daher müsste der Energiewert des Photons genau dem eines Übergangs entsprechen. Das ist hier aber nicht gewährleistet, mit einem Photon von 2,7 eV lässt sich **keine** der in Teilaufgabe d ermittelten Anregungen durchführen.

f) Sichtbares Licht liegt im Wellenlängenbereich von etwa 400 nm bis 750 nm, die zugehörigen Photonenenergien sind gemäß

$$E = \frac{h \cdot c}{\lambda}$$

etwa 3,11 eV bis 1,66 eV. Damit sind alle „sichtbaren Photonen" energiereich genug, um ein Elektron vom Anregungszustand $n = 3$ (also vom Energieniveau $-1{,}51$ eV) in den kontinuierlichen, ungebundenen Bereich $E > 0$ zu „heben" (d. h. das Wasserstoffatom zu ionisieren). Dort sind alle Energieniveaus als Anregungsniveaus erlaubt, es kann demzufolge sichtbares Licht jeder Wellenlänge absorbiert werden.

2. a) Das Diagramm in Abbildung 3 der Angabe zeigt, dass die mittlere Bindungsenergie je Nukleon bei sehr leichten und bei sehr schweren Atomkernen vergleichsweise niedrige Beträge hat; zu den mittelschweren Kernen hin nimmt der Betrag zu, bei Eisen Fe56 ist er am größten.
Da die Bindungsenergie negativ ist, sind die Zustände der leichten bzw. schweren Kerne energetisch höher als die bei mittelschweren Kernen (man müsste sich vorzeichenrichtig das Diagramm an der A-Achse gespiegelt vorstellen).
Dieser Kurvenverlauf bedeutet wiederum, dass beim Verschmelzen zweier leichter Kerne und der damit verbundenen Erhöhung von A in der Regel ein Kern mit geringerer Bindungsenergie je Nukleon entsteht. Die überschüssige Energie wird frei in Form von kinetischer Energie des Reaktionsproduktes.
Entsprechend entstehen bei der Spaltung eines schweren Kernes zwei mittelschwere Kerne mit stärker gebundenen Nukleonen (Erniedrigung von A), auch hier wird Energie frei, die sich auf die Spaltkerne verteilt.

b) Bei $A = 235$ kann man ungefähr einen Wert von 7,6 MeV ablesen, im Bereich oberhalb von $A = 117$ etwa 8,5 MeV. Die Differenz sind etwa 0,9 MeV je Nukleon, sodass insgesamt pro Kern also etwa $235 \cdot 0{,}9\ \text{MeV} = 212\ \text{MeV}$ freigesetzt werden. In einem Gramm U235 befinden sich ungefähr

$$\frac{1\,\text{g}}{235\,\text{u}} = \frac{10^{-3}\,\text{kg}}{235 \cdot 1{,}66 \cdot 10^{-27}\,\text{kg}} \approx 2{,}56 \cdot 10^{21}$$

Atome. Die frei werdende Gesamtenergie beträgt somit

$$2{,}56 \cdot 10^{21} \cdot 212\ \text{MeV} = 2{,}56 \cdot 10^{21} \cdot 212 \cdot 10^{6} \cdot 1{,}6 \cdot 10^{-19}\ \text{J} \approx \underline{\underline{9 \cdot 10^{10}\ \text{J}}}.$$

c) Das Neutron mit dem Quarkgehalt (udd) wird zu einem Proton (uud), dabei wird ein d- zu einem u-Quark gewandelt unter Aussendung eines Elektrons („Betateilchen“) und eines Antineutrinos.

d) Radioaktive Strahlung führt zur Anregung bzw. Ionisation von Atomen oder Molekülen. Dabei können auch Molekülverbände getrennt werden (Chromosomenbruch). Neben diesen physikalischen Primärprozessen können auch biochemische Folgen eintreten, wenn etwa aus solchen Bruchstücken giftige Substanzen entstehen. Der gesunde menschliche Körper verfügt aber über ein Abwehrsystem, das solche Defekte erkennen und in Maßen beseitigen kann. Ein Schaden für den Gesamtorganismus folgt also nicht zwingend. Bleibende Schäden treten an den Keimzellen bzw. den sie bildenden Gewebebereichen als genetische (Erbgut-)Schäden oder bei den anderen Körperzellen als somatische (körperliche) Schäden auf (etwa Krebszellen).

e) Die Protonen im Kern erfahren (anders als die elektrisch neutralen Neutronen) die gegenseitige Coulombabstoßung und liegen daher energetisch höher im Potenzialtopf (beim Herauslösen eines Protons bekäme man also „Unterstützung“ durch die Coulombkraft, bei den Neutronen ist das nicht so). Die Neutronen liegen damit tiefer, sind fester gebunden und können deswegen auch in Überzahl einen stabilen Kern zulassen.

f) (1) **Richtig.** Alphastrahlung hat in Luft nur eine Reichweite von wenigen Zentimetern und bleibt deshalb in einigen Metern Abstand von der Quelle wirkungslos.

(2) **Falsch.** Radioaktive Zerfälle können nicht wie chemische Reaktionen beschleunigt oder verzögert werden, es handelt sich vielmehr um Zufallsereignisse mit einer je nach Halbwertszeit unterschiedlichen Eintretenswahrscheinlichkeit je Sekunde. Diese Wahrscheinlichkeit ist unabhängig von Temperatur, Druck o. ä.

(3) **Falsch.** Gegenbeispiel: Beim Alphazerfall entsteht kein Neutrino.

(4) **Richtig.** Radioaktive Strahlung kann das Erbgut der Zellen verändern, indem sie durch ihre ionisierende Wirkung Mutationen auslöst. Diese führen zu genetisch veränderten Lebewesen (welche sich in der Natur gemäß der Evolutionstheorie durchsetzen können oder eben nicht).

Aufgabenvorschlag 1

1. **Die Sonne**

Die Sonne ist für Astronomen von großer Bedeutung, da sie der nächstliegende Stern ist und der einzige, den wir im Detail untersuchen können. Wichtige Erkenntnisse über die Eigenschaften der Sonne erhält man durch die Untersuchung ihres Spektrums. Im Sonnenspektrum befindet sich bei der Wellenlänge $\lambda = 656$ nm eine starke Absorptionslinie, die sogenannte H_α-Linie.

a) Erläutern Sie das Zustandekommen von Absorptionslinien im Sonnenspektrum. (5 BE)

b) Mithilfe der Serienformel des Wasserstoffatoms

$$\frac{1}{\lambda} = R_H \cdot \left(\frac{1}{n_1^2} - \frac{1}{n_2^2} \right)$$

kann die Wellenlänge eines Photons berechnet werden, das beim Übergang eines angeregten Wasserstoffatoms im Zustand n_2 in einen energetisch niedrigeren Zustand n_1 ausgesandt wird. Dabei ist

$$R_H = 1{,}0967758 \cdot 10^7 \text{ m}^{-1}$$

die Rydbergkonstante für Wasserstoff. Die H_α-Linie entsteht bei einem Übergang in den ersten angeregten Zustand ($n_1 = 2$). Welches ist das Ausgangsniveau? Begründen Sie Ihre Behauptung. (4 BE)

c) Am Äquator braucht die Sonne für eine Rotation 24,4 Tage, was durch die Verschiebung der H_α-Linie bestimmt werden kann: Nimmt man von verschiedenen Stellen der sichtbaren Sonnenscheibe ein Spektrum auf, so erscheint die H_α-Linie bei unterschiedlichen Wellenlängen. Geben Sie hierfür eine Erklärung und bestimmen Sie die maximale Verschiebung der H_α-Linie. Der Sonnenradius r beträgt $6{,}96 \cdot 10^8$ m. (7 BE)

d) Beschreiben Sie eine weitere Möglichkeit, mithilfe derer man Aussagen über die Rotationsgeschwindigkeit der Sonne erhalten kann. (4 BE)

e) Im Spektrum eines Hauptreihensterns vom Spektraltyp M5, dessen Temperatur niedriger ist als die der Sonne, erscheint die H_α-Linie nur sehr schwach. Worauf ist dieser Effekt zurückzuführen? (5 BE)

Im Zentrum der Sonne wird Energie durch die Fusion von vier Wasserstoffkernen zu einem Heliumkern freigesetzt.

f) Geben Sie die vollständige Reaktionsgleichung des Fusionsprozesses an und berechnen Sie die bei diesem Prozess freiwerdende Energie. Die Angabe von Zwischenprodukten ist nicht verlangt. (6 BE)

g) Warum findet das Wasserstoffbrennen nur im innersten Zentralbereich der Sonne statt? (4 BE)

2. **Beobachtungen im Virgohaufen**
Die massereiche elliptische Galaxie M 87 im Zentrum des Virgohaufens ist 15 Mpc von uns entfernt. Ihre scheinbare Helligkeit beträgt 8,2.

a) Ermitteln Sie die Leuchtkraft von M 87 als Vielfaches der Sonnenleuchtkraft. (7 BE)

b) Bei spektroskopischen Untersuchungen stellte man im Jahr 2004 fest, dass sich mehrere planetarische Nebel auf annähernd kreisförmigen Bahnen um den Kern von M 87 bewegen. Der Bahnradius beträgt 65 kpc, die Geschwindigkeit $1{,}25 \cdot 10^6 \, \frac{\text{m}}{\text{s}}$.
Berechnen Sie daraus die eingeschlossene Masse von M 87 als Vielfaches der Sonnenmasse. (6 BE)

c) Da die auf der Erde gemessene Bestrahlungsstärke der am stärksten ausgeprägten Sauerstoffemissionslinie eines planetarischen Nebels nur maximal $1{,}0 \cdot 10^{-19} \, \frac{\text{W}}{\text{m}^2}$ beträgt, braucht man für die Beobachtungen riesige Spiegel, wie z. B. die der ESO mit einem Durchmesser von 8 m.
Berechnen Sie, in welcher Entfernung zur Erde eine Glühbirne mit der Leistung 100 W dieselbe Bestrahlungsstärke hätte. Vergleichen Sie mit der Entfernung Erde – Mond. (7 BE)

Am 1. März 2007 wurde im Virgohaufen ein sehr helles Objekt entdeckt, die Supernova SN 2007af.

d) Erläutern Sie die Vorgänge im Zentrum eines Sterns, die zur Supernova (Typ II) führen. Gehen Sie dabei auch kurz auf die Entstehung schwerer Elemente ein. (5 BE)

(60 BE)

Tipps und Hinweise zum Aufgabenvorschlag 1

Tipp zu Teilaufgabe 1 a

Denken Sie an das Experiment zur Umkehrung der Natriumlinien.

Tipps zu Teilaufgabe 1 b

Was bezeichnet man als H_α-Linie?

Lösungsmöglichkeit 1: Wenn Sie den Ausgangszustand bereits aus dem Unterricht kennen, berechnen Sie die zugehörige Wellenlänge und vergleichen Sie mit gegeben Wert im Angabentext.
Lösungsmöglichkeit 2: Stellen Sie die Serienformel nach n_2 um und setzen Sie die gegebenen Werte ein.

Tipp zu Teilaufgabe 1 c

Denken Sie daran, dass bei der Sonnenrotation ein Rand der Sonne auf sie zukommt, während sich der andere weg bewegt.

Tipp zu Teilaufgabe 1 d

Welche Objekte auf der Sonne bewegen sich bei der Rotation auf der Oberfläche mit?

Tipp zu Teilaufgabe 1 e

Überlegen Sie, wie diese Spektrallinie entsteht (vgl. Teilaufgabe 1 b) und was notwendig ist, um Atome im entsprechenden Anregungsniveau vorliegen zu haben.

Tipp zu Teilaufgabe 1 f

Prinzipgleichung der Kernfusion! Berechnen Sie den Massendefekt.

Tipp zu Teilaufgabe 1g

Welche Bedingungen müssen herrschen, damit Kernfusion stattfinden kann?

Tipp zu Teilaufgabe 2 a

Um die Leuchtkraft ermitteln zu können, benötigen Sie zuerst die absolute Helligkeit der Galaxie.

Tipp zu Teilaufgabe 2 b

Welche Kraft hält den planetarischen Nebel auf seiner Bahn?

Tipps zu Teilaufgabe 2 c

Wie hängt die Bestrahlungsstärke (auch Energiestromdichte) mit der Leistung eines Strahlers zusammen?

Vergessen Sie nicht, den zweiten Teil der Aufgabenstellung zu bearbeiten.

Tipp zu Teilaufgabe 2 d

Welche Sterne enden in einer Supernova vom Typ II? Wie werden in diesen Sternen schwere Elemente synthetisiert?

Lösungen zum Aufgabenvorschlag 1

1. a) Absorbtionslinien entstehen immer dann, wenn eine elektromagnetische Welle (hier Licht) durch ein Medium geht, in dem Atome (Ionen) sind, die von der Wellenlänge der Strahlung angeregt werden können (z. B. absorbiert Natriumdampf die Wellenlänge der charakteristischen Na-Linie). Die Atome geben das absorbierte Licht sehr schnell wieder ab, streuen es dabei jedoch in alle Richtungen, sodass in Beobachtungsrichtung wesentlich weniger Intensität nachweisbar ist (Lücken im Spektrum, Abbildung 1).

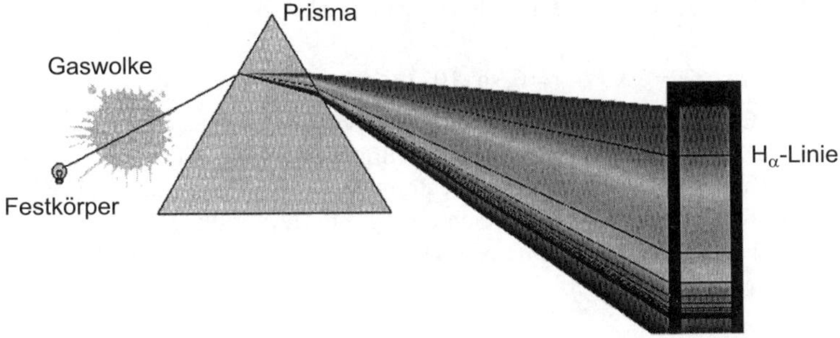

Abb. 1: Resonanzfluoreszenz. Die fehlende rote Linie ist die H_α-Linie.

Bei der Sonne kommt die elektromagnetische Strahlung aus dem Inneren der Sonne und geht durch die Photosphäre, wo passende Wellenlängen absorbiert und gestreut werden.

b) **Lösungsmöglichkeit 1: Bestätigen der Vermutung $n_2 = 3$**
Aus dem Unterricht (Astronomie/Physik/Chemie) weiß man, dass das gesuchte Anregungsniveau $n_2 = 3$ ist. Also reicht es, in die angegebene Serienformel einzusetzen und diese Vermutung zu bestätigen:

$$\frac{1}{\lambda} = R_H \cdot \left(\frac{1}{n_1^2} - \frac{1}{n_2^2}\right)$$

$$= 1{,}097 \cdot 10^7\,\text{m}^{-1} \cdot \left(\frac{1}{2^2} - \frac{1}{3^2}\right)$$

$$= 1{,}097 \cdot 10^7\,\text{m}^{-1} \cdot \frac{5}{36}$$

$$= 1{,}524 \cdot 10^6\,\text{m}^{-1}$$

$$\Rightarrow \quad \lambda \approx \underline{\underline{656{,}3\,\text{nm}}}$$

Dies stimmt mit dem angegebenen Wert überein.

Lösungsmöglichkeit 2: Berechnen von n_2 aus der Serienformel
Durch Umstellen folgt mit $n_1 = 2$:

$$\frac{1}{\lambda} = R_H \cdot \left(\frac{1}{2^2} - \frac{1}{n_2^2}\right) \Rightarrow \frac{1}{n_2^2} = \frac{1}{4} - \frac{1}{\lambda \cdot R_H}$$

$$\Rightarrow n_2 = \sqrt{\left(\frac{1}{4} - \frac{1}{\lambda \cdot R_H}\right)^{-1}} = \sqrt{\left(\frac{1}{4} - \frac{1}{656 \cdot 10^{-9}\,\mathrm{m} \cdot 1{,}097 \cdot 10^{7}\,\mathrm{m}^{-1}}\right)^{-1}}$$

$$= 3{,}000\ldots$$

Die Niveaustufen sind natürliche Zahlen, also gilt $\underline{\underline{n_2 = 3}}$.

c) *Gegeben:* $T = 24{,}4$ d; $r = 6{,}96 \cdot 10^{8}$ m

Der Ostrand der rotierenden Sonne bewegt sich auf uns zu, sodass hier eine **Dopplerverschiebung** in Richtung blau stattfindet, während sich der Westrand von uns wegbewegt, was folglich zu einer Rotverschiebung führt (Abbildung 2). Die Formel für den Dopplereffekt lautet:

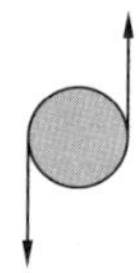

Abb. 2: Rotation der Sonne

$$\frac{\Delta\lambda}{\lambda} = \frac{v}{c} \Rightarrow \Delta\lambda = \frac{v}{c} \cdot \lambda$$

λ und c sind bekannt. Am Äquator ist die Verschiebung **maximal**, weil die Rotationsgeschwindigkeit der Sonne am größten ist. Dort gilt:

$$v = \frac{2\pi \cdot r}{T} = \frac{2\pi \cdot 6{,}96 \cdot 10^{8}\,\mathrm{m}}{24{,}4 \cdot 24 \cdot 3\,600\,\mathrm{s}} = 2{,}074\ldots \cdot 10^{3}\,\frac{\mathrm{m}}{\mathrm{s}}$$

Setzt man die Zahlenwerte in die Dopplerformel ein, so erhält man:

$$\Delta\lambda = \frac{2{,}074\ldots \cdot 10^{3}}{3{,}0 \cdot 10^{8}} \cdot 656{,}3 \cdot 10^{-9}\,\mathrm{m} \approx \underline{\underline{4{,}5 \cdot 10^{-12}\,\mathrm{m} = 4{,}5\,\mathrm{pm}}}$$

d) Eine weitere Möglichkeit zur Bestimmung der Sonnenrotation bietet sich bei der **Beobachtung von** (langlebigen) **Sonnenflecken**. Die Sonnenflecken wandern durch die Rotation von Ost nach West auf der Sonnenscheibe mit. Aus dem zurückgelegten Weg auf der Sonnenscheibe und der dafür gemessenen Zeit kann man die Rotationszeit berechnen.

Achtung: Bei eigenen Beobachtungen niemals ungeschützt direkt in die Sonne schauen!

e) Damit in der Photosphäre eines Sterns die H_α-Linie absorbiert werden kann, müssen sich dort hinreichend viele Wasserstoffatome im **zweiten** angeregten Zustand befinden (Übergang von n = 2 auf n = 3). Bei Sternen wie der Sonne kann dies aufgrund der thermischen Bewegung durch Stöße zwischen den Atomen erfolgen. Bei den deutlich kühleren Sternen der Spektralklasse M5 sind nur relativ wenige H-Atome im zweiten angeregten Zustand; deshalb ist die H_α-Linie sehr schwach.

f) Hier gibt man die (resultierende) Gleichung des **pp-Zyklus** an:

$$4\cdot\underbrace{{}^1_1\mathrm{H}}_{\text{Proton}} \rightarrow \underbrace{{}^4_2\mathrm{He}}_{\alpha\text{-Teilchen}} + 2\cdot\underbrace{{}^0_1\mathrm{e}}_{\text{Positron}} + 2\cdot\underbrace{\nu}_{\text{Neutrino}} + 25\,\mathrm{MeV}$$

Die frei werdende Energie berechnet sich zu aus dem **Massendefekt**:

$$\Delta E = 4m_p\cdot c^2 - 2m_e\cdot c^2 - m_\alpha\cdot c^2$$
$$= 4\cdot 938{,}27\,\mathrm{MeV} - 2\cdot 0{,}511\,\mathrm{MeV} - 3727{,}1\,\mathrm{MeV} \approx \underline{\underline{25\,\mathrm{MeV}}}$$

Die einzelnen Energiewerte können direkt in der Formelsammlung nachgeschlagen werden. (Naturwissenschaftliche Formelsammlung für die bayerischen Gymnasien, Duden Paetec Schulbuchverlag, 2009 Berlin, S. 37)

g) Zur Kernfusion kommt es nur unter hohen Temperaturen und hoher Dichte: Die energiereichen Teilchen müssen sich möglichst nahe kommen können, damit sie fusionieren können. Diese Bedingungen sind im Sonneninnersten erfüllt.

2. a) Zur Ermittlung der **Leuchtkraft**

$$L^* = q^{(M_\odot - M)}$$

von M 87 benötigt man zunächst die absolute Helligkeit M dieser Galaxie, die mit dem Entfernungsmodul zu berechnen ist:

$$m - M = 5\cdot\lg\frac{r}{10\,\mathrm{pc}}$$

$$\Rightarrow\quad M = m - 5\cdot\lg\frac{r}{10\,\mathrm{pc}} = 8{,}2 - 5\cdot\lg(1{,}5\cdot 10^6)$$
$$= 8{,}2 - 30{,}9 = -22{,}7$$

Abb. 3: M 87

Damit folgt (mit $q = \sqrt[5]{100}$):

$$L^* = q^{(4{,}8 + 22{,}7)} = \underline{\underline{1{,}0\cdot 10^{11}}}$$

b) Mithilfe des Ansatzes „Zentralkraft = Gravitationskraft" erhält man

$$\frac{m\cdot v^2}{r} = \frac{G\cdot m\cdot M}{r^2} \quad\Rightarrow\quad M = \frac{r\cdot v^2}{G},$$

wobei $r = 65\,\mathrm{kpc} = 2{,}011\cdot 10^{21}\,\mathrm{m}$ und $v = 1{,}25\cdot 10^6\,\frac{\mathrm{m}}{\mathrm{s}}$. Also:

$$M = \frac{2{,}011\cdot 10^{21}\,\mathrm{m}\cdot\left(1{,}25\cdot 10^6\,\frac{\mathrm{m}}{\mathrm{s}}\right)^2}{6{,}67\cdot 10^{-11}\,\mathrm{m}^3\,\mathrm{kg}^{-1}\,\mathrm{s}^{-2}} = 4{,}71\cdot 10^{43}\,\mathrm{kg}$$

Teilt man diese Masse durch die Sonnenmasse, erhält man:

$$M^* = \frac{M}{M_\odot} = \frac{4{,}71\cdot 10^{43}\,\mathrm{kg}}{1{,}99\cdot 10^{30}\,\mathrm{kg}} = \underline{\underline{2{,}37\cdot 10^{13}}}$$

c) Die Bestrahlungsstärke E in $\frac{W}{m^2}$ bekommt man aus der Leistung L mithilfe der Formel

$$E = \frac{L}{4\pi \cdot r^2}.$$

Für den nötigen Abstand der Glühlampe von der Erde folgt daraus:

$$r = \sqrt{\frac{L}{4\pi \cdot E}} = \sqrt{\frac{100\ W}{4\pi \cdot 1{,}0 \cdot 10^{-19}\ \frac{W}{m^2}}} = \underline{\underline{8{,}9 \cdot 10^9\ m}}$$

Das entspricht dem **23-Fachen** der Entfernung Erde – Mond.

d) Bei Sternen, die eine Supernova vom Typ II erfahren, handelt es sich um Sterne mit Endmassen, die größer sind als 1,4 Sonnenmassen (Chandrasekhar-Grenze). Im Kern derartig massenhafter Sterne kommt es nach dem Wasserstoffbrennen zum Helium-Brennen: Helium wird zu Kohlenstoff und Sauerstoff fusioniert, danach Kohlenstoff zu Stickstoff und Magnesium, Sauerstoff zu Silizium und schließlich Silizium zu Eisen (vgl. Abbildung 4). Die anderen Fusionsprozesse werden jeweils in die Hülle hinausgeschoben. Auf diese Weise werden im Kern des Sternes Elemente bis hin zum Eisen hergestellt.

Aufgrund der Energieverhältnisse kann Eisen nicht weiter fusioniert werden. Damit hat der Kern des Sternes der Gravitationskraft nichts mehr entgegen zu setzen und kollabiert in Bruchteilen einer Sekunde zu einem Neutronenstern bzw. einem schwarzen Loch. Die dabei freigesetzte Gravitationsenergie durchläuft den Stern in einer Schockwelle und zerreißt die äußeren Sternhüllen (Supernova, Typ II). Die abgegebene Energie ist so groß, dass bei der Supernova auch noch schwerere Elemente wie Gold, Uran … entstehen.

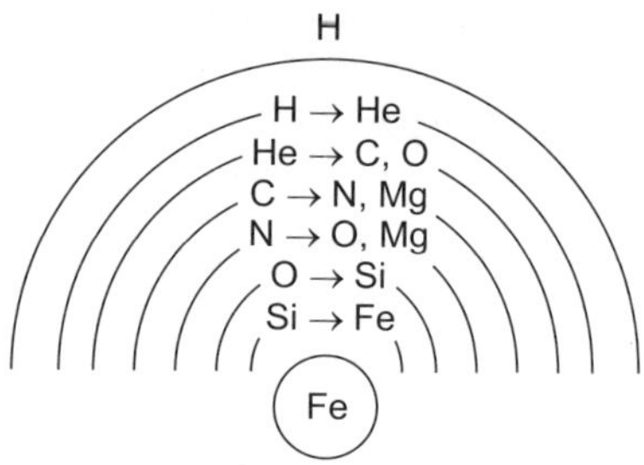

Abb. 4: Schalenstruktur eines massereichen Sternes, Fusionsabläufe

Aufgabenvorschlag 2

1. **Kollisionen im Sonnensystem**
Von Clyde W. Tombaugh wurde im Jahr 1930 Pluto entdeckt, der lange Zeit als neunter Planet geführt wurde. Etwa siebzig Jahre später fand man ein weiteres Objekt in unserem Sonnensystem, das sich als größer und massereicher als Pluto erwies. Dies führte dazu, dass im August 2006 Pluto „degradiert" wurde und man die neue Klasse der Zwergplaneten einführte.

a) Erläutern Sie kurz den Begriff „Ekliptik". (3 BE)

b) Der Zwergplanet Pluto bewegt sich auf einer stark exzentrischen Bahn um die Sonne. Berechnen Sie den Perihelabstand r_P Plutos.
[zur Kontrolle: $r_P = 30$ AE]

Vergleichen Sie das Ergebnis mit der Neptunbahn und begründen Sie, warum Neptun und Pluto in absehbarer Zeit nicht zusammenstoßen werden. (7 BE)

c) Geben Sie zwei typische Unterschiede zwischen Planeten und Zwergplaneten an. (4 BE)

2. **Sirius als Doppelstern**
Im Sternbild Großer Hund findet man das Objekt Sirius, das als hellster Fixstern am Firmament erscheint. Sirius ist jedoch ein Doppelstern in einer Entfernung von 8,6 Lj von der Erde. Die hellere Komponente, genannt Sirius A, hat eine Temperatur von 9 900 K, die weniger helle – Sirius B – eine solche von 25 200 K.
Für die weiteren Betrachtungen soll vereinfachend angenommen werden, dass die beiden Komponenten sich auf kreisförmigen Bahnen mit einer Umlaufzeit von 50 Jahren um den gemeinsamen Schwerpunkt bewegen; ihr gegenseitiger Abstand beträgt $3{,}0 \cdot 10^{12}$ m.

a) Berechnen Sie mithilfe der gegebenen Daten die Gesamtmasse der beiden Sterne.
[Zur Kontrolle: $m_{gesamt} = 3{,}2\ m_{\odot}$] (7 BE)

Sirius A ist ein Hauptreihenstern mit der Leuchtkraft $L_{Sirius\ A} = 25\ L_{\odot}$.

b) Schätzen Sie hieraus die Massen von Sirius A und Sirius B ab.
[zur Kontrolle: $m_{Sirius\ A} = 2{,}9\ m_{\odot}$] (6 BE)

c) Begründen Sie, warum es sich bei Sirius B um einen Weißen Zwerg handelt. (4 BE)

d) Erstellen Sie ein Hertzsprung-Russell-Diagramm und tragen Sie Sirius A, Sirius B sowie die Sonne ein. (5 BE)

3. **Galaxien im Sternbild „Andromeda“**

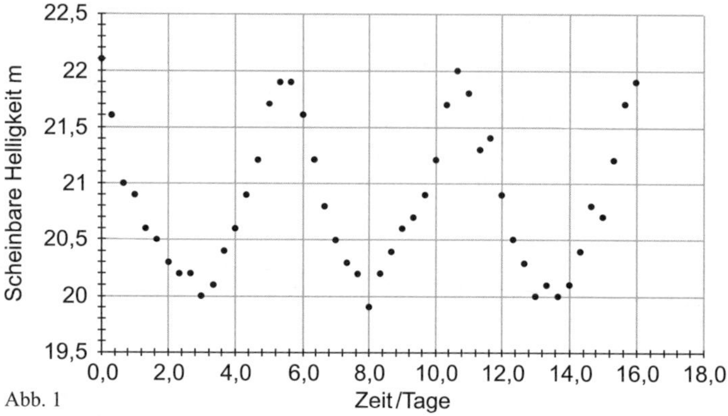

Abb. 1

Im Sternbild „Andromeda“ kann man mit bloßem Auge einen Nebel erkennen. Erst als E. Hubble in ihm δ-Cephei-Sterne entdeckte, wurde klar, dass es sich dabei um eine Galaxie handelt. Die Schwankung der scheinbaren Helligkeit eines δ-Cephei-Sterns in der Andromeda-Galaxie ist durch die Grafik wiedergegeben.

a) Ermitteln Sie mithilfe der Grafik die Entfernung der Andromeda-Galaxie. (10 BE)

b) Im Spektrum der Andromeda-Galaxie befindet sich die H_α-Linie (Laborwellenlänge: $\lambda_\alpha = 656{,}28$ nm) bei 656,14 nm.
Bestimmen Sie daraus die Radialgeschwindigkeit der Andromeda-Galaxie und begründen Sie, ob sich die Andromeda-Galaxie auf uns zu oder von uns wegbewegt. (6 BE)

Ebenfalls im Sternbild „Andromeda“ findet man die Galaxie TEX 0145+336, ein Quasar mit einer Entfernung von $3{,}7 \cdot 10^9$ Lichtjahren.

c) Beschreiben Sie, wie die Entfernung eines solchen Quasars bestimmt werden kann. (4 BE)

d) Für die Andromeda-Galaxie gilt offensichtlich das Hubble-Gesetz nicht. Geben Sie hierfür einen Grund an. (4 BE)

(60 BE)

Daten ausgewählter Objekte im Sonnensystem

Objekt	Große Halbachse a	Umlaufszeit T	Exzentrizität ε
Venus	0,723 AE	0,615 a	0,007
Erde	1,000 AE	1,000 a	0,017
Jupiter	5,20 AE	11,86 a	0,048
Neptun	30,1 AE	164,8 a	0,009
Pluto	39,5 AE	247,7 a	0,25

Tipps und Hinweise zum Aufgabenvorschlag 2

Tipp zu Teilaufgabe 1 a

- Denken Sie an die Beobachtungsastronomie, z. B. an das „Goldene Tor der Ekliptik"!

Tipps zu Teilaufgabe 1 b

- Skizzieren Sie eine Ellipse, zeichnen Sie die Halbachse, die lineare Exzentrizität sowie das Perihel ein und setzen Sie die genannten Größen in Relation zueinander.
- Verwenden Sie die Daten aus der Tabelle am Ende des Angabentextes.

Tipp zu Teilaufgabe 1 c

- Überlegen Sie: Warum wurde Pluto der Planetenstatus aberkannt?

Tipp zu Teilaufgabe 2 a

- Verwenden Sie das 3. Kepler'sche Gesetz, am besten für das Sternsystem und für die Sonne. Das erspart Rechenarbeit! Die Entfernung der beiden Komponenten muss dann jedoch in AE umgerechnet werden.

Tipp zu Teilaufgabe 2 b

- Da nur die Leuchtkraft gegeben ist und man zusammen mit der Oberflächentemperatur weiß, dass Sirius auf der Hauptreihe liegt, gibt es nur eine Möglichkeit, an die Masse von Sirius A zu gelangen.

Tipp zu Teilaufgabe 2 c

- Beachten Sie die verbleibende Masse sowie die Oberflächentemperatur.

Tipps zu Teilaufgabe 2 d

- Wählen Sie eine vernünftige Achseneinteilung.

Tipps zu Teilaufgabe 3 a

- Mit welcher Beziehung werden Entfernungen aus Helligkeiten berechnet?
- Wie gelangen Sie zur absoluten Helligkeit des Cepheidensterns?
- Welche Größen der benötigten Rechnungen lassen sich aus dem Diagramm ablesen?

Tipp zu Teilaufgabe 3 b

- Radialgeschwindigkeit und Wellenlängenverschiebung weisen auf die notwendige Berechnungsgrundlage hin. Wird das Licht Blau- oder Rotverschoben?

Tipp zu Teilaufgabe 3 c

- Welche wichtige Entdeckung über weit entfernte Galaxien konnte Hubble gewinnen?

Tipp zu Teilaufgabe 3 d

- Welche Kraft kann das Hubble-Gesetz aufhalten? Bedenken Sie, dass die Andromeda-Galaxie zur „Lokalen Gruppe" gehört.

Lösungen zum Aufgabenvorschlag 2

1. a) Die **Ekliptik** ist die Ebene, die die Erde aufgrund ihrer Bahn um die Sonne festlegt.

   b) Der Perihelabstand r_p berechnet sich mithilfe der linearen Exzentrizität e und der numerischen Exzentrizität ε zu

   $$r_p = a - e = a - a \cdot \varepsilon = 39{,}5\ \text{AE} - 39{,}5\ \text{AE} \cdot 0{,}25 \approx \underline{\underline{30\ \text{AE}}}.$$

   Das Perihel von Pluto liegt zwar innerhalb der Neptunbahn mit $a = 30{,}1$ AE. Es müssen aber dennoch keine Kreuzungspunkte – und damit mögliche Kollisionspunkte – der beiden Bahnen existieren, denn die Plutobahn ist stark gegen die Ekliptik und damit auch gegen die Bahn des Neptun (ca. 17°) geneigt.

   c) Zwergplaneten
   - haben eine geringere Masse als Planeten,
   - sind nicht in der Lage, ihre Bahnen von anderen Objekten zu bereinigen,
   - haben im Allgemeinen eine größere Exzentrizität sowie eine größere Bahnneigung zur Ekliptik als Planeten.

2. a) Gegeben sind eine Umlaufzeit von 50 a um den gemeinsamen Schwerpunkt sowie der gegenseitige Abstand von $r = 3{,}0 \cdot 10^{12}$ m. Die Massenberechnung erfolgt mithilfe des **3. Kepler'schen Gesetzes**:

   $$m_{ges} = m_1 + m_2 = \frac{4\pi^2 \cdot r^3}{G \cdot T^2}$$

   Setzt man das gleiche Gesetz für die Sonne (und die Erde) an, so lautet es:

   $$m_\odot \approx m_\odot + m_{Erde} = \frac{4\pi^2 \cdot AE^3}{G \cdot a^2}$$

   Dividiert man die beiden Gleichungen durcheinander, erhält man:

   $$\frac{m_{gesamt}}{m_\odot} = \frac{r^3 \cdot a^3}{T^2 \cdot AE^3}$$

   Mit $r = 3{,}0 \cdot 10^{12}$ m $= 20$ AE und $T = 50$ a ergibt sich:

   $$\frac{m_{gesamt}}{m_\odot} = \frac{20^3}{50^2} = \underline{\underline{3{,}2}}$$

   b) Wenn $L_{Sirius} = 25 \cdot L_\odot$ gilt und Sirius A eine Temperatur von rund 10 000 K besitzt, dann handelt es sich um einen Hauptreihenstern, für den die **Masse-Leuchtkraft-Beziehung** gilt:

   $$L^* = m^{*3} \;\Rightarrow\; m^*_{Sirius\ A} = \sqrt[3]{L^*_{Sirius\ A}} = \sqrt[3]{25} \approx \underline{\underline{2{,}9}}$$

   Sirius B hat demzufolge eine Masse von

   $$m^*_{Sirius\ B} = m_{gesamt} - m^*_{Sirius\ A} = 3{,}2 - 2{,}9 = \underline{\underline{0{,}3}}.$$

c) Da Sirius B eine wesentlich höhere Oberflächentemperatur als Sirius A, kann er mit der geringeren Masse kein Hauptreihenstern sein. Die einzige Möglichkeit, die damit für Sirius B bleibt, ist das Stadium des **weißen Zwerges**.

d) **Hertzsprung-Russel-Diagramm**

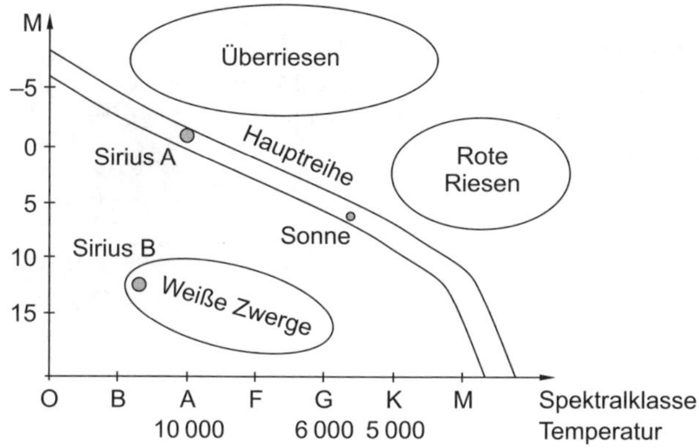

Abb. 2: HRD mit Sirius A und B

Abb. 3: Sirius A und B

Die Gebiete der Riesen und Überriesen müssen bei dieser Aufgabe nicht eingezeichnet werden, sie dienen lediglich der Orientierung.

3. a) Der Grafik (Abbildung 4) entnimmt man eine **Periodendauer** des Cepheiden von $p = 5{,}3$ d.

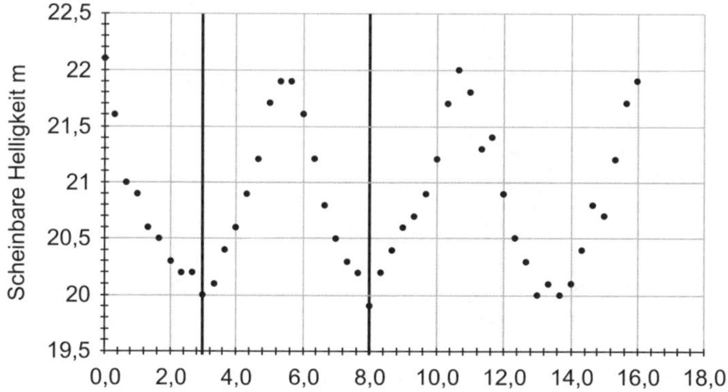

Abb. 4

Mit der **Perioden-Helligkeits-Beziehung** berechnet man die absolute Helligkeit:

$$M = -1{,}67 - 2{,}54 \cdot \lg \frac{p}{1\,d} = -1{,}67 - 2{,}54 \cdot \lg 5{,}3 = -3{,}51$$

Mithilfe des **Entfernungsmoduls** ergibt sich dann die gesuchte Entfernung, wobei die mittlere scheinbare Helligkeit m = 21 des Cepheidensterns ebenfalls aus der Grafik abgelesen werden kann:

$$m - M = 5 \cdot \lg \frac{r}{10\,pc} \quad \Rightarrow \quad r = 10\,pc \cdot 10^{\frac{m-M}{5}} = 10\,pc \cdot 10^{\frac{(21+3,51)}{5}} \approx \underline{\underline{0,8\,Mpc}}$$

b) Die H_α-Linie befindet sich im Spektrum der Andromeda-Galaxie bei der Wellenlänge $\lambda_\alpha = 656,14$ nm, während die Laborwellenlänge $\lambda_0 = 656,28$ nm ist. Die H_α-Linie ist also **blauverschoben**, woraus sich schließen lässt, dass die Andromeda-Galaxie sich uns **nähert**.

Abb. 5: Andromeda-Galaxie

Die **Radialgeschwindigkeit** berechnet man mit dem Dopplereffekt:

$$\frac{\Delta\lambda}{\lambda} = \frac{v}{c}$$

$$\Rightarrow \quad \frac{v}{c} = \frac{656,14\,nm - 656,28\,nm}{656,28\,nm} = -2,13 \cdot 10^{-4}$$

$$v = -2,13 \cdot 10^{-4} \cdot c \approx \underline{\underline{-64\,\frac{km}{s}}}$$

In der Rechnung erkennt man am Minuszeichen, dass sich die Andromeda-Galaxie unserer Galaxie nähert.

c) Hubble erkannte, dass sich die meisten Galaxien (und auch Quasare!) von uns wegbewegen, und zwar umso schneller, je weiter sie entfernt sind. Die Entfernungsbewegung des Quasars erzeugt eine Rotverschiebung der Wellenlänge von z. B. der H_α-Linie, aus der man die Radialgeschwindigkeit berechnen kann (vgl. Teilaufgabe 3 b). Mithilfe des **Hubble-Gesetzes**

$$v = H_0 \cdot r \quad \Leftrightarrow \quad r = \frac{v}{H_0}$$

lässt sich dann die Entfernung des Quasars berechnen.

d) Nach Teilaufgabe 3 b bewegt sich die Andromeda-Galaxie entgegen der allgemeinen Fortbewegung der Galaxien auf uns zu. Diese Galaxie ist uns so nahe (Mitglied der **Lokalen Gruppe**), dass der gravitative Anziehungseffekt größer ist als der Hubbleeffekt (sprich: die kosmische Expansion).

Abitur Physik (Bayern) 2011
Themenbereich I: Elektromagnetische Felder, Relativitätstheorie

Aufgabenvorschlag 1

1. **Elektrisches Feld**
In der Mitte eines Plattenkondensators befindet sich eine ungeladene Hohlkugel aus Metall. Die linke Platte des Kondensators ist positiv, die rechte negativ geladen.

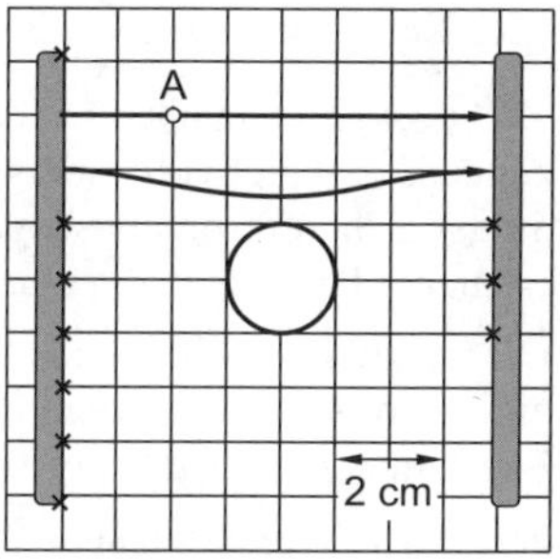

Abb. 1

a) Übertragen Sie die Skizze unter Beachtung der Längenangabe auf Ihr Blatt und kennzeichnen Sie die Ladungsverteilung auf der Kugel, die sich aufgrund von Influenz ergibt. (3 BE)

b) Wegen der Metallkugel und des großen Plattenabstands ist das elektrische Feld nicht homogen. Vervollständigen Sie das Feldlinienbild, indem Sie die Feldlinien einzeichnen, die an den zehn mit einem Kreuz markierten Stellen beginnen oder enden. (4 BE)

Das elektrische Potenzial soll auf der linken Platte den Wert +200 V und auf der rechten –200 V haben.

c) Begründen Sie, dass am Punkt A das Potenzial etwa den Wert +100 V hat, und zeichnen Sie die durch A verlaufende Äquipotenziallinie ein. (5 BE)

d) Ein positiv geladener Probekörper mit der Ladung $5{,}0 \cdot 10^{-11}$ C soll im Kondensator bewegt werden. Berechnen Sie die Arbeit, die aufgewendet werden muss, um den Körper entlang einer Feldlinie von der rechten zur linken Platte zu bringen.
Begründen Sie, warum im Gegensatz dazu bei der Bewegung längs einer Äquipotenziallinie keine Arbeit verrichtet wird. (5 BE)

2. **Ionentherapie**
In der Medizin werden bei der Krebstherapie hochenergetische Ionen verwendet. Dazu werden beispielsweise vorbeschleunigte Kohlenstoffionen ($m_0 = 1{,}99 \cdot 10^{-26}$ kg) in einem ringförmigen Beschleuniger (Synchrotron) so weit beschleunigt, dass sie die für die jeweilige Therapie erforderliche Energie besitzen. Um das Synchrotron durchlaufen zu können, muss der Ionenstrahl durch Magnete umgelenkt werden.

a) Erklären Sie unter Zuhilfenahme einer Skizze, warum Ionen in einem homogenen Magnetfeld bei geeigneter Feldrichtung einen Kreisbogen durchlaufen. (4 BE)

Für eine bestimmte Therapie sollen Kohlenstoffionen mit der Geschwindigkeit $v = 0{,}73\ c$ eingesetzt werden.

b) Berechnen Sie die relativistische Masse m und die kinetische Energie (in GeV) eines solchen Kohlenstoffions.
[Zur Kontrolle: $m = 2{,}9 \cdot 10^{-26}$ kg] (5 BE)

Um die angegebene hohe Endgeschwindigkeit zu erreichen, durchlaufen die zunächst noch unvollständig ionisierten Kohlenstoffionen beim Eintritt in das Synchrotron eine sogenannte Stripperfolie, in der die restliche Elektronenhülle vollständig abgestreift wird.

c) Die nun vollständig ionisierten Kohlenstoffionen sollen mit $v = 0{,}73\ c$ einen Kreisbogen mit dem Radius $r = 4{,}4$ m durchlaufen.
Berechnen Sie die dazu erforderliche magnetische Flussdichte B. (5 BE)

d) Erläutern Sie, warum sich die Verwendung der Stripperfolie günstig in Bezug auf Platzbedarf und Kosten beim Bau des Synchrotrons auswirkt. (4 BE)

3. **Spulenexperimente**

Eine Spule mit vernachlässigbarem ohmschen Widerstand, in die ein Eisenkern eingeführt werden kann, wird mit einem Widerstand R in Reihe geschaltet. Die elektrische Quelle liefert eine konstante Spannung von 10 V. Beim Einschaltvorgang wird die Stromstärke in Abhängigkeit von der Zeit aufgenommen. Es wird sowohl eine Messung ohne als auch eine Messung mit Eisenkern durchgeführt. Man erhält die beiden Messkurven im nebenstehenden Diagramm.

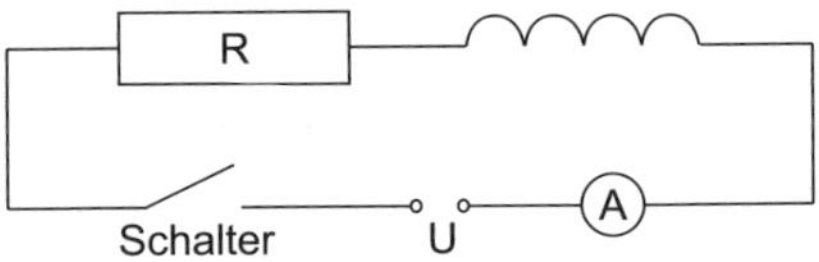

Abb. 2

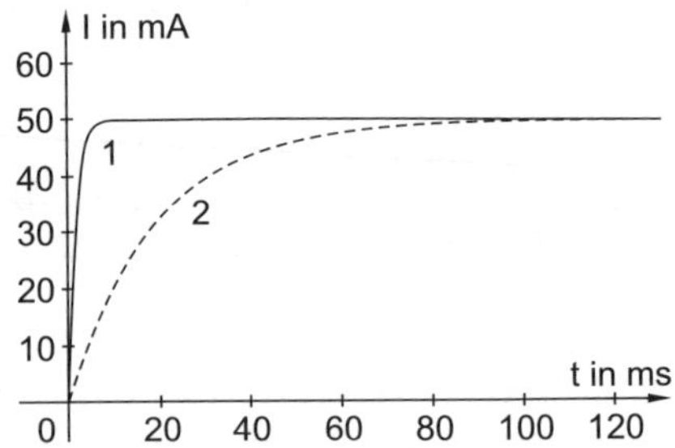

Abb. 3

a) Erklären Sie, weshalb in beiden Fällen die Stromstärke nicht sofort ihren Maximalwert erreicht.
Entscheiden und begründen Sie, bei welcher Messung der Eisenkern verwendet wurde. (6 BE)

b) Begründen Sie, warum sich in beiden Fällen nach einiger Zeit die gleiche Stromstärke einstellt.
Bestimmen Sie mithilfe des Diagramms die Größe des verwendeten Widerstands R. (5 BE)

Die Spule besitzt mit Eisenkern eine Induktivität von 3,8 H. Aus dieser Spule und einem Kondensator soll ein Schwingkreis mit der Schwingungsdauer 20 ms aufgebaut werden.

c) Berechnen Sie, welche Kapazität der Kondensator haben muss. (5 BE)

Der Kondensator wird auf 10 V aufgeladen, von der Quelle getrennt und mit der Spule verbunden.

d) Skizzieren Sie das zu erwartende t-U_C-Diagramm für die ersten 40 ms, wobei U_C die Spannung am Kondensator ist.
Geben Sie zudem die Periodendauer für die im Kondensator gespeicherte Energie an. (6 BE)

e) Der Eisenkern wird nun aus der Spule entfernt. Erklären Sie, wie sich dies qualitativ auf die Frequenz der Schwingung auswirkt. (3 BE)

(60 BE)

Tipps und Hinweise

Tipps zu Teilaufgabe 1 a

- Die Polung des Kondensators ist angegeben.
- Influenz → Ladungstrennung

Tipps zu Teilaufgabe 1 b

- Elektrische Feldlinien stehen immer senkrecht auf Metallflächen und enden dort.
- Nutzen Sie zum Zeichnen der Feldlinien die hohe Symmetrie der Anordnung aus.

Tipps zu Teilaufgabe 1 c

- Beachten Sie die Art der Feldlinie, auf der A liegt. Was folgt für das zugehörige Potenzial?
- Äquipotenziallinien stehen stets senkrecht auf den Feldlinien.

Tipps zu Teilaufgabe 1 d

- Für die nötige Arbeit ist die Potenzialdifferenz entscheidend.
- Sie können sich die Bewegung entlang einer Äquipotenziallinie veranschaulichen, indem Sie sie mit dem analogen mechanischen Vorgang „Wandern entlang einer Höhenlinie am Berg" vergleichen.

Tipps zu Teilaufgabe 2 a

- Hier geht es um die Lorentzkraft: Unter welchen Bedingungen entsteht sie? Wie wirkt sie sich auf Betrag und Richtung der Teilchengeschwindigkeit aus?
- Schlüsselbegriff: Zentripetalkraft

Tipps zu Teilaufgabe 2 b

- Rechnen Sie konsequent relativistisch.
- Es ist die kinetische, nicht die Gesamtenergie gefragt.

Tipp zu Teilaufgabe 2 c

- Verwenden Sie den in Teilaufgabe 2 a beschriebenen Kraftansatz.

Tipps zu Teilaufgabe 2 d

- Überlegen Sie die Folgen geringerer Ladung der Teilchen.
- Analysieren Sie hierzu die in Teilaufgabe 2 c verwendete Formel.

Tipps zu Teilaufgabe 3 a

- Sie können in Worten oder anhand von Formeln argumentieren.
- Schlüsselbegriffe: (Selbst-)Induktion, Regel von Lenz
- Nutzen Sie Ihre Formelsammlung.
- Welche Kenngröße der Schaltung wird durch den Eisenkern beeinflusst?

Tipps zu Teilaufgabe 3 b

- Greifen Sie Ihre Argumentation aus Teilaufgabe 3 a auf und erläutern Sie, warum der dort beschriebene Effekt zeitlich begrenzt wirksam ist.
- Die stationäre Stromstärke hängt von der angelegten Spannung U ab.

Tipp zu Teilaufgabe 3 c

- Verwenden Sie die Thomsonformel.

Tipps zu Teilaufgabe 3 d

- Welcher Funktionstyp liegt dem t-U_C-Diagramm zugrunde?
- Die Periodendauer und der Anfangswert der Spannung sind gegeben.
- Beachten Sie: Energiewerte können hier nicht negativ werden.

Tipp zu Teilaufgabe 3 e

- Der Eisenkern erhöht die Induktivität L der Spule.

Lösungen zum Aufgabenvorschlag 1

1. Abb. 4 zeigt die gemäß den Teilaufgaben a–c ergänzte Skizze aus Abb. 1.

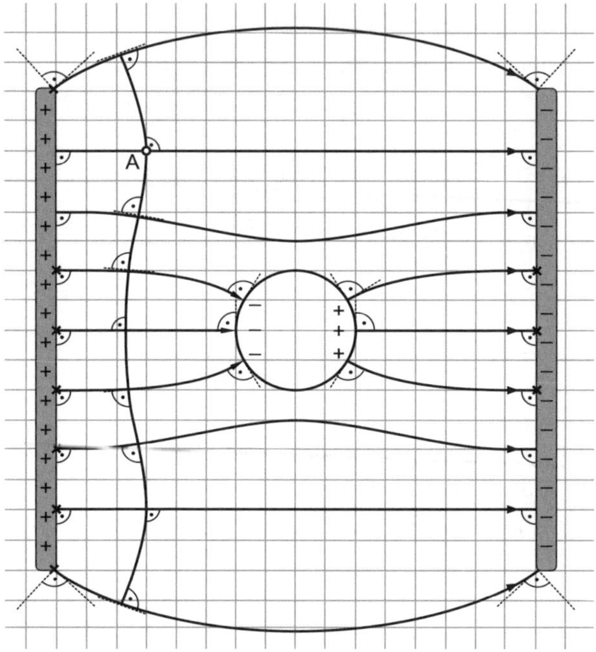

Abb. 4

a) Aufgrund der **Influenz** müssen sich auf der linken, der positiv geladenen Kondensatorplatte zugewandten Kugelhälfte negative Ladungen sammeln, auf der rechten Kugelhälfte positive Ladungen.

b) Die **Feldlinien** stehen immer senkrecht auf den Leiterflächen und enden beim Metall.

c) In der unmittelbaren Nähe der (geraden) Feldlinie durch A ist das Feld nahezu homogen, das Potenzial nimmt also proportional zum Plattenabstand ab. Bei einem Plattenabstand von 8 cm und dem Potenzial +200 V auf der linken Platte ergibt sich im Abstand 2 cm von dieser Platte bei A das **Potenzial** +100 V, weil entlang dieser Feldlinie je cm genau 50 V Potenzialdifferenz auftreten. Die **Äquipotenziallinie durch A** schneidet auch die übrigen Feldlinien senkrecht.

d) Die **Arbeit** bzw. potenzielle Energie E, die zum Transport der Ladung Q aufgewendet werden muss, hängt definitionsgemäß über

$$\Delta\varphi = \frac{E}{Q}$$

mit der Potenzialdifferenz zusammen. Diese beträgt für den Weg von der rechten zur linken Platte $\Delta\varphi = 200\ V - (-200\ V) = 400\ V$, sodass folgt:

$$E = \Delta\varphi \cdot Q = 400\ V \cdot 5{,}0 \cdot 10^{-11}\ C = \underline{\underline{2{,}0 \cdot 10^{-8}\ J}}$$

Bei der **Bewegung entlang einer Äquipotenziallinie** wird keine Potenzialdifferenz überwunden, die potentielle Energie bleibt gleich und es ist keine Zufuhr von Arbeit notwendig.

Beachten Sie, dass für die Arbeit nur die Lage von Anfangs- und Endpunkt des „begangenen" Weges – eben die Potenzialdifferenz – wesentlich ist; auf *welchem* Weg Sie die Ladung zum Endpunkt transportieren, ist unerheblich.

2. a) Ladungsträger wie z. B. Ionen, die sich in einem magnetischen Feld senkrecht zu den Feldlinien bewegen, erfahren die **Lorentzkraft**, die stets sowohl auf der augenblicklichen Geschwindigkeitsrichtung (Stromrichtung) als auch auf der Feldrichtung senkrecht steht. Sie ändert damit nur die Richtung der Teilchengeschwindigkeit, nicht aber deren Betrag, und wirkt als Zentripetalkraft, die das Teilchen auf eine **Kreisbahn** zwingt. In der Skizze der Abb. 5 ergibt sich gemäß der Dreifingerregel der rechten Hand bei senkrecht in die Zeichenebene hinein zeigenden Feldlinien (Kreuze) und senkrecht nach oben fliegenden Ionen eine kreisförmige Bahn nach links.

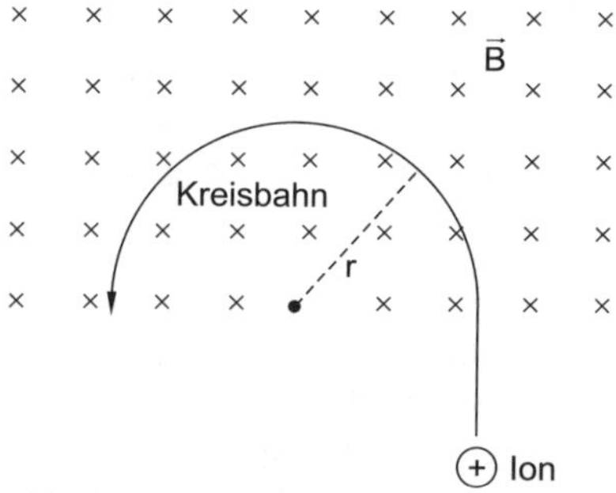

Abb. 5

b) Mithilfe der relativistischen Massenformel erhält man für die **relativistische Masse**:

$$m = \frac{m_0}{\sqrt{1-\frac{v^2}{c^2}}} = \frac{1{,}99 \cdot 10^{-26}\ kg}{\sqrt{1-0{,}73^2}} = 1{,}46 \cdot m_0 \approx \underline{\underline{2{,}9 \cdot 10^{-26}\ kg}}$$

Aus der Gesamtenergie $E = m \cdot c^2$ ergibt sich die **kinetische Energie** durch Subtraktion der Ruheenergie:

$$E_{kin} = E - E_0 = (m - m_0) \cdot c^2 = (2{,}9 - 1{,}99) \cdot 10^{-26}\ kg \cdot \left(3{,}0 \cdot 10^8\ \frac{m}{s}\right)^2$$
$$= 8{,}3 \cdot 10^{-10}\ J = \underline{\underline{5{,}2\ GeV}}$$

c) Für die Lorentzkraft als Zentripetalkraft gilt die Beziehung

$$\frac{m \cdot v^2}{r} = Q \cdot v \cdot B. \qquad (*)$$

Aufgelöst nach der **magnetischen Flussdichte** und mit der Ladung 6e der vollständig elektronenfreien Kohlenstoffionen ergibt das

$$B = \frac{m \cdot v}{6e \cdot r} = \frac{2{,}9 \cdot 10^{-26}\,\text{kg} \cdot 0{,}73 \cdot 3{,}0 \cdot 10^{8}\,\frac{\text{m}}{\text{s}}}{6 \cdot 1{,}6 \cdot 10^{-19}\,\text{As} \cdot 4{,}4\,\text{m}} = \underline{\underline{1{,}5\,\text{T}}}.$$

d) Die Wirkung der Stripperfolie besteht darin, die übrigen Elektronen abzustreifen und damit die Ladung Q der Teilchen zu erhöhen. Bringt man in der Formel (∗) r und B auf eine Seite,

$$r \cdot B = \frac{m \cdot v}{Q} \quad \Rightarrow \quad r \cdot B \sim \frac{1}{Q},$$

sieht man die Vorteile der Stripperfolie: Je größer die Teilchenladung ist, desto kleiner kann der nötige Bahnradius und/oder die Magnetfeldstärke ausfallen (Teilchenmasse und -geschwindigkeit bleiben beim Abstreifen der Elektronenhülle praktisch konstant). Kleinerer Radius bedeutet geringere Baugröße des Synchrotrons, schwächeres Magnetfeld bedeutet, dass billigere Magneten reichen. **Die Folie spart also Platz und Kosten**.

3. a) *Lösungsweg 1 über Lenz'sche Regel*

Der Grund für den nicht sofort in voller Stärke fließenden Strom ist die Induktionswirkung der Spule: In ihr baut sich bei Stromdurchgang ein zur aktuellen Stromstärkeänderung proportionales magnetisches Feld aufbaut, das nach der Lenz'schen Regel seiner Ursache entgegenwirkt, also eine Gegenspannung induziert; ein Gegenstrom ist die Folge. Dieser hemmende Effekt ist unmittelbar nach dem Einschalten am größten und wird dann kleiner, weil sich in Bilanz die Gesamtstromstärkeänderung nach und nach verringert.

Lösungsweg 2 über Induktionsgesetz (Formelsammlung)

Grundsätzlich gilt für die an einer Spule mit Windungszahl N auftretende Induktionsspannung

$$U_{ind} = -N \cdot \frac{d\Phi}{dt}$$

mit dem magnetischen Fluss $\Phi = B \cdot A$. Die Flussänderung erfolgt – weil die Querschnittsfläche A gleich bleibt – durch die Änderung der magnetischen Flussdichte B, die wiederum von der Stärke des Spulenstroms abhängt. Insgesamt erhält man den Zusammenhang

$$U_{ind} = -L \cdot \frac{dI}{dt}$$

für die sogenannte Selbstinduktion der Spule (L: Induktivität). Die Induktionsspannung führt zu einem zeitabhängigen Gegenstrom und insgesamt zu einer verzögert anwachsenden Gesamtstromstärke.

Lösungsweg 3 über Formel für den Einschaltvorgang (Formelsammlung)
Es ist

$$I(t) = \frac{U}{R} \cdot \left(1 - e^{-\frac{t}{\tau}}\right) \quad \text{mit } \tau = \frac{L}{R}.$$

Die verlangsamte Zunahme liegt also am Subtrahenden im Klammerterm, der Effekt ist umso stärker, je größer L und je kleiner R ist.

Zuordnung der Kurven
Der Eisenkern erhöht die Induktivität L der Spule und verstärkt damit den hemmenden Effekt der Induktionswirkung. d. h. die Stromstärke steigt langsamer an als bei der Messung ohne Eisenkern; die zugehörige Messkurve dazu trägt die Nummer 2.

b) *Lösungsweg 1 (in Fortsetzung der Lösungswege 1 und 2 aus 3 a)*
Der Einfluss der Induktionswirkung der Spule sinkt in beiden Fällen (wenn auch verschieden schnell) auf null, sodass sich nach einiger Zeit die gleiche Stromstärke einstellt.

Lösungsweg 2 (in Fortsetzung des Lösungswegs 3 aus 3 a)
Aus der Gleichung

$$I(t) = \frac{U}{R} \cdot \left(1 - e^{-\frac{t}{\tau}}\right) \quad \text{mit } \tau = \frac{L}{R}$$

für den Einschaltvorgang ist ersichtlich, dass der asymptotisch angestrebte Grenzstrom in beiden Fällen, also unabhängig von L, gleich stark ist:

$$\lim_{t \to \infty} I(t) = \frac{U}{R} \cdot \left(1 - e^{-\frac{t}{\tau}}\right) = \frac{U}{R}$$

Ohmscher Widerstand
Liest man die Grenzstromstärke 50 mA aus dem Diagramm ab und verwendet die angegebene Versorgungsspannung von 10 V, ergibt sich:

$$R = \frac{U}{I} = \frac{10\,\text{V}}{0{,}050\,\text{A}} = \underline{\underline{0{,}20\,\text{k}\Omega}}$$

c) Die erforderliche **Kapazität** des Kondensators berechnet man mit der Thomsonformel für die Schwingungsdauer T:

$$T = 2\pi \cdot \sqrt{L \cdot C}$$

$$\Rightarrow \quad C = \frac{\left(\frac{T}{2\pi}\right)^2}{L} = \frac{\left(\frac{0{,}020\,\text{s}}{2\pi}\right)^2}{3{,}8\,\text{H}} = \underline{\underline{2{,}7 \cdot 10^{-6}\,\text{F} = 2{,}7\,\mu\text{F}}}$$

d) **t-U_C-Diagramm**

Da der Kondensator zunächst (t = 0) aufgeladen ist, beginnt die Kurve bei $U_C(0\,s) = 10\,V$, sie ist kosinusförmig. Die Periodendauer T = 20 ms ist gegeben.

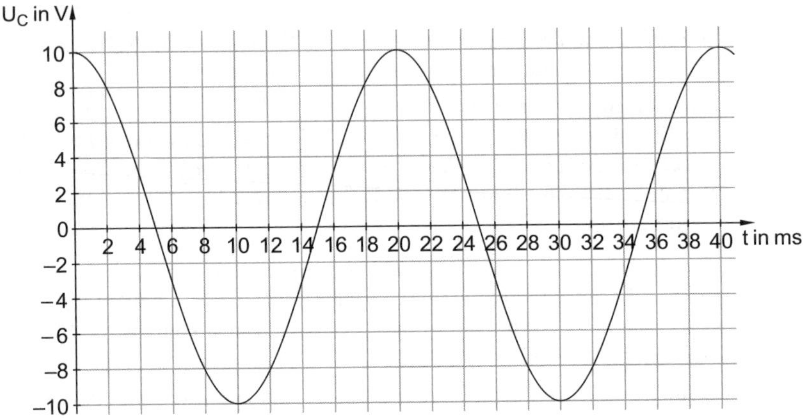

Abb. 6

Für die im Kondensator gespeicherte **Energie** spielt das Vorzeichen der Spannung keine Rolle (sie wird quadriert!). Die Periodendauer ist damit halb so groß wie die Dauer der Spannungsperiode und liegt bei

$$T_E = \underline{\underline{10\text{ ms}}}.$$

e) An der Thomsonformel $T = 2\pi \cdot \sqrt{L \cdot C}$ (vgl. Teilaufgabe 3 c) erkennt man, dass bei Herausziehen des Eisenkerns und damit Verkleinerung der Induktivität L die Schwingungsdauer kleiner und die **Frequenz** damit **größer** wird.

Aufgabenvorschlag 2

1. **Elektroskop und Plattenkondensator**

   Ein Elektroskop ist, wie in der Skizze gezeigt, mit der Metallplatte 1 verbunden. Elektroskop und Platte 1 sind ungeladen.

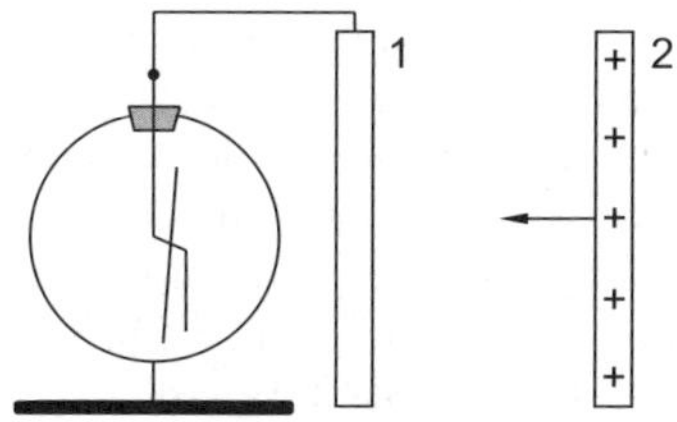

Abb. 1

   a) Beschreiben Sie das Verhalten des Elektroskops, wenn die zunächst weit entfernte, positiv geladene Metallplatte 2 von rechts angenähert wird.
   Erklären Sie diesen Effekt. (4 BE)

   Die beiden quadratischen Platten werden nun ohne das Elektroskop so als Plattenkondensator aufgestellt, dass die Platten parallel zur Erdoberfläche liegen. Die Seitenlänge der Platten beträgt 20 cm, ihr Abstand 2,5 cm. An diesen Kondensator wird eine Spannung von 1,4 kV angelegt.

   b) Berechnen Sie die Kapazität und die Ladung des Kondensators. (5 BE)

   Im Kondensator wird ein negativ geladenes Styroporkügelchen der Masse 0,25 mg in der Schwebe gehalten.

   c) Erstellen Sie eine Skizze des Kondensators mit dem Kügelchen und tragen Sie die elektrischen Feldlinien, die Polarität der Platten sowie die am Kügelchen angreifenden Kräfte ein. (4 BE)

   d) Berechnen Sie die Ladung des Kügelchens. (4 BE)

   e) Welchen Einfluss hätte ein zusätzlich vorhandenes Magnetfeld auf das schwebende Kügelchen? Kurze Begründung! (2 BE)

2. **Teilchenbeschleuniger**

   a) Erklären Sie Aufbau und Funktionsweise eines Zyklotrons anhand einer beschrifteten Skizze. (8 BE)

   b) Die magnetische Flussdichte in einem Zyklotron beträgt 0,78 T. Berechnen Sie den maximalen Durchmesser der Bahn von Protonen, die in diesem Zyklotron auf 10 % der Lichtgeschwindigkeit beschleunigt werden. (5 BE)

   c) Erklären Sie, warum ein klassisches Zyklotron für die Beschleunigung der Teilchen auf größere Geschwindigkeiten als 0,10 c nicht geeignet ist. (4 BE)

   d) In einem anderen Beschleunigertyp können Protonen hingegen auf eine kinetische Energie von 4,4 GeV beschleunigt werden. Bestimmen Sie die relativistische Masse dieser Protonen (in Vielfachen ihrer Ruhemasse) sowie ihre Geschwindigkeit. (8 BE)

3. **Interferenz mit Mikrowellen**

Die nebenstehende Abbildung zeigt von oben betrachtet eine Doppelspaltanordnung mit drei Metallplatten. Im Punkt S befindet sich ein Mikrowellensender der Wellenlänge $\lambda = 4{,}0$ cm, der von beiden Spalten gleich weit entfernt ist. Die mittlere Platte ist 28 cm, die beiden Spalte sind jeweils 2,0 cm breit.

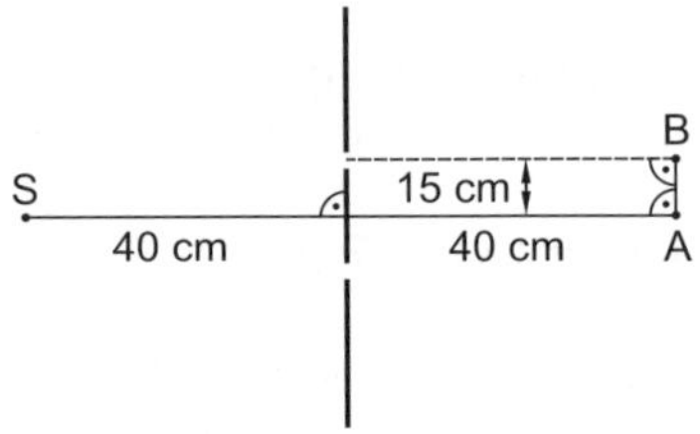

Abb. 2

a) Zunächst werden beide Spalte mit zusätzlichen schmalen Metallplatten verschlossen, sodass eine durchgehende Metallwand entsteht. Ein Empfänger wird auf der Geraden SA von S aus zur mittleren Platte hin bewegt. In regelmäßigen Abständen registriert man Empfangsminima. Erklären Sie dieses Phänomen und bestimmen Sie den Abstand zweier aufeinanderfolgender Minima. Berechnen Sie zudem die Frequenz der verwendeten Mikrowellenstrahlung. (6 BE)

Nun werden die schmalen Metallplatten entfernt und somit die beiden Spalte geöffnet.

b) Stellt man den Empfänger nun im Punkt A auf, so registriert man maximalen Empfang, obwohl die Strahlung nicht direkt durch die mittlere Metallplatte von S nach A gelangen kann.
Erklären Sie diese Beobachtung. (4 BE)

c) Zeigen Sie durch Rechnung, dass man hingegen minimalen Empfang hat, wenn der Empfänger im Punkt B aufgestellt wird. (6 BE)

(60 BE)

Tipps und Hinweise

Tipps zu Teilaufgabe 1 a

- Geben Sie zunächst an, was zu beobachten ist.
- Schlüsselbegriff für die Erklärung: Influenz

Tipp zu Teilaufgabe 1 b

- Verwenden Sie Grundformeln: Kapazität eines Plattenkondensators; Definition der Kapazität.

Tipp zu Teilaufgabe 1 c

- Im Schwebezustand herrscht Kräftegleichgewicht.

Tipp zu Teilaufgabe 1 d

- Verwenden Sie als Ansatz das Kräftegleichgewicht.

Tipp zu Teilaufgabe 1 e

- Lorentzkräfte treten bei bewegten Ladungen auf.

Tipp zu Teilaufgabe 2 a

- Schlüsselbegriffe: Magnetfeld, Duanten, Wechselspannung, Lorentzkraft

Tipps zu Teilaufgabe 2 b

- Verwenden Sie einen Kraftansatz. (Die Lorentzkraft zwingt die Teilchen auf eine Kreisbahn).
- Rechnen Sie trotz der Grenzsituation nichtrelativistisch.
- Es ist nach dem Durchmesser gefragt.

Tipps zu Teilaufgabe 2 c

- Zeigen Sie, dass im nichtrelativistischen Fall die Flugzeit je Halbkreis unabhängig vom Bahnradius immer gleich ist.
- Was passiert für Geschwindigkeiten $v > 0{,}1\,c$?

Tipps zu Teilaufgabe 2 d

- Setzen Sie den gegebenen Wert der kinetischen Energie in die relativistische Energiegleichung ein.
- Sie sollen das die Masse in Vielfachen der Ruhemasse angeben.
- Stellen Sie die Grundformel für die relativistische Masse nach v um.
  (Die Angabe in Einheiten von c ist sinnvoll.)

Tipps zu Teilaufgabe 3 a

- Bei der Reflexion an der Metallwand tritt ein charakteristisches Wellenphänomen auf. Benennen Sie zunächst diese „Wellenform" (die genau genommen eine Schwingung ist).
- Entscheidend für den Abstand der Minima sind die sich ausbildenden Wellenknoten.
- Die Frequenz lässt sich aus der Lichtgeschwindigkeit und der gegebenen Wellenlänge berechnen.

Tipps zu Teilaufgabe 3 b und 3 c

- Schlüsselbegriffe: konstruktive und destruktive Interferenz, Gangunterschied
- Berechnungshilfe: Satz von Pythagoras

Lösungen zum Aufgabenvorschlag 2

1. a) *Beobachtung:* Die Nadel des Elektroskops schlägt aus.

   Erklärung: Wird die positiv geladene Platte 2 von rechts an die zunächst ungeladene Platte 1 herangeführt, tritt zunehmend **Influenz** auf: Die positiven Ladungen auf Platte 2 stoßen die positiven Ladungen auf Platte 1 ab und ziehen die negativen dort an. Das hat zur Folge, dass ein Teil der positiven Ladungen von Platte 1 über die Zuleitung auf das Elektroskop links ausweicht und umgekehrt auch negative Ladungen vom Elektroskop auf die Platte 1 wandern. Auf diese Weise wird das Elektroskop positiv, die Platte 1 negativ aufgeladen.

   b) Mit der Formel für die **Kapazität** eines Plattenkondensators erhält man:

   $$C = \varepsilon_0 \cdot \frac{A}{d} = 8{,}85 \cdot 10^{-12} \frac{C}{Vm} \cdot \frac{(0{,}20\ m)^2}{0{,}025\ m} = \underline{\underline{1{,}4 \cdot 10^{-11}\ F = 14\ pF}}$$

   Als **Ladung** des Kondensators ergibt sich damit wegen $C = \frac{Q}{U}$ der Wert

   $$Q = C \cdot U = 1{,}4 \cdot 10^{-11}\ F \cdot 1{,}4 \cdot 10^3\ V = \underline{\underline{2{,}0 \cdot 10^{-8}\ C}}$$

   c) Abb. 3 zeigt die **Skizze** des Kondensators. Die Gravitationskraft wirkt nach unten, also muss bei Schwebezustand die elektrische Feldkraft nach oben gerichtet sein.

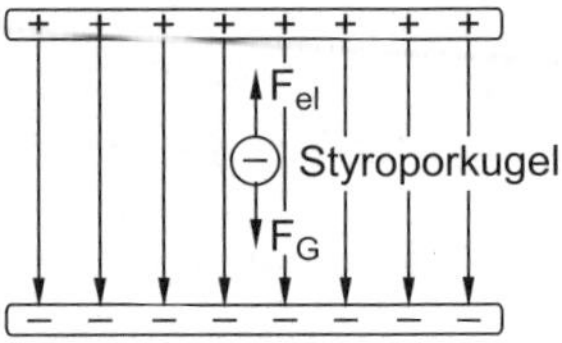

Abb. 3

   d) Die elektrische Feldkraft ist

   $$F_{el} = Q \cdot E = Q \cdot \frac{U}{d},$$

   die Gewichtskraft ist $F_G = m \cdot g$. Mit dem Kräftegleichgewicht der beiden erhält man nach Umformen und Einsetzen für die **Ladung des Kügelchens**:

   $$m \cdot g = Q \cdot \frac{U}{d}$$

   $$\Rightarrow\quad Q = \frac{m \cdot g \cdot d}{U} = \frac{0{,}25 \cdot 10^{-6}\ kg \cdot 9{,}81\ \frac{N}{kg} \cdot 0{,}025\ m}{1{,}4 \cdot 10^3\ V} = \underline{\underline{4{,}4 \cdot 10^{-11}\ C}}$$

   e) Da sich das geladene Kügelchen im Schwebezustand nicht bewegt, tritt auch keine Lorentzkraft auf. Das Magnetfeld hätte also **keinen Einfluss** auf die Gleichgewichtslage der Kugel.

2. a) Beim **Zyklotron** durchsetzt ein homogenes Magnetfeld die beiden halbzylinderförmigen Duanten D_1 und D_2 aus Metall, an die eine Wechselspannung gleichbleibender Frequenz angelegt wird. Werden nun geladene Teilchen im Punkt P freigesetzt und nach links zum Punkt Q beschleunigt (weil das elektrische Feld gerade so gepolt ist), dann erfahren sie in D_1 wegen des Magnetfeldes der Flussdichte B die Lorentzkraft und fliegen auf einer halbkreisförmigen Bahn mit Radius r_1 wieder zum Zwischenraum der Breite d.

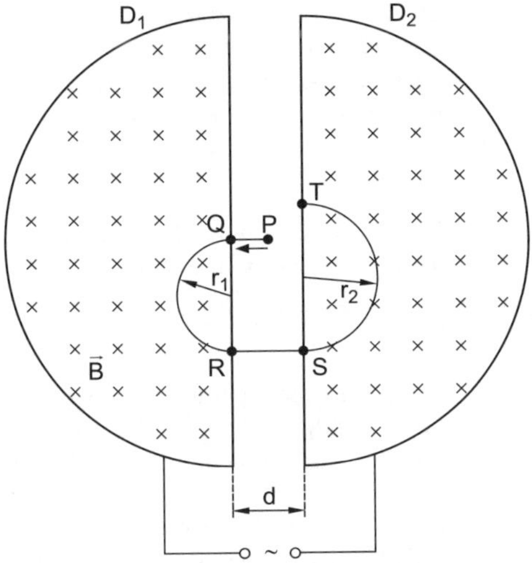

Abb. 4: Prinzipskizze für positiv geladene Teilchen

Dort bei R angekommen werden sie wegen des jetzt umgepolten elektrischen Feldes nach S weiterbeschleunigt und durchfliegen wegen der höheren Geschwindigkeit in D_2 einen größeren Halbkreis mit Radius r_2. Beim Passieren des Punktes T ist das elektrische Feld wieder so gepolt wie am Anfang und die Teilchen werden weiter nach links beschleunigt usw.
Das Gerät funktioniert für nichtrelativistische Geschwindigkeiten, weil die Flugdauer für die Halbkreisbahnen jeweils gleich ist, unabhängig vom Radius (vgl. Teilaufgabe 2 c). Die mit dem Zyklotron auf verhältnismäßig sparsam bemessenem Raum beschleunigten Teilchen werden schließlich nach vielen Runden ausgekoppelt (nicht in Abb. 4 skizziert) und fliegen dann zur weiteren Verwendung geradeaus weiter.

b) Die Lorentzkraft wirkt als Zentripetalkraft auf die Protonen:

$$F_L = F_Z \quad \Leftrightarrow \quad Q \cdot v \cdot B = \frac{m \cdot v^2}{r}$$

Mit der Endgeschwindigkeit $v = 0{,}10\,c$ erhält man für den maximal zulässigen Radius:

$$r_{max} = \frac{m_p \cdot v_{max}}{Q \cdot B} \qquad (*)$$

$$= \frac{1{,}67 \cdot 10^{-27}\,\text{kg} \cdot 0{,}10 \cdot 3{,}0 \cdot 10^8\,\frac{\text{m}}{\text{s}}}{1{,}6 \cdot 10^{-19}\,\text{C} \cdot 0{,}78\,\text{T}} = 0{,}40\,\text{m}$$

Der **maximale Bahndurchmesser** beträgt also

$$D_{max} = 2r_{max} = \underline{\underline{0{,}80\,\text{m}}}.$$

c) Die Funktionalität des klassischen Zyklotrons basiert darauf, dass die Umlaufdauer in den Duanten konstant ist und damit eine Wechselspannung konstanter Frequenz angelegt werden kann. Es gilt nämlich für die Flugdauer längs eines Halbkreises der Länge s

$$t = \frac{s}{v} = \frac{r \cdot \pi}{v}.$$

Ersetzt man darin den Bahnradius r durch den in Teilaufgabe 2 b gefundenen Term (*), bekommt man mit

$$t = \frac{m \cdot v \cdot \pi}{Q \cdot B \cdot v} = \frac{m \cdot \pi}{Q \cdot B}$$

einen Ausdruck, der nur noch von konstanten Größen abhängt – solange die Geschwindigkeit v des Teilchens im nichtrelativistischen Bereich liegt, also $v < 0{,}1\,c$ gilt. Denn dann ist die Masse des Teilchens praktisch konstant, was bei höheren Geschwindigkeiten aufgrund der **relativistische Massenzunahme** nicht mehr der Fall wäre. Sind die Teilchen zu schnell, klappt die Synchronisation zwischen den Beschleunigungs- und Halbkreisbahnphasen nicht mehr.

Um auf relativistische Geschwindigkeiten zu beschleunigen, verwendet man statt des Zyklotrons einen Linearbeschleuniger oder ein Synchrotron.

d) Für die kinetische Energie gilt im hier vorliegenden relativistischen Fall

$$E_{ges} = E_0 + E_{kin}$$

und damit für das gesuchte **Vielfache der Ruhemasse**:

$$\frac{m}{m_0} = \frac{m \cdot c^2}{m_0 \cdot c^2} = \frac{E_{ges}}{E_0} = \frac{E_{kin} + E_0}{E_0} = \frac{E_{kin}}{E_0} + 1 = \frac{4{,}4 \cdot 10^3\,\text{MeV}}{938\,\text{MeV}} + 1 = 5{,}7$$

$$\Rightarrow \quad m = \underline{\underline{5{,}7 m_0}}$$

Für die **Geschwindigkeit** folgt:

$$5{,}7 m_0 = \frac{m_0}{\sqrt{1 - \frac{v^2}{c^2}}}$$

$$\Rightarrow \quad \sqrt{1 - \frac{v^2}{c^2}} = \frac{1}{5{,}7}$$

$$\frac{v}{c} = \sqrt{1 - \frac{1}{5{,}7^2}}$$

$$v = \underline{\underline{0{,}98\,c}}$$

Die Protonen fliegen mit 98 % der Lichtgeschwindigkeit.

3. a) Bei dem auftretenden Phänomen handelt es sich um **stehende Wellen**, die sich vor der Metallwand aufbauen. Eine Viertelwellenlänge vor der Wand liegt das erste gemeinsame Maximum von einfallender und reflektierter Welle, alle halben Wellenlängen vor der Wand liegen die Minima. Zwei aufeinander folgende Minima besitzen also den Abstand

$$d = \frac{\lambda}{2} = \underline{\underline{2{,}0\text{ cm.}}}$$

Für die **Frequenz** erhält man wegen $c = \lambda \cdot f$ den Wert

$$f = \frac{c}{\lambda} = \frac{3{,}0 \cdot 10^8 \frac{\text{m}}{\text{s}}}{0{,}040\text{ m}} = \underline{\underline{7{,}5 \cdot 10^9\text{ Hz} = 7{,}5\text{ GHz.}}}$$

b) Die Ursache für den relativ guten „Empfang“ in A liegt in der **Wellennatur** der Mikrowellenstrahlung: Der geradlinige Weg ist zwar versperrt, nach dem Huygens'schen Prinzip werden aber in jedem von einer Welle getroffenen Punkt – also insbesondere in den beiden Spaltmitten – Elementarwellen erzeugt, die bis zum **Punkt A** den gleichen Weg haben. Sie **interferieren** daher **konstruktiv** und es bildet sich ein **Maximum** aus.

c) Bis zum **Punkt B** haben die beiden (synchron in den Spaltmitten startenden) Elementarwellen verschieden lange Wege zurückzulegen, nämlich 40 cm die obere und nach Pythagoras

$$\sqrt{(40\text{ cm})^2 + (2 \cdot 15\text{ cm})^2} = 50\text{ cm}$$

die untere. Der Gangunterschied von 10 cm ist gerade das 2,5-Fache der Wellenlänge; das bedeutet, die beiden Wellen sind um eine halbe Wellenlänge gegeneinander verschoben. Sie **interferieren** daher **destruktiv** und es bildet sich ein **Minimum** aus.

Aufgabenvorschlag 1

1. **Der Fotoeffekt**

Ende des 19. Jahrhunderts untersuchten Heinrich Hertz und Wilhelm Hallwachs erstmals systematisch den Fotoeffekt, bei dem durch Bestrahlung mit Licht Elektronen aus Metalloberflächen herausgelöst werden.

a) Skizzieren Sie eine Versuchsanordnung, bei der mithilfe einer Vakuumfotozelle die maximale kinetische Energie $E_{k,\,max}$ von Fotoelektronen in Abhängigkeit von der Lichtfrequenz gemessen werden kann, und beschreiben Sie die Versuchsdurchführung. (7 BE)

Das in Teilaufgabe 1 a beschriebene Experiment wird mit einem speziellen Laser durchgeführt, bei dem verschiedene Lichtfrequenzen im sichtbaren Bereich eingestellt werden können.

Wellenlänge λ/nm	444	480	523	605	640
Frequenz $f/10^{14}$ Hz	6,75	6,25	5,73	4,96	4,68
$E_{k,\,max}$/eV	0,66	0,44	0,25	–	–

b) Erklären Sie mithilfe der Lichtquantenhypothese, warum bei den beiden größten Wellenlängen im Experiment kein Fotoeffekt auftritt. (6 BE)

c) Zeichnen Sie ein f-$E_{k,\,max}$-Diagramm und erklären Sie die physikalische Bedeutung der Schnittpunkte der durch die Messpunkte bestimmten Ausgleichsgeraden mit den beiden Achsen. (Skalierung: $1 \cdot 10^{14}$ Hz $\hat{=}$ 2 cm; 1 eV $\hat{=}$ 5 cm). (6 BE)

d) Ermitteln Sie mithilfe des Diagramms aus Teilaufgabe 1 c die Planck-Konstante h. (5 BE)

e) Bei Bestrahlung mit dem grünen Laserlicht ($\lambda = 523$ nm) trifft eine Lichtleistung von 2,0 mW auf die Fotokathode. Berechnen Sie die Fotostromstärke unter der Annahme, dass nur 0,010 % der Photonen Elektronen auslösen. (6 BE)

2. **Kernfusion**
Das Hauptziel der jahrzehntelangen Kernfusionsforschung ist der Bau eines Reaktors zur großtechnischen Stromerzeugung aus der bei Fusionsreaktionen freiwerdenden Energie. Dabei spielt u. a. die Fusion von Deuterium (^2H) mit Tritium (^3H) zu Helium (^4He) eine zentrale Rolle.

$m(^2H) = 2{,}014102$ u; $m(^3H) = 3{,}016049$ u; $m(^4He) = 4{,}002603$ u;
$1\,u = 1{,}66054 \cdot 10^{-27}$ kg

a) Geben Sie die Reaktionsgleichung für den genannten Fusionsprozess an und berechnen Sie die bei dieser Reaktion frei werdende Energie Q. [Zur Kontrolle: Q = 17,6 MeV] (5 BE)

b) Bei der Planung eines Fusionsreaktors mit einer elektrischen Leistung von 1 000 MW wird ein Wirkungsgrad von 45 % zugrunde gelegt. Berechnen Sie die Masse von Deuterium und von Tritium, die im Dauerbetrieb innerhalb von 24 Stunden zu Helium fusioniert würde. (6 BE)

c) Im nachfolgenden Diagramm ist der Betrag der mittleren Bindungsenergie pro Nukleon B/A in Abhängigkeit von der Nukleonenzahl A dargestellt. (5 BE)

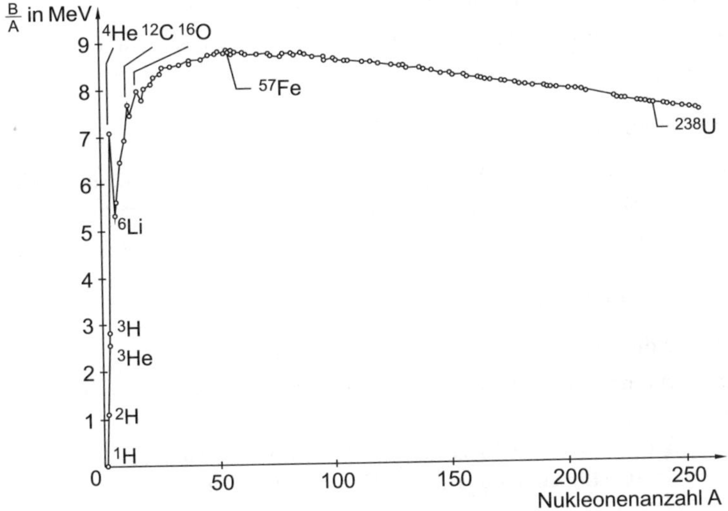

Abb. 1

Erläutern Sie mithilfe des Diagramms, dass für die Energiegewinnung durch Kernfusion nur leichte Elemente in Frage kommen.
Welcher weitere Prozess zur Energiegewinnung ergibt sich aus dem Diagramm?

Das hier zur Fusion benötigte Tritium ist ein β^--Strahler mit der Halbwertszeit $T_{1/2} = 12{,}3$ a.

d) Beschreiben Sie die Eigenschaften dieser Strahlungsart. (4 BE)

e) Das im Reaktor verwendete Tritium wird nicht vollständig zu Helium fusioniert. Daher muss das überschüssige Tritium sicher gelagert werden. Wie lange dauert es, bis davon 99 % zerfallen sind? (6 BE)

f) Trotz großer technischer Schwierigkeiten halten manche Wissenschaftler an der Kernfusion zur Lösung der künftigen Energieversorgung fest. Nehmen Sie hierzu kurz Stellung, indem Sie jeweils einen Vorteil und einen Nachteil dieser Technologie aufzeigen. (4 BE)

(60 BE)

Tipps und Hinweise

Tipps zu Teilaufgabe 1 a

- Hier ist nach der Gegenfeld-Methode gefragt.
- Sie sollen Aufbau und Durchführung lediglich *beschreiben*.
- Schlüsselbegriffe: Ringanode, Kathode, monochromatisches Licht, Gegenspannung, Fotostrom

Tipps zu Teilaufgabe 1 b

- Nennen Sie die wesentlichen Aussagen der Lichtquantenhypothese und erklären Sie damit die Wechselwirkung zwischen Photon und Elektron beim Fotoeffekt.
- Vergleichen und bewerten Sie die in der Tabelle angeführten Photonenenergien.

Tipps zu Teilaufgabe 1 c

- Beachten Sie die angegebene Skalierungsempfehlung.
- Der Graph ist eine Gerade. Gesucht sind die Nullstelle und der Achsenabschnitt der Energieachse.
- Wenn Sie die physikalische Bedeutung der Schnittpunkte nicht auswendig wissen: Überlegen Sie, wie die Gleichung dieser Geraden lauten muss (Energieerhaltung!)

Tipp zu Teilaufgabe 1 d

- Schätzen Sie die Steigung der Geraden ab.

Tipp zu Teilaufgabe 1 e

- Rechnen Sie die Lichtleistung zunächst in die zugehörige Photonenanzahl um, dann kennen Sie auch die pro Sekunde ausgelösten Elektronen.

Tipp zu Teilaufgabe 2 a

- Nukleonenzahl und Ladungszahl müssen links und rechts übereinstimmen.

Tipp zu Teilaufgabe 2 b

- Ermitteln Sie zunächst die für die gewünschte Sekundärleistung notwendige Primärleistung und daraus die Anzahl der einzelne Fusionsprozesse.

Tipps zu Teilaufgabe 2 c

- Energiegewinnung bedeutet im Diagramm „Wandern nach oben".
- Die Kurve fällt links *und* rechts vom Maximum ab.

Tipp zu Teilaufgabe 2 d

- Denken Sie z.B. an Entstehung, Spektrum, Reichweite, Abschirmbarkeit.

Tipp zu Teilaufgabe 2 e

- Verwenden Sie die Aktivitätsformel (exponentieller Zerfall).

Tipp zu Teilaufgabe 2 f

- Betrachten Sie die Aspekte Technik, Kosten, Sicherheit, Rohstoffe.

Lösungen zum Aufgabenvorschlag 1

1. a) In Abb. 2 ist der prinzipielle **Versuchsaufbau** skizziert. Das Licht einer bestimmten Frequenz fällt auf die Kathode der Vakuumfotozelle und löst dort Fotoelektronen aus, die in Richtung der ringförmigen Anode fliegen und diese teilweise treffen. Dadurch wird die Kathode wegen des Elektronenmangels positiv, die Ringanode negativ geladen und es fließt ein Strom durch das Amperemeter zwischen Anode und Kathode. Um nun die maximale kinetische Energie austretender Fotoelektronen zu bestimmen, wird durch Anlegen einer regelbaren Gegenspannung ein elektrisches Gegenfeld erzeugt. Das Stromstärkemessgerät wird im empfindlichsten Messbereich betrieben und die Spannung U so eingestellt, dass gerade kein Strom mehr fließt. Die Energie $e \cdot U$ ist dann der gesuchte Wert für die maximale kinetische Energie der Fotoelektronen. Durch Variation der eingestrahlten Lichtfrequenz lässt sich eine Messreihe von (f; $E_{k,\,max}$)-Paaren gewinnen und die gegenseitige Abhängigkeit dieser Größen bestimmen.

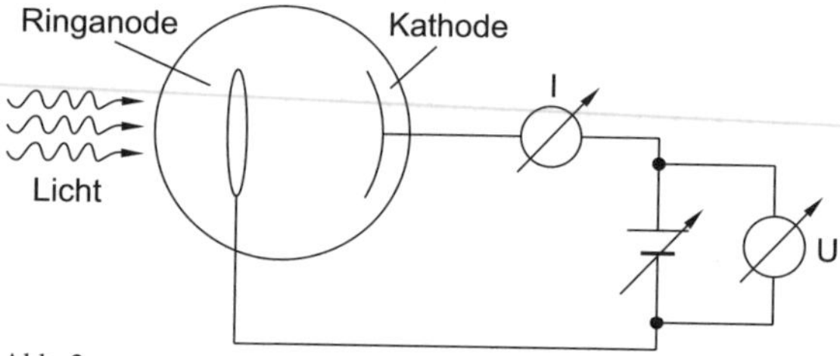

Abb. 2

b) Licht hat sowohl Wellen- als auch Teilcheneigenschaften. Nach der **Lichtquantenhypothese** besteht Licht aus Quanten bzw. Photonen, deren Energie E mit der Frequenz f bzw. Wellenlänge λ des Lichts in Beziehung gesetzt wird:

$$E = h \cdot f = h \cdot \frac{c}{\lambda}$$

Um den Fotoeffekt – also das Auslösen von Elektronen aus dem Metall der Kathode – zu ermöglichen, muss die von einem einzelnen Photon auf das Elektron übertragene Energie mindestens die Auslösearbeit W_0 betragen; W_0 besitzt einen für das Kathodenmaterial charakteristischen Wert. Es existiert daher eine untere Grenzfrequenz f_G bzw. eine obere **Grenzwellenlänge** λ_G, ab der der Fotoeffekt einsetzt. Die in der Tabelle aufgeführten Wellenlängen von 605 nm und 640 nm liegen offensichtlich oberhalb von λ_G, die Wellenlänge 523 nm noch darunter.

Der Fotoeffekt gilt als Schlüsselexperiment für die Teilchennatur des Lichtes, weil sich mithilfe dieser Modellvorstellung – anders als mit dem Wellenmodell – sämtliche empirischen Befunde erklären lassen (speziell: sofortiges Einsetzen des Effekts, Frequenz- statt Intensitätsabhängigkeit der Elektronenenergie, Existenz einer Grenzfrequenz).

c) **f-$E_{k,max}$-Diagramm**

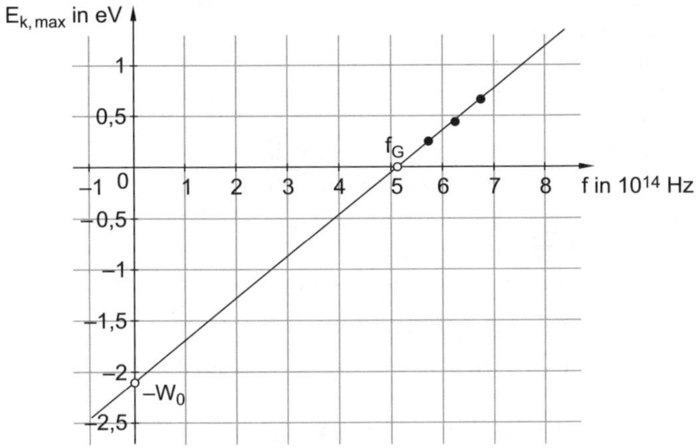

Abb. 3

Die Ausgleichsgerade liefert als

- Schnittpunkt mit der f-Achse die **Grenzfrequenz f_G**, unterhalb der mangels ausreichender Photonenenergie kein Fotoeffekt mehr auftreten kann;
- Schnittpunkt mit der Energieachse den Wert der **Auslösearbeit W_0**, die bei dem verwendeten Kathodenmaterial notwendig ist.

Streng genommen ermittelt man mit der Gegenfeldmethode die Austrittsarbeit des *Anoden*- und nicht des Kathodenmaterials; die hierfür verantwortliche Kontaktspannung zwischen Anode und Kathode bleibt aber im Rahmen der schulischen Betrachtung unberücksichtigt.

d) Die **Planckkonstante h** ist durch die Steigung der Geraden im f-$E_{k,max}$-Diagramm gegeben. Wegen der Grenzfall-Situation $h \cdot f_G = W_0$ gilt:

$$h = \frac{W_0}{f_G} = \underline{\underline{6{,}6 \cdot 10^{-34}\ \text{Js}}}$$

Zum Vergleich: Literaturwert $h = 6{,}6261 \cdot 10^{-34}$ Js. Halten Sie sich an die in der Aufgabenstellung empfohlene Skalierung des f-$E_{k,max}$-Diagramms, Sie können dann genügend genaue Werte für f_G und W_0 problemlos ablesen.

e) Bei Laserlicht der Wellenlänge 523 nm ist die Photonenenergie jeweils

$$h \cdot f = \frac{h \cdot c}{\lambda} = \frac{6{,}626 \cdot 10^{-34}\ \text{Js} \cdot 3{,}0 \cdot 10^8\ \frac{\text{m}}{\text{s}}}{523 \cdot 10^{-9}\ \text{m}} = 3{,}8 \cdot 10^{-19}\ \text{J},$$

bei einer Gesamtleistung von 2,0 mW beträgt ihre Zahl das in jeder Sekunde

$$\frac{2{,}0 \cdot 10^{-3}}{3{,}8 \cdot 10^{-19}} \approx 5{,}3 \cdot 10^{15}.$$

Davon lösen 0,010 % oder $5{,}3 \cdot 10^{11}$ Photonen je ein Elektron und damit pro Sekunde die Ladung $5{,}3 \cdot 10^{11} \cdot 1{,}6 \cdot 10^{-19}\,\mathrm{C} \approx 8{,}4 \cdot 10^{-8}\,\mathrm{C}$ aus. Das liefert eine **Fotostromstärke** von

$$I = \underline{\underline{8{,}4 \cdot 10^{-8}\,\mathrm{A} = 84\,\mathrm{nA}.}}$$

2. a) Bei der Reaktion muss wegen der ausgeglichenen Nukleonenbilanz ein Neutron freiwerden, die **Reaktionsgleichung** lautet:

$$\underline{\underline{{}^2_1\mathrm{H} + {}^3_1\mathrm{H} \;\rightarrow\; {}^4_2\mathrm{He} + {}^1_0\mathrm{n}}}$$

Mit den angegebenen Massen ergibt sich als frei werdende **Reaktionsenergie**:

$$Q = (m_{H2} + m_{H3} - m_{He4} - m_n) \cdot c^2$$
$$= (2{,}014102 + 3{,}016049 - 4{,}002603 - 1{,}008665)\,\mathrm{u} \cdot c^2 = \underline{\underline{17{,}6\,\mathrm{MeV}}}$$

b) Bei einer Effektivleistung von 1 000 MW und einem Wirkungsgrad von 45 % muss eine Primärleistung von

$$\frac{1\,000\,\mathrm{MW}}{0{,}45} = 2\,222\,\mathrm{MW}$$

erzeugt werden, das sind in 24 Stunden

$$2\,222 \cdot 10^6\,\mathrm{W} \cdot 24 \cdot 3600\,\mathrm{s} = 1{,}92 \cdot 10^{14}\,\mathrm{J}.$$

Also müssen täglich

$$\frac{1{,}92 \cdot 10^{14}\,\mathrm{J}}{17{,}6\,\mathrm{MeV}} = \frac{1{,}92 \cdot 10^{14}\,\mathrm{J}}{17{,}6 \cdot 10^6 \cdot 1{,}60 \cdot 10^{-19}\,\mathrm{J}} = 6{,}82 \cdot 10^{25}$$

Fusionsprozesse stattfinden, wofür man jeden Tag etwa die **Massen**

$$6{,}82 \cdot 10^{25} \cdot 2{,}014102 \cdot 1{,}66054 \cdot 10^{-27}\,\mathrm{kg} = \underline{\underline{0{,}23\,\mathrm{kg\ Deuterium}}}$$

und

$$6{,}82 \cdot 10^{25} \cdot 3{,}016049 \cdot 1{,}66054 \cdot 10^{-27}\,\mathrm{kg} = \underline{\underline{0{,}34\,\mathrm{kg\ Tritium}}}$$

benötigt.

c) Die mittlere Bindungsenergie pro Nukleon ist bei He4 wesentlich höher als bei Deuterium und Tritium, diese Differenz wird beim Fusionsprozess frei. Grundsätzlich kommen nur **leichte Elemente für die Fusion** in Frage, weil hier die Bindungsenergie je Nukleon zu den größeren Fusionsprodukten hin tendenziell zunimmt und somit ein positiver Q-Wert vorliegt.
Alternativ gelangt man auf dem abgebildeten Graphen auch nach oben, wenn man „von rechts kommend" große Kerne wie U238 in zwei kleinere spaltet; die überschüssige Bindungsenergie wird dabei ebenfalls freigesetzt. Dieser Prozess der **Kernspaltung** wird bereits weltweit seit Jahrzehnten zur Energiegewinnung eingesetzt.

d) **Betastrahlung** besteht aus sehr schnellen Elektronen, die aus dem Kern stammen und durch Zerfall je eines Kernneutrons entstehen. Neben dem Elektron wird dabei ein im Kern verbleibendes Proton und – aus Gründen der Energie- und Impulserhaltung – ein Antineutrino erzeugt. Das Spektrum der Betastrahlung ist daher kontinuierlich. Betastrahlung lässt sich leicht durch Holzplatten o. Ä. abschirmen und hat eine Reichweite von einigen Metern.

e) Das Tritium zerfällt exponentiell, die Zerfallsgleichung lautet:

$$N(t) = N_0 \cdot e^{-\frac{\ln 2}{T_{1/2}} \cdot t}$$

Wenn davon 99 % zerfallen, bleiben 1 % übrig. Das geschieht in der **Lagerzeit**

$$\left.\begin{aligned} N(t_L) &= N_0 \cdot 0{,}01 \\ N(t_L) &= N_0 \cdot e^{-\frac{\ln 2}{T_{1/2}} \cdot t_L} \end{aligned}\right\} \Rightarrow \; 0{,}01 = e^{-\frac{\ln 2}{T_{1/2}} \cdot t_L}$$

$$\Rightarrow \quad t_L = -T_{1/2} \cdot \frac{\ln 0{,}01}{\ln 2} = -12{,}3\,\text{a} \cdot (-6{,}644)$$

$$= \underline{\underline{82\,\text{a.}}}$$

f) Als mögliche **Nachteile** könnte man nennen:
- Schwierigkeiten bei der Schaffung der Fusionsbedingungen (extrem hohe Temperaturen und ausgesprochen hohe Drücke);
- hohe Entwicklungskosten;
- radioaktive Belastungen und evtl. Ermüdungserscheinungen des Reaktorwandmaterials insbesondere durch schnelle Neutronen, die zu aktivierten Wandatomen führen und somit auch Entsorgungsprobleme darstellen.

Als mögliche **Vorteile** gelten:
- der geringe Mengenbedarf bei diesen Energieträgern;
- nahezu unerschöpfliche Rohstoffvorkommen.

Aufgabenvorschlag 2

1. **Franck-Hertz-Versuch**

Im Jahre 1913 führten die Physiker James Franck und Gustav Hertz einen Versuch zur Anregung von Quecksilberatomen durch Elektronenstöße durch.

a) Fertigen Sie eine beschriftete Skizze des Franck-Hertz-Experiments an. (6 BE)

b) Das nebenstehende Diagramm wurde bei einer Durchführung des Experiments aufgezeichnet. Erklären Sie das Auftreten des ersten relativen Minimums der Stromstärke (bei der Spannung U_1).

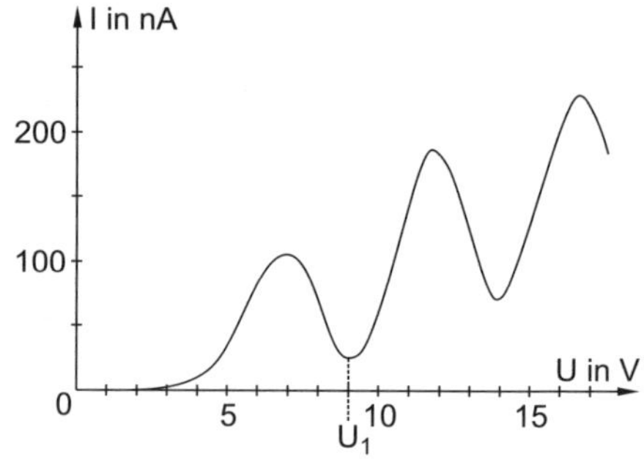

Abb. 1

(5 BE)

c) Berechnen Sie mithilfe des Diagramms die Geschwindigkeit, die ein Elektron mindestens haben muss, um ein Quecksilberatom anregen zu können. (5 BE)

Die angeregten Quecksilberatome geben beim Übergang in den Grundzustand ihre Anregungsenergie in Form von Photonen ab.

d) Berechnen Sie die Wellenlänge der emittierten Strahlung und geben Sie deren Spektralbereich an. (4 BE)

e) Atome können sowohl durch Stöße mit Elektronen als auch durch Photonen angeregt werden. Geben Sie zwei wesentliche Unterschiede dieser beiden Anregungsmöglichkeiten an. (4 BE)

2. **Nuklearbatterien**

In der Raumfahrt werden Nuklearbatterien eingesetzt, die ihre Energie aus dem Zerfall von radioaktiven Isotopen gewinnen. Die dabei freigesetzte thermische Energie wird in elektrische Energie umgewandelt.
In den letzten Jahren wurden sehr kompakte Nuklearbatterien entwickelt; daher wird erwogen, diese auch außerhalb der Raumfahrt einzusetzen. Als Radioisotop wird Tritium ^3H verwendet, das ein reiner β^--Strahler mit der Halbwertszeit $T_{1/2} = 12{,}3$ a und der Atommasse $m(^3H) = 3{,}016049$ u ist. Die Atommasse des stabilen Reaktionsprodukts beträgt 3,016029 u.
$(1\ u = 1{,}66054 \cdot 10^{-27}\ kg)$

a) Geben Sie die Gleichung für den genannten Zerfall an und berechnen Sie die maximale kinetische Energie der β^--Teilchen. (5 BE)

b) Begründen Sie, weshalb nahezu alle β^--Teilchen eine geringere Energie als die in Teilaufgabe 2 a berechnete besitzen. (3 BE)

Beim Prototyp einer Mini-Nuklearbatterie soll zum Zeitpunkt der Herstellung die Tritium-Aktivität $A_0 = 9{,}6 \cdot 10^{13}$ Bq vorliegen.

c) Berechnen Sie die Masse des in der Batterie anfänglich vorhandenen Tritiums. Auf welchen Prozentsatz der Anfangsaktivität sinkt die Aktivität innerhalb von 4,0 Jahren? (7 BE)

d) Erläutern Sie, welche Schutzvorkehrungen in Hinblick auf die β^--Strahlung getroffen werden müssten, wenn man eine Nuklearbatterie als Stromquelle für ein Handy einsetzen würde. (4 BE)

e) Diskutieren Sie unter Einbeziehung der bisherigen Ergebnisse Vor- und Nachteile eines möglichen Einsatzes von Nuklearbatterien anstelle von herkömmlichen Akkus oder Batterien in verschiedenen Anwendungsbereichen. Beurteilen Sie insbesondere, ob ein Einsatz in der Konsumelektronik sinnvoll wäre. (4 BE)

3. **Antimaterie**

Zur Herstellung von Antiprotonen werden Protonen mit hoher Energie auf ein Target (z. B. Kupfer) geschossen. Dabei entstehen durch Kernreaktionen Proton-Antiproton-Paare. Protonen und Antiprotonen unterscheiden sich im Vorzeichen ihrer Ladungen, besitzen aber gleiche Massen.

a) Stellen Sie unter Verwendung des Standardmodells der Elementarteilchen den Aufbau von Proton und Antiproton dar. Gehen Sie dabei auch auf die Ladungen ein. (4 BE)

b) Berechnen Sie die relativistische Masse eines Antiprotons mit der kinetischen Energie 7,5 GeV. Drücken Sie das Ergebnis als Vielfaches der Ruhemasse des Antiprotons aus. (5 BE)

c) Bei einem Proton-Antiproton-Paar kann eine sogenannte Paarvernichtung stattfinden, d. h. die Masse beider Teilchen wird vollständig in Energie umgewandelt, die in Form von γ-Quanten abgestrahlt wird. Betrachten Sie den Spezialfall, dass die beiden Teilchen vor der Zerstrahlung ruhen und zeigen Sie hierfür mithilfe einer Impulsbetrachtung, dass ein Zerstrahlen in ein einziges γ-Quant nicht möglich ist. (4 BE)

(60 BE)

Tipps und Hinweise

Tipps zu Teilaufgabe 1 a

- Bauelemente: Röhre (Triode) mit Quecksilberdampf, Glühkathode, Gitteranode, Auffangplatte, Messverstärker, Amperemeter, drei Spannungsquellen
- Hinter der Beschleunigungsstrecke liegt ein Gegenfeld an.

Tipps zu Teilaufgabe 1 b

- Beschreiben Sie die Wechselwirkung zwischen den beschleunigten Elektronen und den Quecksilberatomen. Es treten (je nach Größe der Beschleunigungsspannung) elastische und unelastische Stöße auf.
- Quecksilberatome lassen sich mit etwa 4,9 eV in den ersten angeregten Zustand bringen.

Tipps zu Teilaufgabe 1 c

- Verwenden Sie einen Energieansatz.
- Bei diesem Energiewert kann man nichtrelativistisch rechnen.

Tipp zu Teilaufgabe 1 d

- Der sichtbare Spektralbereich liegt grob zwischen 400 nm und 800 nm.

Tipp zu Teilaufgabe 1 e

- Überlegen Sie in beiden Fällen: Kann Energie bei der Anregung „übrig" bleiben? Was passiert ggf. mit der Restenergie?

Tipps zu Teilaufgabe 2 a

- Achten Sie bei der Massenbilanz auf die veränderte Kernladungszahl.
- Das im Text genannte „stabile Reaktionsprodukt" ist neutrales(!) He3.

Tipp zu Teilaufgabe 2 b

- Hier spielt das Antineutrino eine wichtige Rolle.

Tipps zu Teilaufgabe 2 c

- Berechnen Sie hier zunächst die Zerfallskonstante des Tritium.
- Sie benötigen den Zusammenhang zwischen Aktivität und Teilchenzahl sowie das Zerfallsgesetz.

Tipps zu Teilaufgabe 2 d

- Wie und wo werden Handys eingesetzt?
- Berücksichtigen Sie die Auswirkungen mechanischer Einflüsse.

Tipps zu Teilaufgabe 2 e

- Mögliche Aspekte: Energiegehalt, Gewicht, Wartung, Sicherheit, Kosten. Vergleichen Sie mit herkömmlichen (tragbaren) Stromquellen.
- Schließen Sie auf mögliche Einsatzgebiete (sinnvoll/nicht sinnvoll) und vergessen Sie nicht, den Einsatz in der Konsumelektronik zu bewerten.

Tipp zu Teilaufgabe 3 a

- Quarks tragen gedrittelte Ladungen.

Tipp zu Teilaufgabe 3 b

- Gehen Sie bei Proton und Antiproton von gleicher Masse aus.

Tipp zu Teilaufgabe 3 c

- Argumentieren Sie mit der Impulserhaltung.

Lösungen zum Aufgabenvorschlag 2

1. a) **Skizze zum Franck-Hertz-Versuch**

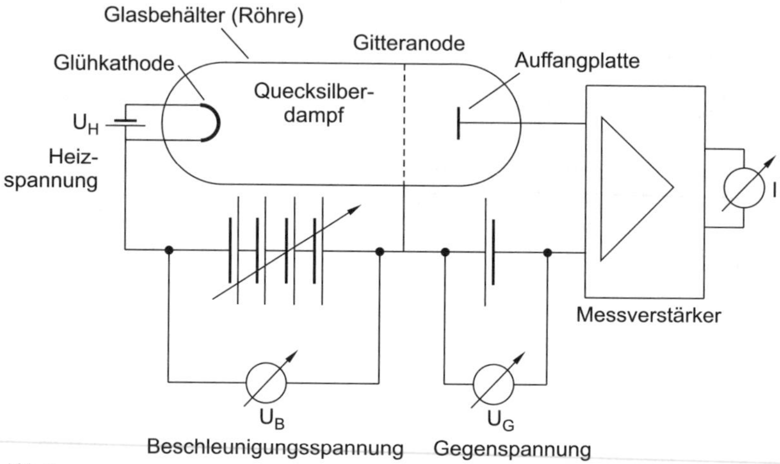

Abb. 2

Gemessen wird die Stromstärke I in Abhängigkeit von der Beschleunigungsspannung U_B. Die geringe Gegenspannung U_G unten rechts dient dazu, Elektronen mit sehr kleiner Energie vom Erreichen der Platte abzuhalten.

b) Misst man das Diagramm der Abb. 1 aus, fällt zunächst auf, dass die Maxima einen konstanten Abstand von rund 4,9 V haben. Dass das erste Maximum erst bei einer etwas höheren Beschleunigungsspannung $U_{max,1}$ auftritt, liegt an dem Gegenfeld, das die Elektronen hinter der Anode überwinden müssen. Bis zu diesem Maximum hin führt eine Erhöhung der Beschleunigungsspannung zu einer höheren kinetischen Energie der durch Glühemission freigesetzten Elektronen. Da die Stöße mit den Quecksilberatomen für $U < U_{max,1}$ elastisch sind, erleiden die Elektronen keinen Energieverlust und erreichen in zunehmender Anzahl die Auffangplatte. Die Stromstärke I wächst an. Jenseits von $U_{max,1}$ sinkt die Stromstärke dann auf U_1 ab. Grund: Die kinetische Energie, welche die Elektronen kurz vor dem Gitter besitzen, ist gleich der niedrigsten Anregungsenergie der Quecksilberatome im Grundzustand. Ein Teil der Elektronen stößt unelastisch mit den Quecksilberatomen, die Elektronen geben ihre kinetische Energie ab und können folglich nicht mehr die Auffangplatte erreichen; die Stromstärke I sinkt. Bei weiter wachsender Beschleunigungsspannung steigt sie wieder an, weil die Elektronen weiter vor dem Gitter die nötige Energie für unelastische Stöße erreichen, sodass sie auf der Reststrecke wieder genügend beschleunigt werden können, um zur Auffangplatte zu gelangen. Bei U_1 bildet sich daher ein **Minimum** aus.

Bei weiterer Spannungserhöhung wandert die Stoßzone weiter in Richtung Glühkathode (Abb. 2). Die nach dem ersten Stoß durchflogene Beschleunigungsstrecke wird wieder größer, ihre kinetische Energie bis zum Gitter auch wieder, bis schließlich ein zweites Mal kurz vor dem Gitter die Anregungsenergie des Quecksilbers erreicht ist. Dem zweiten Maximum folgt damit das zweite Minimum usw.

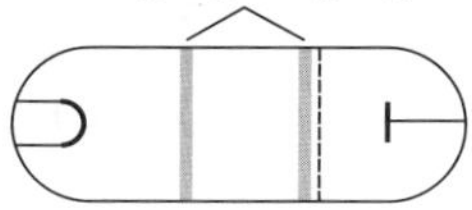

Abb. 3

c) Der Abstand zwischen zwei Minima beträgt 4,9 V, die kinetische Energie des das Elektrons muss also gleich der Anregungsenergie 4,9 eV sein:

$$\frac{1}{2} m \cdot v^2 = 4{,}9 \cdot 1{,}6 \cdot 10^{-19}\ \text{J}$$

Es besitzt dann die **Geschwindigkeit**:

$$v = \sqrt{\frac{2 \cdot 4{,}9 \cdot 1{,}6 \cdot 10^{-19}\ \text{J}}{9{,}11 \cdot 10^{-31}\ \text{kg}}} = \underline{\underline{1{,}3 \cdot 10^6\ \frac{\text{m}}{\text{s}}}}$$

v beträgt damit rund 0,4 % der Lichtgeschwindigkeit, der nichtrelativistische Ansatz für die kinetische Energie ist also gerechtfertigt.

d) Die Photonenenergie ist die ganze Anregungsenergie, also 4,9 eV. Für die **Wellenlänge** ergibt sich mit der Formel

$$h \cdot f = h \cdot \frac{c}{\lambda} = 4{,}9\ \text{eV}$$

der Wert

$$\lambda = \frac{h \cdot c}{4{,}9\ \text{eV}} = \frac{6{,}63 \cdot 10^{-34}\ \text{Js} \cdot 3{,}0 \cdot 10^8\ \frac{\text{m}}{\text{s}}}{4{,}9 \cdot 1{,}6 \cdot 10^{-19}\ \text{J}} = \underline{\underline{254\ \text{nm}}}$$

Die emittierte Strahlung liegt damit im **UV-Bereich**.

e) **Unterschiede bei der Anregung durch Photonen und durch Elektronen**

- Bei Photonen ist nur eine Anregung möglich, wenn das Atom die gesamte Energie aufnimmt.
  Bei Stößen mit Elektronen dagegen ist ein teilweiser Energieübertrag möglich (wenn die Gesamtenergie mindestens gleich der Anregungsenergie ist), die Elektronen haben dann nach dem Stoß die ggf. verbleibende Restenergie.
- Photonen gleicher Frequenz (monochromatisches Licht) können höchstens ein Energieniveau eines Atoms anregen.
  Elektronen gleicher Energie (monoenergetische Elektronenstrahlung) können mehrere Energieniveaus anregen.

2. a) Die **Reaktionsgleichung** ist

$$\underline{\underline{{}^{3}_{1}\text{H} \rightarrow {}^{3}_{2}\text{He} + {}^{0}_{-1}\beta + {}^{0}_{0}\overline{\nu}.}}$$

Die **maximale kinetische Energie** der Betateilchen ist gleich dem Q-Wert:

$$Q = (m_{H3} - m_{He3}) \cdot c^2 = (3{,}016049 - 3{,}016029)\ u \cdot c^2$$
$$= 0{,}000020 \cdot 931{,}5\ \text{MeV} = \underline{\underline{19\ \text{keV}}}$$

Beachten Sie, dass in der Berechnung das Beta-Elektron nicht erscheint: Das He3-Atom sucht sich wegen der beiden Protonen im Kern ein zusätzliches Elektron aus der Umgebung, das dann den Verlust des Betateilchens ausgleicht.

b) Das Energiespektrum beim Betazerfall ist kontinuierlich. Die Energie eines Betateilchens ist dann maximal, wenn es die gesamte Reaktionsenergie alleine abführt (siehe Teilaufgabe 2 a). In der Regel verteilt sich die Reaktionsenergie auf Betateilchen und Antineutrino, sodass die Betateilchen eine kleinere Energie als Q besitzen.

Wegen des nicht diskreten Betaspektrums – wie man es aufgrund der wohldefinierten Reaktionsenergie erwarten würde – wurde seinerzeit die Existenz eines weiteren Teilchens gefordert (Neutrino bzw. Antineutrino). Nur bei einem Drei- (nicht aber bei einem Zwei-) Körperproblem lässt sich die gleichzeitige Energie- und Impulserhaltung mit kontinuierlichen Lösungen erklären.

c) Die gewünschte Anfangsaktivität

$$A_0 = \lambda \cdot N_0 = \frac{\ln 2}{T_{1/2}} \cdot \frac{m}{m_{H3}}$$

erhält man bei einer **Anfangsmasse Tritium** von

$$m = \frac{A_0 \cdot m_{H3} \cdot T_{1/2}}{\ln 2}$$
$$= \frac{9{,}6 \cdot 10^{13}\ \text{Bq} \cdot 3{,}016049 \cdot 1{,}66054 \cdot 10^{-27}\ \text{kg} \cdot 12{,}3 \cdot 365 \cdot 24 \cdot 3600\ \text{s}}{\ln 2}$$
$$= \underline{\underline{2{,}7 \cdot 10^{-4}\ \text{kg} = 0{,}27\ \text{g}.}}$$

Nach 4,0 Jahren ist die Aktivität wegen

$$A(4{,}0\ a) = A_0 \cdot e^{-\frac{\ln 2}{12{,}3\ a} \cdot 4{,}0\ a} = A_0 \cdot 0{,}798$$

auf etwa **80 %** gesunken.

d) **Schutzvorkehrungen**
Bei der Nutzung in einem Handy liegt der Abstand zwischen Nuklearbatterie und Mensch auf jeden Fall innerhalb der Reichweite der Betateilchen in Luft ($\approx$ 10 cm bei Tritium). Zum Schutz der Gesundheit muss die Betastrahlung

daher durch geeignete Materialien abgeschirmt werden. Außerdem muss ein Austreten des radioaktiven Materials durch undichte Stellen o. Ä. mit Sicherheit ausgeschlossen werden können.

e) **Vorteile**
Nuklearbatterien sind wartungsfrei, autonom und liefern langfristig Energie. Als ideale Anwendungen bieten sich daher ferngesteuerte oder selbständig arbeitende Geräte an Orten an, die für die übliche Akkutechnik oder Solarversorgung ungeeignet sind, wie Tiefsee, Bergbau oder sonnenferne Raumfahrt. Weitere Vorteile sind geringe Baugröße und niedriges Gewicht.

Nachteile
Hier steht natürlich die Gefährdung durch radioaktive Strahlung im Vordergrund. Die hohe Aktivität und die doch relativ lange Halbwertszeit sorgen für ein hohes und langfristiges Risiko bei beschädigter Kapselung oder Abschirmung. Die nötigen Sicherheitsmaßnahmen erfordern höhere (direkte und indirekte) Kosten.

Der **Einsatz in Konsumelektronikartikeln** würde große Mengen radioaktiver Substanzen unkontrolliert in Umlauf bringen (Entsorgung!), bei unsachgemäßer Behandlung drohen hohe Gesundheitsrisiken.

Ob die Vor- oder die Nachteile überwiegen, hängt vom Einsatzgebiet ab. Für Anwendungen in der Weltraumtechnik fällt die Bewertung sicher anders aus als etwa beim genannten Einsatz in der Unterhaltungselektronik.

3. a) **Protonen** bestehen aus zwei up-Quarks (u, Ladung je $\frac{2}{3}e$) und einem down-Quark (d, Ladung $-\frac{1}{3}e$), abgekürzt uud. Sie tragen somit die Gesamtladung

$$\frac{2}{3}e+\frac{2}{3}e+\left(-\frac{1}{3}e\right)=+e.$$

Beim **Antiproton** findet man entsprechend die Kombination $\overline{u}\overline{u}\overline{d}$ der Antiquarks $\overline{u}$ und $\overline{d}$ mit entgegengesetzten Ladungen, also insgesamt $-e$.

b) Die **relativistische Masse** folgt aus der Energiebilanz, wobei Proton und Antiproton die gleiche Ruhemasse $m_0 = 938,27$ MeV besitzen:

$$m \cdot c^2 = m_0 \cdot c^2 + E_{kin} \quad \Leftrightarrow \quad m = m_0 + \frac{E_{kin}}{c^2}$$

$$\frac{m}{m_0} = 1 + \frac{E_{kin}}{m_0 \cdot c^2} = 1 + \frac{7,5 \cdot 10^9 \text{ eV}}{938,27 \cdot 10^6 \text{ eV}} = \underline{\underline{8,0}}$$

c) Wenn vorher beide Teilchen ruhen, dann ist der **Gesamtimpuls null**. Gäbe es beim Zerstrahlungsprozess nur ein einziges Gammaquant, das sich mit $v=c$ bewegt, dann wäre dadurch der Impulserhaltungssatz verletzt.

Abitur Physik (Bayern) 2011
Themenbereich III: Astrophysik

Aufgabenvorschlag 1

Längenangaben: $1\ pc = 3{,}26\ Lj = 3{,}09 \cdot 10^{13}$ km
$1\ AE = 1{,}496 \cdot 10^{8}$ km

1. **Ida – ein Asteroid mit Mond**
Der Asteroid Ida (Durchmesser: 70 km) umrundet die Sonne in 4,84 Jahren auf einer Bahn mit numerischer Exzentrizität 0,045. Die Raumsonde Galileo flog 1993 auf ihrem Weg zu Jupiter an Ida vorbei und sandte detailreiche Bilder von Ida und deren Umgebung zur Erde.

   a) Erörtern Sie Gemeinsamkeiten und Unterschiede von Asteroiden und Kometen hinsichtlich ihres Aufbaus und ihrer Erscheinung. (6 BE)

   b) Berechnen Sie die große Halbachse der Idabahn.
   Bestimmen Sie, um wie viel Prozent Ida im Aphel weiter von der Sonne entfernt ist als im Perihel. (6 BE)

   Auf den Bildern der Raumsonde entdeckte man einen Begleiter von Ida, der den Namen Dactyl erhielt. Ida war damit der erste Asteroid, bei dem ein Mond nachgewiesen werden konnte. Dactyl ist im Vergleich zu Ida sehr klein und bewegt sich in 37 h auf einer nahezu kreisförmigen Bahn mit Radius 108 km um den Asteroiden.

   c) Bestimmen Sie aus den Bahndaten von Dactyl die Masse m_I von Ida.
   [Zur Kontrolle: $m_I = 4{,}2 \cdot 10^{16}$ kg] (4 BE)

   d) Berechnen Sie die Fallbeschleunigung g_I auf der Oberfläche von Ida.
   Um welchen Faktor ist die Erdbeschleunigung größer als g_I?
   Folgern Sie daraus, welche Schwierigkeiten ein Astronaut bei der Fortbewegung auf Ida zu erwarten hätte. (5 BE)

2. **Die Sonne**
Die Sonne ist ein typischer Hauptreihenstern mit folgenden Daten:
Leuchtkraft $L_\odot = 3{,}82 \cdot 10^{26}$ W — scheinbare Helligkeit $m_\odot = -26{,}8$
Durchmesser $d_\odot = 1{,}39 \cdot 10^{6}$ km — absolute Helligkeit $M_\odot = 4{,}8$

   a) Um die Leuchtkraft der Sonne zu berechnen, benötigt man die Solarkonstante und den Abstand zwischen Erde und Sonne. Erläutern Sie für eine der beiden Größen ein Verfahren zu ihrer Bestimmung. (5 BE)

   b) Berechnen Sie die mittlere Oberflächentemperatur der Sonne $T_\odot$ unter Verwendung ihrer Leuchtkraft und ihres Durchmessers.
   [Zur Kontrolle: $T_\odot = 5{,}77 \cdot 10^{3}$ K] (3 BE)

c) Skizzieren Sie die Intensitätsverteilung der Sonnenstrahlung in Abhängigkeit von der Wellenlänge und erläutern Sie, wie man aus diesem Spektrum die Oberflächentemperatur der Sonne bestimmen kann. (4 BE)

d) Ein Sonnenfleck strahlt 80 % weniger Energie ab als ein gleich großer Bereich der durchschnittlich strahlenden Sonnenoberfläche.
Berechnen Sie daraus die Temperatur eines Sonnenflecks. (4 BE)

3. **Wolf 359**

Der Stern Wolf 359 ist ein roter Zwerg mit einer jährlichen Parallaxe von 0,419". Seine scheinbare Helligkeit beträgt 13,5, seine Oberflächentemperatur $2{,}8 \cdot 10^3$ K.

Hinweis: Die in Aufgabe 2 angegebenen Daten zur Sonne dürfen weiterhin verwendet werden.

a) Berechnen Sie die Entfernung r_W von Wolf 359 und entscheiden Sie durch Vergleich mit einem Ihnen bekannten Stern, ob Wolf 359 den nahen oder den weiter entfernten Sternen zuzuordnen ist.
[Zur Kontrolle: $r_W = 2{,}39$ pc] (3 BE)

b) Bestimmen Sie die Leuchtkraft L_W von Wolf 359 als Bruchteil der Sonnenleuchtkraft.
[Zur Kontrolle: $L_W = 1{,}9 \cdot 10^{-5}\ L_\odot$] (6 BE)

c) Wolf 359 ist ein Hauptreihenstern. Berechnen Sie seine Masse m_W als Bruchteil der Sonnenmasse.
[Zur Kontrolle: $m_W = 0{,}03\ m_\odot$] (3 BE)

d) Skizzieren Sie ein Hertzsprung-Russell-Diagramm und zeichnen Sie darin die Sonne, Wolf 359 sowie die wichtigsten Sterngruppen ein. (4 BE)

Die Verweildauer τ eines Sterns auf der Hauptreihe hängt von seiner Masse m ab; es gilt: $\tau \sim m^{-2}$. Die Verweildauer der Sonne beträgt 7 Milliarden Jahre.

e) Berechnen Sie die Verweildauer τ_W von Wolf 359 und beschreiben Sie seine weitere Entwicklung. (7 BE)

(60 BE)

Tipps und Hinweise

Tipps zu Teilaufgabe 1 a

- Gefragt sind Aufbau und Erscheinung der Himmelskörper.
- Welche der angegebenen Objekte verändert seine Erscheinung?

Tipps zu Teilaufgabe 1 b

- Die große Halbachse erhalten Sie mithilfe des 3. Kepler'schen Gesetzes.
- Achten Sie bei der Prozentrechnung auf den richtigen Grundwert.

Tipp zu Teilaufgabe 1 c

- Verwenden Sie entweder den grundlegenden Ansatz Gravitationskraft = Zentralkraft oder das ausführlichere 3. Kepler'sche Gesetz.

Tipps zu Teilaufgabe 1 d

- Denken Sie daran, dass auf der Oberfläche die Gravitationskraft der Gewichtskraft entspricht.
- Wie beeinflusst die Größe der Fallbeschleunigung unser Gehen? Bedenken Sie, dass die Muskelkraft des Astronauten auf der Erde und auf Ida gleich ist.

Tipp zu Teilaufgabe 2 a

- Beschreiben Sie entweder einen Versuch zur Bestimmung der Solarkonstante (Erwärmung eines Körpers über eine bestimmte Zeit) oder eine Möglichkeit zur Bestimmung der Entfernung über die Sonne (nutzen Sie die Venus als Hilfsobjekt).

Tipp zu Teilaufgabe 2 b

- Verwenden Sie das Gesetz von Stefan und Boltzmann.

Tipp zu Teilaufgabe 2 c

- Gemeint ist hier die Kurve des Planck'schen Strahlungsgesetzes.

Tipps zu Teilaufgabe 2 d

- Achtung! Der Fleck strahlt 80 % weniger Energie ab – wie viel Energie strahlt er dann ab?
- Verwenden Sie wiederum Stefan und Boltzmann geschickt.

Tipp zu Teilaufgabe 3 a

- Benutzen Sie die Parallaxenangabe und denken Sie an den nächstgelegenen Fixstern.

Tipp zu Teilaufgabe 3 b

- Die Leuchtkraft berechnen Sie mit der Beziehung zwischen den absoluten Helligkeiten zweier Sterne. Verwenden Sie zusätzlich das Entfernungsmodul.

Tipps zu Teilaufgabe 3 c

- Mit welcher Größe kann die Masse für Hauptreihensterne in Beziehung gebracht werden?
- Beachten Sie, dass in der Aufgabenstellung der Formelbuchstabe m sowohl für die scheinbare Helligkeit als auch für die Masse verwendet wird.

Tipp zu Teilaufgabe 3 d

- Beginnen sie mit der Wahl der Achsen (Spektralklassen oder Temperatur gegen L^* oder M) und legen Sie den Ort der Sonne fest. Zeichnen Sie dann die wesentlichen Gebiete in das HR-Diagramm ein und ordnen Sie abschließend den Stern Wolf ein.

Tipps zu Teilaufgabe 3 e

- Bestimmen Sie aus der angegeben Verhältnisgleichung die Verweildauer auf der Hauptreihe.
- Bedenken Sie für die weitere Entwicklung, in welcher Größenordnung die berechnete (bzw. angegebene) Masse liegt.

Lösungen zum Aufgabenvorschlag 1

1. a) **Asteroiden** bestehen üblicherweise aus Gestein und verändern ihr Aussehen nicht. Sie sind oftmals größer als Kometenkerne, die äußeren Formen sind durchaus ähnlich.

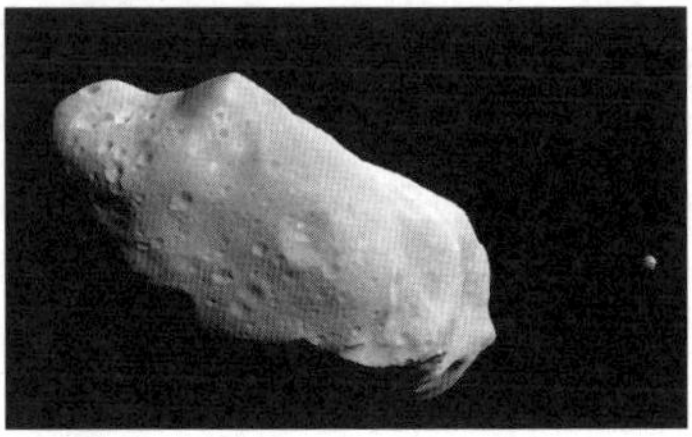
Abb. 1: Ida mit Mond

Kometen kann man anschaulich als „schmutzige Lockerschneelawinen" beschreiben (nach Whipple und neuesten Erkenntnissen). Sie verändern ihr Aussehen auf der Bahn je nach Sonnennähe: In weiter Entfernung von der Sonne erkennt man nur den kleinen Kometenkern, in ca. Jupiterabstand (≈ 5 AE) werden die Koma und in einigen AE Sonnenentfernung die charakteristischen Schweife ausgebildet.

b) *Gegeben:* $T = 4{,}84\ a$; $\varepsilon = 0{,}045$

Aus dem dritten Kepler'schen Gesetz folgt die **Länge der großen Halbachse**:

$$\frac{T^2}{T^2_{Erde}} = \frac{a^3}{a^3_{Erde}} \quad \Rightarrow \quad a = 1\ AE \cdot \sqrt[3]{\frac{T^2}{T^2_{Erde}}} = \sqrt[3]{4{,}84^2}\ AE = \underline{\underline{2{,}86\ AE}}$$

Berechnung der

- Periheldistanz: $r_p = a - a \cdot \varepsilon = (2{,}86 - 0{,}045 \cdot 2{,}86)\ AE = 2{,}73\ AE$
- Apheldistanz: $r_a = a + a \cdot \varepsilon = (2{,}86 + 0{,}045 \cdot 2{,}86)\ AE = 2{,}99\ AE$

Die **prozentuale Abweichung** der Apheldistanz bezogen auf die Periheldistanz berechnet sich zu

$$\frac{r_a - r_p}{r_p} = \frac{2{,}99 - 2{,}73}{2{,}73} = 0{,}095 = \underline{\underline{9{,}5\ \%}}.$$

c) *Gegeben:* $T_D = 37\ h$; $r = 108\ km$

Da Daktyl im Vergleich zu Ida sehr klein ist, darf man annehmen, dass der gemeinsame Schwerpunkt mit dem Mittelpunkt der kreisförmigen Umlaufbahn Daktyls zusammenfällt. Die Gravitationskraft wirkt als Zentripetalkraft, sodass mit $\omega = \frac{2\pi}{T}$ gilt:

$$F_G = F_Z \quad \Leftrightarrow \quad G \cdot \frac{m_I \cdot m_D}{r^2} = m_D \cdot \omega_D^2 \cdot r$$

$$\Rightarrow \qquad m_I = \frac{\omega_D^2 \cdot r^3}{G} = \frac{4\pi^2 \cdot r^3}{T_D^2 \cdot G}$$

Mit den angegebenen Zahlenwerten bzw. G aus der Formelsammlung berechnet man für die **Masse von Ida**:

$$m_I = \frac{4\pi^2 \cdot (108 \cdot 10^3\ \text{m})^3}{(37 \cdot 3600\ \text{s})^2 \cdot 6{,}67 \cdot 10^{-11}\ \frac{\text{m}^3}{\text{kg} \cdot \text{s}^2}} = \underline{\underline{4{,}2 \cdot 10^{16}\ \text{kg}}}$$

Sie können zur Berechnung von m_I alternativ vom dritten Kepler'schen Gesetz in seiner ausführlicheren Form ausgehen. Schlagen Sie die entsprechende Formel in Ihrer Formelsammlung nach.

d) *Gegeben:* $R_I = 35$ km

Die Gewichtskraft auf der Oberfläche von Ida ist gleich der Gravitationskraft im Abstand des Radius von Ida. Die **Fallbeschleunigung** beträgt dort daher:

$$m \cdot g_I = G \cdot \frac{m \cdot m_I}{R_I^2}$$

$$\Rightarrow \quad g_I = G \cdot \frac{m_I}{R_I^2} = 6{,}67 \cdot 10^{-11}\ \frac{\text{m}^3}{\text{kg} \cdot \text{s}^2} \cdot \frac{4{,}2 \cdot 10^{16}\ \text{kg}}{(35 \cdot 10^3\ \text{m})^2} = \underline{\underline{2{,}3 \cdot 10^{-3}\ \frac{\text{m}}{\text{s}^2}}}$$

Die Erdbeschleunigung beträgt $9{,}81\ \frac{\text{m}}{\text{s}^2}$, d. h., sie ist um den **Faktor**

$$\frac{9{,}81}{2{,}3 \cdot 10^{-3}} = \underline{\underline{4{,}3 \cdot 10^3}}$$

größer als die auf Ida. Bei einer derart kleinen Fallbeschleunigung würde sich ein Astronaut auf Ida bei jedem Schritt sehr stark von der Oberfläche abstoßen – dadurch wäre eine kontrollierte Vorwärtsbewegung nur schwer möglich.

2. a) **Ermittlung der Solarkonstante S**

Ein Körper der spezifischen Wärmekapazität c, mit der Masse m und der Fläche A wird über eine geeignete Zeit Δt der Sonne ausgesetzt und erwärmt. Dabei nimmt die Temperatur um den Betrag ΔT zu. S berechnet sich aus der zugeführten Wärme $Q = c \cdot m \cdot \Delta T$ pro Zeiteinheit und Flächeneinheit.

Alternativ: Ermittlung des Abstands Erde–Sonne

Er lässt sich am einfachsten mit dem folgenden Verfahren bestimmen: Man beobachtet die Venus, registriert ihre siderische Umlaufzeit von der Sonne und berechnet mithilfe des dritten Kepler'schen Gesetz die große Halbachse der Venus. In der unteren Konjunktion der Venus vermisst man die Entfernung Erde–Venus mithilfe von Radar (Laufzeitmessung einer elektromagnetischen Welle mit der Ausbreitungsgeschwindigkeit c). Die Entfernung Erde–Sonne setzt sich aus der großen Halbachse der Venus und den vermessenen Abstand Erde–Venus zusammen. (Das Ergebnis kann noch insoweit verbessert werden, wenn man weiß, in welchem Bahnpunkt die Venus in der unteren Konjunktion war – also wenn man die Exzentrizität der Venusbahn mitberücksichtigen kann.)

b) *Gegeben:* $L_{\odot} = 3{,}82 \cdot 10^{26}$ W; $d_{\odot} = 2R_{\odot} = 1{,}39 \cdot 10^{6}$ km

Die **mittlere Oberflächentemperatur** erhält man durch Umstellen des Gesetzes von Stefan und Boltzmann:

$$L_{\odot} = \sigma \cdot 4\pi \cdot R_{\odot}^2 \cdot T_{\odot}^4$$

$$\Rightarrow \quad T_{\odot} = \sqrt[4]{\frac{L_{\odot}}{\sigma \cdot 4\pi \cdot R_{\odot}^2}} = \sqrt[4]{\frac{3{,}82 \cdot 10^{26}\ \text{W}}{5{,}67 \cdot 10^{-8}\ \frac{\text{W}}{\text{m}^2 \cdot \text{K}^4} \cdot 4\pi \cdot \left(\frac{1}{2} \cdot 1{,}39 \cdot 10^{9}\ \text{m}\right)^2}}$$

$$= \underline{\underline{5{,}77 \cdot 10^{3}\ \text{K}}}$$

c) In Abb. 2 ist die **Intensitätsverteilung** in Abhängigkeit von der Wellenlänge für die Sonne und für eine Schwarzen Körper vergleichbarer Temperatur skizziert.

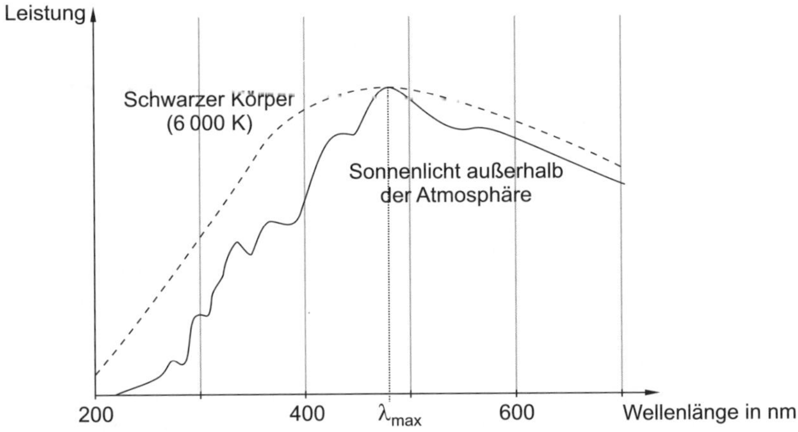

Abb. 2: Planck'sche Strahlungskurve der Sonne

Es reicht, wenn Sie den Verlauf des Schwarzen Körpers skizzieren.

Das Maximum der Strahlungsintensität liegt bei $\lambda_{max} \approx 480$ nm. Mithilfe des **Wien'schen Verschiebungsgesetzes** kann man aus λ_{max} die Oberflächentemperatur bestimmen (b: Wien-Konstante):

$$\underline{\underline{T = \frac{b}{\lambda_{max}}}}$$

Sie müssen T nicht berechnen.

d) Wenn ein Sonnenfleck 80 % weniger Energie als ein gleich großer Bereich der normalen Sonnenoberfläche abstrahlt, dann strahlt er 20 % der Energie ab, die von der normalen Sonnenoberfläche abgestrahlt wird, d. h. $\frac{L_{SF}}{L_{\odot}} = 0{,}20$.

Setzt man Stefan und Boltzmann für den „normalen“ Bereich und für den Sonnenfleck an, so erhält man

$$L_{SF} = \sigma \cdot A_{SF} \cdot T_{SF}^4 \quad \text{und}$$

$$L_{\odot} = \sigma \cdot A_{\odot} \cdot T_{\odot}^4;$$

dabei ist $A_{SF} = A_{\odot}$. Division beider Gleichungen und Umstellen liefert für die **Temperatur des Sonnenflecks**:

$$\frac{L_{SF}}{L_{\odot}} = \frac{T_{SF}^4}{T_{\odot}^4} \quad \Rightarrow \quad T_{SF} = \sqrt[4]{0,20} \cdot T_{\odot} = \sqrt[4]{0,20} \cdot 5,77 \cdot 10^3\ \text{K} = \underline{\underline{3,86 \cdot 10^3\ \text{K}}}$$

3. a) *Gegeben:* $p = 0,419''$

Aus der gegebenen Parallaxe von Wolf berechnet man die **Entfernung**

$$r_W = \frac{1''}{p} \cdot \text{pc} = \frac{1}{0,419}\ \text{pc} = \underline{\underline{2,39\ \text{pc}}}.$$

Damit gehört Wolf zu den Sternen, die der Sonne sehr nahe sind: Alpha Centauri, der Stern, der der Sonne am nächsten ist, hat eine Entfernung von 1,3 pc.

b) *Gegeben:* $m_W = 13,5$; $m_{\odot} = -26,8$; $M_{\odot} = 4,8$

Zur Berechnung der **Leuchtkraft** benötigt man zuerst die absolute Helligkeit, welche man mit dem Entfernungsmodul bestimmt:

$$m_W - M_W = 5 \cdot \lg\left(\frac{r_W}{10\ \text{pc}}\right)$$

$$\Rightarrow \quad M_W = m_W - 5 \cdot \lg\left(\frac{r_W}{10\ \text{pc}}\right) = 13,5 - 5 \cdot \lg 0,239 = 16,6$$

Die absoluten Helligkeiten hängen mit den Leuchtkräften über

$$M_W - M_{\odot} = -2,5 \cdot \lg \frac{L_W}{L_{\odot}}$$

zusammen. Mit der Abkürzung $L_W^* = \frac{L_W}{L_{\odot}}$ folgt daraus:

$$L_W^* = 10^{\frac{M_W - M_{\odot}}{-2,5}} = 10^{\frac{16,6 - 4,8}{-2,5}} = 10^{-4,72} = \underline{\underline{1,9 \cdot 10^{-5}}}$$

c) Als Hauptreihenstern lässt sich die **Masse von Wolf** mit der Masse-Leuchtkraft-Beziehung bestimmen, $L \sim m^3$. Der Vergleich mit der Sonne ergibt:

$$\frac{L_W}{L_{\odot}} = \left(\frac{m_W}{m_{\odot}}\right)^3 \quad \text{bzw.} \quad L_W^* = (m_W^*)^3$$

$$\Rightarrow \quad m_W^* = \sqrt[3]{L_W^*} = \sqrt[3]{1,9 \cdot 10^{-5}} = \underline{\underline{0,03}}$$

d) **Hertzsprung-Russell-Diagramm**

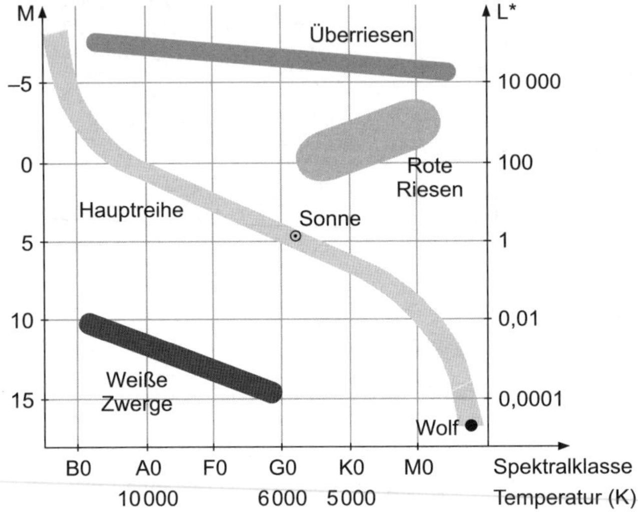

Abb. 3

e) Um die **Verweildauer von Wolf** abzuschätzen, betrachtet man wieder die Verhältnisgleichung im Vergleich zur Sonne und kann schreiben (Achtung: indirekte Proportionalität!):

$$\frac{\tau_W}{\tau_\odot} = \left(\frac{m_\odot}{m_W}\right)^2$$

$$\Rightarrow \quad \tau_W = \frac{1}{0{,}03^2} \cdot 7 \cdot 10^9\ \text{a} = \underline{\underline{8 \cdot 10^{12}\ \text{a}}}$$

Entwicklung

Als massearmer Stern enden die Fusionsprozesse im Inneren des Kerns bei Helium. Die Brennzone wandert weiter ins Sternäußere, wodurch Wolf zu einem roten Riesen wird. Er stößt die äußeren Sternhüllen ab und der Kern wird zu einem weißen Zwerg.

Bildnachweis
Abb. 1: © NASA (http://photojournal.jpl.nasa.gov/jpeg/PIA00069.jpg)

Aufgabenvorschlag 2

Längenangaben: 1 pc = 3,26 Lj = $3{,}09 \cdot 10^{13}$ km
1 AE = $1{,}496 \cdot 10^{8}$ km

1. **Der Stern Epsilon Eridani**
Das Sternbild Eridanus erstreckt sich vom Himmelsäquator aus weit in den südlichen Sternenhimmel hinein. Der zu diesem Sternbild gehörende Stern Epsilon Eridani (ε Eri) ist nach Alpha Centauri und Sirius der drittnächste mit bloßem Auge beobachtbare Stern.

Angaben zu ε Eri:	Angaben zur Sonne:
scheinbare Helligkeit $m_\varepsilon = 3{,}73$	Leuchtkraft $L_\odot = 3{,}82 \cdot 10^{26}$ W
jährliche Parallaxe $p_\varepsilon = 0{,}311''$	absolute Helligkeit $M_\odot = 4{,}8$
Oberflächentemperatur $T_\varepsilon = 5{,}1 \cdot 10^{3}$ K	Masse $m_\odot = 1{,}989 \cdot 10^{30}$ kg

a) Zeigen Sie, dass ε Eri 10,5 Lj von der Sonne entfernt ist. (3 BE)

b) ε Eri liegt 9° unter dem Himmelsäquator. Wie groß ist der maximale Winkel gegenüber dem Horizont, unter dem der Stern in der Mitte Bayerns (geografische Breite 49°) beobachtet werden kann? Begründen Sie Ihre Antwort unter Verwendung einer Skizze. (4 BE)

c) Ermitteln Sie die absolute Helligkeit M_ε von ε Eri und bestimmen Sie seine Leuchtkraft L_ε als Bruchteil der Sonnenleuchtkraft.
[Zur Kontrolle: $M_\varepsilon = 6{,}19$; $L_\varepsilon = 0{,}28\, L_\odot$] (6 BE)

d) Skizzieren Sie ein Hertzsprung-Russell-Diagramm und tragen Sie in dieses die Sonne, ε Eri sowie die wichtigsten Sterngruppen ein. (4 BE)

e) Erläutern Sie anhand des Hertzsprung-Russell-Diagramms die Entwicklung von Sternen. (6 BE)

f) ε Eri ist ein Stern der Milchstraße. Zeichnen Sie eine schematische Seitenansicht der Milchstraße und geben Sie die zugehörigen Größenordnungen an. (4 BE)

g) Sind Objekte deutlich weiter entfernt als ε Eri, müssen andere Methoden der Entfernungsbestimmung als die Messung der jährlichen Parallaxe angewendet werden. Erläutern Sie für nah gelegene und für weit entfernte Galaxien jeweils ein geeignetes Verfahren zur Bestimmung ihrer Entfernung. (8 BE)

2. **Exoplanet um Epsilon Eridani**

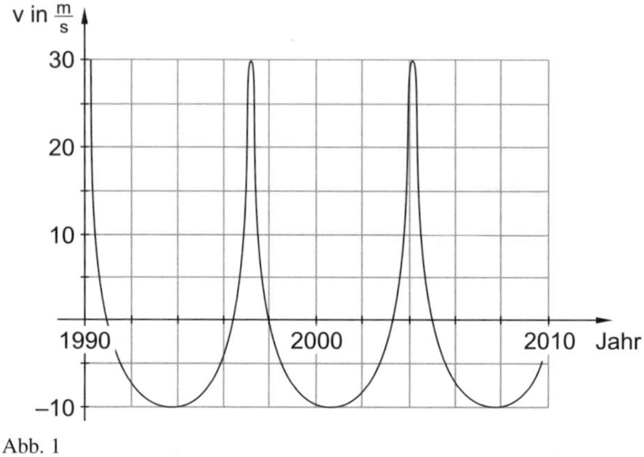

Abb. 1

Im Jahr 1990 gab es erste Hinweise auf einen Exoplaneten, der ε Eri umläuft. Der Stern und sein Planet bewegen sich dabei um ihren gemeinsamen Schwerpunkt.
Im Diagramm ist stark vereinfacht die Radialgeschwindigkeit v von ε Eri, bereinigt um die Radialbewegung des gemeinsamen Schwerpunkts, über einen Zeitraum von 20 Jahren aufgetragen.

a) Der Exoplanet umrundet den Stern ε Eri auf einer elliptischen, nicht kreisförmigen Bahn. Begründen Sie dies anhand des Diagramms. (4 BE)

Da die Masse M von ε Eri erheblich größer ist als die des Exoplaneten, soll für die folgenden Berechnungen angenommen werden, dass die Bewegung des Planeten auf einer Kepler-Ellipse um den Mittelpunkt des Zentralgestirns erfolgt. Aus der Formel für die Bahngeschwindigkeit eines Planeten kann dann die Beziehung

$$v_A \cdot v_P = \frac{G \cdot M}{a}$$

hergeleitet werden; dabei sind $v_A = 6{,}1\,\frac{km}{s}$ bzw. $v_P = 34{,}4\,\frac{km}{s}$ die kleinste bzw. die größte Geschwindigkeit des Exoplaneten und a die große Halbachse seiner Bahn. Überdies gilt für die Bewegung des Exoplaneten:

$$\frac{4\pi^2}{T^2} = \frac{G \cdot M}{a^3}$$

b) Zeigen Sie, dass $a^2 = \frac{v_A \cdot v_P \cdot T^2}{4\pi^2}$ gilt.

Entnehmen Sie dem Diagramm die Umlaufdauer T des Exoplaneten und bestätigen Sie damit, dass die große Halbachse seiner Bahn $a = 3{,}4$ AE beträgt. (7 BE)

c) Berechnen Sie M in Vielfachen der Sonnenmasse. (3 BE)

d) Die numerische Exzentrizität der Planetenbahn beträgt 0,70.
Berechnen Sie daraus den maximalen Abstand des Planeten von ε Eri sowie den maximalen Winkelabstand von ε Eri, unter dem wir den Planeten von der Erde aus im Idealfall sehen könnten. (5 BE)

e) Schätzen Sie mithilfe der Leuchtkraft $L_\varepsilon = 0{,}28\, L_\odot$ von ε Eri die Oberflächentemperatur des Exoplaneten im kleinsten Abstand zu ε Eri ($r_P = 1{,}0$ AE) ab und beurteilen Sie, ob sich auf diesem Planeten Leben auf der Basis von Wasser entwickeln kann. Nehmen Sie vereinfachend an, dass sich der Planet im Strahlungsgleichgewicht befindet und mit seiner gesamten Oberfläche gleichmäßig abstrahlt. (6 BE)

(60 BE)

Tipps und Hinweise

Tipp zu Teilaufgabe 1 a

Verwenden sie den Wert der trigonometrischen Parallaxe.

Tipp zu Teilaufgabe 1 b

Zeichnen Sie sich ein Schnittbild der scheinbaren Himmelskugel mit allen notwendigen Linien, wie Horizont, Himmelsäquator, Zenit …

Tipp zu Teilaufgabe 1 c

Verwenden Sie – in passender Reihenfolge – die Beziehung zwischen den absoluten Helligkeiten M_1 und M_2 zweier Sterne sowie den Entfernungsmodul.

Tipp zu Teilaufgabe 1 d

Beginnen Sie mit einer sinnvollen Achseinteilung (Spektralklassen oder Temperatur gegen L* oder M), legen Sie den Ort der Sonne fest und ergänzen sie die wesentlichen Sterngebiete im HR-Diagramm.

Tipp zu Teilaufgabe 1 e

Denken Sie an die unterschiedlichen Endstadien und die dazugehörigen Massengrenzen.

Tipp zu Teilaufgabe 1 f

Vergessen Sie keinen der Hauptbestandteile, wie Kern der Galaxie, Scheibe, Halo … Tragen Sie die auch den Durchmesser sowie den Abstand der Sonne vom galaktischen Zentrum ein.

Tipps zu Teilaufgabe 2 a

- Schauen Sie sich das Diagramm genau an. Denken Sie beim Vorzeichen an die Rot- bzw. Blauverschiebung, klären sie unsymmetrisches Verhalten.
- Entwerfen sie aus den Daten eine Bahn des Planeten um den Stern.

Tipp zu Teilaufgabe 2 b

- Setzen Sie die angegebenen Formeln geschickt zusammen; in beiden kommt der Term $G \cdot M$ vor.

Tipps zu Teilaufgabe 2 c

- Sie haben mehrere Lösungswege.
- Epsilon Eridani liegt nach Aufgabe 1 auf der Hauptreihe.
- Alternativ: Verwenden Sie das dritte Kepler'sche Gesetz.

Tipps zu Teilaufgabe 2 d

- Die Aphelentfernung ergibt sich aus der großen Halbachse und der numerischen Exzentrizität.
- Die Verhältnisgleichung von Winkel und Bogen führt zum gewünschten Winkelabstand.

Tipps zu Teilaufgabe 2 e

- Berechnung der Temperatur: Nehmen Sie an, dass die aufgenommene Energie vom Stern gleichmäßig über die Oberfläche des Planeten verteilt wird und der Planet sie wie ein schwarzer Körper wieder abgibt.
- Bewerten Sie Ihr Ergebnis: Kann flüssiges Wasser existieren?

Lösungen zum Aufgabenvorschlag 2

1. *Gegeben:* $p_\varepsilon = 0{,}311''$

   a) Die **Entfernung** berechnet sich mithilfe der trigonometrischen Parallaxe zu:

$$\frac{r_\varepsilon}{1\,\text{pc}} = \frac{1''}{p_\varepsilon}$$

$$\Rightarrow \quad r_\varepsilon = \frac{1}{0{,}311}\,\text{pc} = 3{,}22\,\text{pc} = 3{,}22 \cdot 3{,}26\,\text{ly} = \underline{\underline{10{,}5\,\text{Lj}}}$$

   b) Abb. 2 zeigt die Situation an der projizierten Himmelskugel.

   h: Horizont
   N_1: Himmelsnordpol
   Z: Zenit
   β: geografische Breite
   N: Nadir
   HÄ: Himmelsäquator
   φ: Polhöhe

   Die **maximalen Höhe über dem Horizont** (in der oberen Kulmination) erreicht der Stern bei einem Winkel von

$$\delta = 90° - \beta - \gamma$$
$$= 90° - 49° - 9° = \underline{\underline{32°}}$$

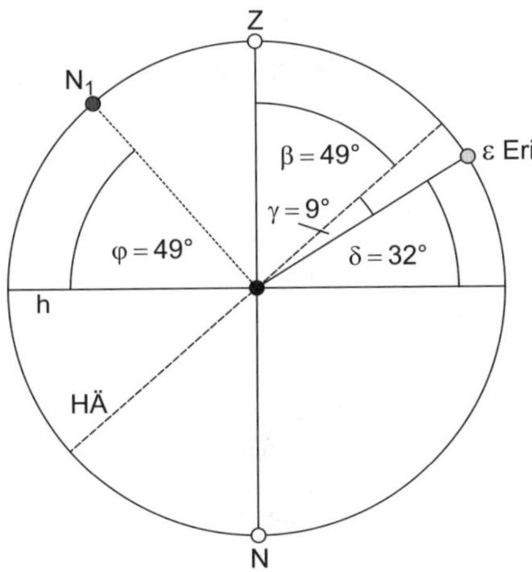

Abb. 2

   Zur Orientierung: Die Polhöhe φ (Winkel zwischen dem Horizont und der Polachse) und die geografische Breite β (Winkel zwischen dem Himmelsäquator und der Zenitlinie) sind als Winkel zwischen zwei paarweise zueinander senkrecht stehenden Geraden gleich.

   c) *Gegeben:* $m_\varepsilon = 3{,}73$; $M_\odot = 4{,}8$

   Die **absolute Helligkeit** von ε Eri berechnet man mit dem Entfernungsmodul:

$$m_\varepsilon - M_\varepsilon = 5 \cdot \lg\left(\frac{r_\varepsilon}{10\,\text{pc}}\right)$$

$$\Rightarrow \quad M_\varepsilon = m_\varepsilon - 5 \cdot \lg\left(\frac{r_\varepsilon}{10\,\text{pc}}\right)$$

$$= 3{,}73 - 5 \cdot \lg 0{,}322 = \underline{\underline{6{,}2}}$$

Die absoluten Helligkeiten hängen mit den Leuchtkräften über

$$M_\varepsilon - M_\odot = -2{,}5 \cdot \lg \frac{L_\varepsilon}{L_\odot}$$

zusammen. Die **relative Leuchtkraft** $L_\varepsilon^* = \frac{L_\varepsilon}{L_\odot}$ ergibt sich daraus zu:

$$L_\varepsilon^* = 10^{\frac{M_\varepsilon - M_\odot}{-2{,}5}} = 10^{\frac{6{,}2-4{,}8}{-2{,}5}} = 10^{-0{,}56} = \underline{\underline{0{,}28}}$$

d) **Hertzsprung-Russell-Diagramm**

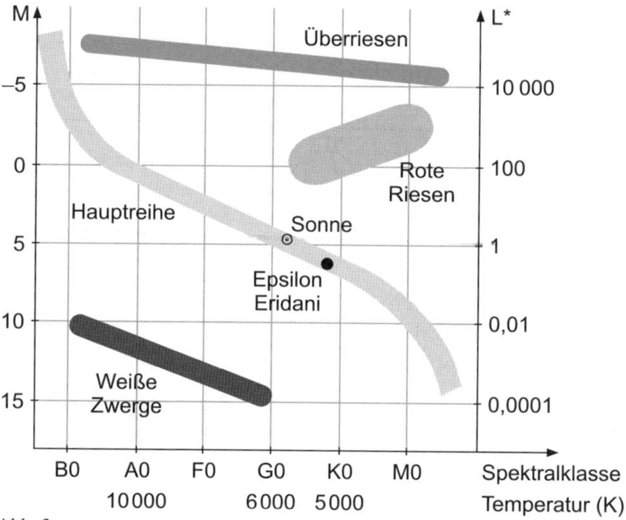

Abb. 3

e) **Sternentwicklung**
Sterne der Spektralklassen A, F, G, K und M, deren Endmassen unter 1,4 Sonnenmassen liegen, werden zunächst rote Riesen, stoßen ihre Hüllen ab und enden als heiße weiße Zwerge, die langsam auskühlen. Massereichere Sterne der oberen Spektralklassen O und B, deren Endmassen über 1,4 Sonnenmassen liegen, werden zunächst zu Überriesen. Es finden sich die verschiedenen Brennzonen in dem Riesenstern, der eventuell bis zu Eisen in seinem Kern fusioniert. Anschließend findet eine Supernova statt. Der Kern endet, sofern seine Masse unter der Volkhoff-Oppenheimer Grenze (von ca. 3,5 Sonnenmassen) liegt, als Neutronenstern; liegt sie über den 3,5 Sonnenmassen, wird er zum Schwarzen Loch.

f) **Schematische Seitenansicht der Milchstraße**

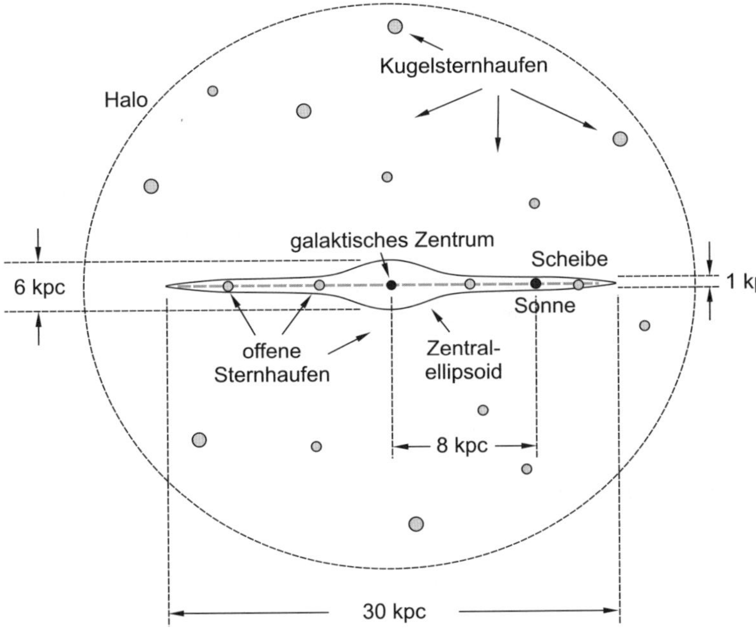

Abb. 4

g) Für nah gelegene Sterne verwendet man die **trigonometrische Parallaxe**:
Man beobachtet den Stern vor dem weiter entfernten Sternenhintergrund im Laufe eines Jahres und vermisst dabei den Winkel p, unter dem der Bahnradius der Erde vom Stern aus gesehen erscheint. Für die Entfernung r gilt dann (Abb. 5)

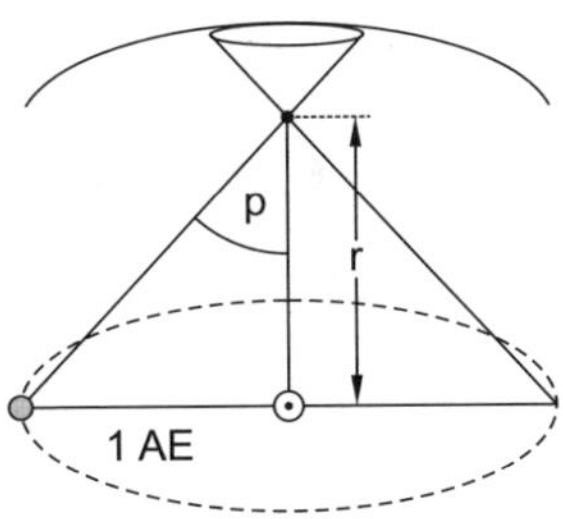

Abb. 5

$$\tan p = \frac{1\,\text{AE}}{r} \quad \Rightarrow \quad r = \frac{1\,\text{AE}}{\tan p} = \frac{1\,\text{AE}}{p},$$

wobei für kleine Winkel $p = \tan p$ gesetzt werden darf.

Bei **weiter entfernten Sternen** eignen sich zunächst die **photometrischen Methoden**. Dabei wird die absolute Helligkeit aus bekannten Daten bestimmt, z. B. bei

- RR-Lyrae Sternen ($M = 0{,}6$);
- δ-Cepheiden (Bestimmung der absoluten Helligkeit mithilfe der Perioden-Leuchtkraftbeziehung);
- Supernovae.

Anschließend lässt sich mithilfe des Entfernungsmoduls

$$m - M = 5 \cdot \lg\left(\frac{r}{10}\,\text{pc}\right)$$

die Entfernung r berechnen.

Bei **noch weiter entfernten Objekten** verwendet man das **Hubble-Gesetz**

$$v = H_0 \cdot r.$$

Die hierzu nötige Geschwindigkeit kann durch die entsprechende Verschiebung von Spektrallinien (Dopplereffekt) berechnet werden.

2. a) Wie man dem Diagramm der Abb. 1 entnehmen kann, bewegt sich der Planet periodisch von uns weg bzw. auf uns zu. Die Bewegung von uns weg erreicht $30\ \text{m} \cdot \text{s}^{-1}$, die auf uns zu $10\ \text{m} \cdot \text{s}^{-1}$. Das bedeutet, dass er an der Stelle, an der er sich von uns weg bewegt, dem Stern näher ist als dort, wo er sich auf uns zu bewegt. Damit ist seine Bahngeschwindigkeit nicht konstant – und deswegen bewegt er sich gemäß Kepler auf einer **elliptischen Bahn** (Abb. 6).

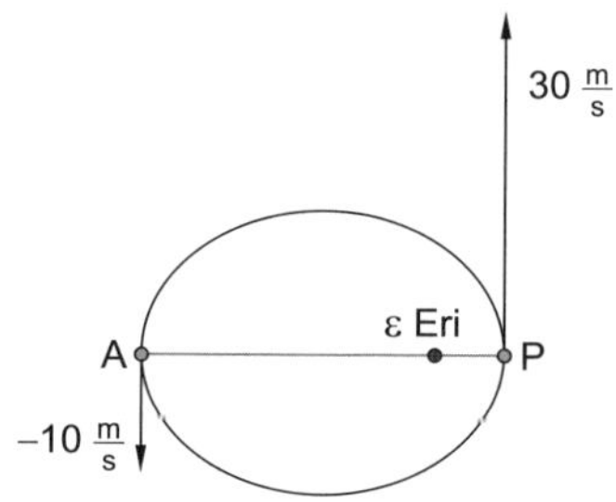

Abb. 6

b) *Gegeben:* $v_A = 6{,}1\ \frac{\text{km}}{\text{s}}$; $v_A = 34{,}4\ \frac{\text{km}}{\text{s}}$

Man löst beide angegebenen Gleichungen nach $G \cdot M$ auf. Bei der ersten Gleichung erhält man

$$G \cdot M = a \cdot v_A \cdot v_P,$$

für die zweite (sie entspricht dem dritten Kepler'schen Gesetz)

$$G \cdot M = \frac{4\pi^2 \cdot a^3}{T^2}.$$

Gleichsetzen der rechten Seiten, Kürzen und Umstellen liefert die gesuchte **Formel für a²**:

$$\frac{4\pi^2 \cdot a^3}{T^2} = a \cdot v_A \cdot v_P \quad \Rightarrow \quad a^2 = \underline{\underline{\frac{v_A \cdot v_P \cdot T^2}{4\pi^2}}}$$

Der Abb. 1 entnimmt man als Umlaufzeit ca. 7 Jahre (Abstand der Maxima), sodass man für die **große Halbachse** der Exoplanetenbahn erhält:

$$a = \frac{T}{2\pi} \cdot \sqrt{v_A \cdot v_P}$$

$$= \frac{7 \cdot 365{,}25 \cdot 24 \cdot 3600\ \text{s}}{2\pi} \cdot \sqrt{6{,}1 \cdot 34{,}4}\ \frac{\text{km}}{\text{s}} = 5{,}1 \cdot 10^8\ \text{km} = \underline{\underline{3{,}4\ \text{AE}}}$$

c) *Gegeben:* $L_\varepsilon = 0{,}28\,L_\odot$ bzw. $L_\varepsilon^* = \frac{L_\varepsilon}{L_\odot} = 0{,}28$ (Teilaufgabe 1 c)

Da es sich bei ε Eri um einen Hauptreihenstern handelt, gilt die Masse-Leuchtkraft-Beziehung $L \sim M^3$. Bezogen auf die Sonnenmasse beträgt seine **Masse**:

$$L_\varepsilon^* = (M_\varepsilon^*)^3 \;\Rightarrow\; M_\varepsilon^* = \sqrt[3]{L_\varepsilon^*} = \sqrt[3]{0{,}28} = \underline{\underline{0{,}65}}$$

Eine andere (genauere) Möglichkeit ist eine Berechnung über das dritte Kepler'sche Gesetz, wobei man das System Erde – Sonne als Bezugssystem wählt:

$$M_\varepsilon = \frac{4\pi^2}{G} \cdot \frac{a^3}{T^2} \text{ und } M_\odot = \frac{4\pi^2}{G} \cdot \frac{(1\,\text{AE})^3}{(1\,\text{a})^2}$$

Division der beiden Gleichungen liefert:

$$M_\varepsilon^* = \frac{3{,}4^3}{7^2} = \underline{\underline{0{,}80}}$$

d) *Gegeben:* $\varepsilon = 0{,}70$; $r_\varepsilon = 10{,}5\text{ Lj} = 6{,}64 \cdot 10^5\text{ AE}$ (Teilaufgabe 1 a)

Die **Aphelentfernung** berechnet man zu

$$r_A = a + a \cdot \varepsilon = a \cdot (1+\varepsilon) = 3{,}4\text{ AE} \cdot 1{,}7 = \underline{\underline{5{,}8\text{ AE}}}$$

Den scheinbaren **maximalen Winkelabstand α** bestimmt man, indem man α als Mittelpunktswinkel ins Verhältnis zum Vollwinkel setzt:

$$\frac{\alpha}{360°} = \frac{r_A}{2\pi \cdot r_\varepsilon} \;\Rightarrow\; \alpha = \frac{r_A}{2\pi \cdot r_\varepsilon} \cdot 360° = \frac{5{,}8\text{ AE} \cdot 360 \cdot 3600''}{2\pi \cdot 6{,}64 \cdot 10^5\text{ AE}} = \underline{\underline{1{,}8''}}$$

e) *Gegeben:* $r_P = 1\text{ AE} = 1{,}5 \cdot 10^{11}\text{ m}$; $L_\odot = 3{,}82 \cdot 10^{26}\text{ W}$

Der Planet nimmt Energie von seinem Stern auf und strahlt sie wieder in den interplanetaren Raum ab. Nachdem hier kein Albedo angegeben ist, weiß man nicht, welcher Teil der ankommenden Energie absorbiert wird, sodass man nur von der gesamten ankommenden Energie ausgehen kann:

$$E_{auf} = S_\varepsilon \cdot R^2 \cdot \pi = \frac{L_\varepsilon}{4\pi \cdot r_P^2} \cdot R^2 \cdot \pi = \frac{L_\varepsilon}{4 r_P^2} \cdot R^2$$

Darin bezeichnet R den Planetenradius. Die abgestrahlte Energie berechnet sich mit Stefan und Boltzmann zu:

$$E_{ab} = \sigma \cdot 4\pi \cdot R^2 \cdot T^4$$

Durch Gleichsetzen von E_{auf} und E_{ab} erhält man die **Oberflächentemperatur**:

$$\frac{L_\varepsilon}{4 r_P^2} \cdot R^2 = \sigma \cdot 4\pi \cdot R^2 \cdot T^4$$

$$\Rightarrow\; T = \sqrt[4]{\frac{L_\varepsilon}{16\pi \cdot r_P^2 \cdot \sigma}} = \sqrt[4]{\frac{0{,}28 \cdot 3{,}8 \cdot 10^{26}\text{ W}}{16\pi \cdot (1{,}5 \cdot 10^{11}\text{ m})^2 \cdot 5{,}67 \cdot 10^{-8}\,\frac{\text{W}}{\text{m}^2 \cdot \text{K}^4}}} \approx \underline{\underline{200\text{ K}}}$$

Die berechnete Temperatur ist so niedrig, dass Wasser kaum in flüssiger Form vorkommt und somit Leben in unserer Form dort **nicht** existieren kann.

Abitur Physik (Bayern) 2012
Themenbereich I: Elektromagnetische Felder, Relativitätstheorie

Aufgabenvorschlag 1

1. **Protonen und Pionen in der Medizin**
In darauf spezialisierten Instituten werden Tumore mit geladenen Teilchen, sogenannten Pionen, bestrahlt. Zu deren Erzeugung benötigt man Protonen hoher Energie. Ruhende Protonen werden daher zunächst beschleunigt und anschließend in einen Speicherring eingeleitet.
Gehen Sie im Weiteren vereinfachend davon aus, dass die im Speicherring gesammelten Protonen mit der Geschwindigkeit $v = 0{,}79\ c$ durch den Einsatz geeigneter Ablenkmagnete auf einer Kreisbahn mit Radius $r = 8{,}8$ m gehalten werden.

a) Zeichnen Sie einen Ausschnitt der Protonen-Kreisbahn mit Kennzeichnung der magnetischen Feldlinienrichtung. Tragen Sie außerdem in einem Punkt der Kreisbahn für ein Proton die Richtung des Geschwindigkeitsvektors sowie die der Lorenzkraft ein. (4 BE)

b) Berechnen Sie die Umlaufdauer eines Protons im Speicherring und die Anzahl seiner Umläufe innerhalb einer Sekunde. (4 BE)

c) Zeigen Sie, dass ein solches Proton die Masse $1{,}6 \cdot m_0$ (m_0: Ruhemasse des Protons) und eine kinetische Energie von mehr als 0,5 GeV besitzt. (5 BE)

d) Berechnen Sie den Betrag der magnetischen Flussdichte im Speicherring. (4 BE)

Mittels der Protonen aus dem Speicherring werden Pionen erzeugt, die allerdings sehr rasch zerfallen. Im Weiteren werden Pionen betrachtet, die sich näherungsweise mit Lichtgeschwindigkeit durch einen 8,0 m langen Kanal auf den Patienten zubewegen.

e) Ermitteln Sie mithilfe des nebenstehenden Zerfallsdiagramms, wie viel Prozent der ursprünglichen Pionen man bei Vernachlässigung relativistischer Effekte am Ende des Kanals erwarten würde. (3 BE)

f) Erklären Sie, warum in Wirklichkeit viel mehr Pionen am Ende des Kanals ankommen, als der in Teilaufgabe 1 e ermittelte Prozentsatz angibt. (5 BE)

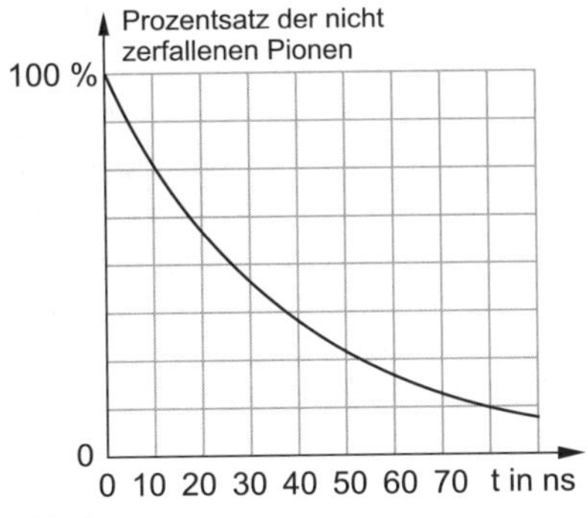

Abb. 1

2. **DVB-T – „Überall-Fernsehen"**
Seit einigen Jahren ist Fernsehen in Deutschland über das sogenannte DVB-T (Digital Video Broadcasting – Terrestrial) zu empfangen. Eine dafür geeignete, vertikal orientierte Sendeantenne strahlt mit einer Frequenz von 578 MHz.

a) In großer Entfernung vom Sender ist die Empfangsfeldstärke sehr klein, sodass nur mit einer Dachantenne ein störungsfreier Empfang möglich ist. Berechnen Sie die kleinste sinnvolle Länge des Empfangsdipols und geben Sie an, wie er für einen optimalen Empfang ausgerichtet sein muss. (4 BE)

b) Um die Empfangsqualität zu verbessern, wird eine Metallplatte hinter der Empfangsantenne senkrecht zur Einfallsrichtung der Strahlung montiert. Nennen Sie das hier auftretende physikalische Phänomen, verdeutlichen Sie es durch eine Skizze und berechnen Sie für die Frequenz 578 MHz den kleinsten sinnvollen Abstand zwischen Antenne und Platte. (5 BE)

Es wird ein Schwingkreis aus Spule und Kondensator betrachtet, dessen Eigenfrequenz mit der Frequenz des DVB-T-Senders übereinstimmen soll.

c) Die langgestreckte, zylindrische Spule hat die Länge 8,0 cm, den Durchmesser 4,0 mm und 12 Windungen. Berechnen Sie die Kapazität des zugehörigen Schwingkreiskondensators. (6 BE)

d) Begründen Sie jeweils kurz, dass es sich bei einer Antenne auch um einen Schwingkreis handelt und dennoch eine Empfangsantenne nicht gleichwertig durch einen Schwingkreis aus Spule und Kondensator ersetzt werden kann. (4 BE)

3. **Interferenzexperimente mit Laserlicht**
Ein Laser emittiert rotes Licht einer unbekannten Wellenlänge λ. Für ein Experiment stehen Ihnen ein optisches Gitter bekannter Gitterkonstante b, ein Schirm und ein Maßband mit Millimeter-Skala zur Verfügung.

a) Beschreiben Sie unter Verwendung einer Skizze, wie man mit den gegebenen Hilfsmitteln die Wellenlänge λ des Laserlichts bestimmen kann. Gehen Sie insbesondere darauf ein, welche Größen gemessen werden müssen und wie die Auswertung erfolgt. (7 BE)

b) Im Experiment ergibt sich für die Wellenlänge des Laserlichts $\lambda = 6{,}3 \cdot 10^{-7}$ m. Ermitteln Sie, welche Bedingung die Gitterkonstante b erfüllen muss, damit bei senkrechter Einstrahlung die Interferenzmaxima mindestens bis zur 10. Ordnung entstehen können. (4 BE)

c) Beschreiben und begründen Sie jeweils knapp, wie sich das Interferenzmuster auf dem Schirm verändert, wenn bei sonst gleichen Versuchsbedingungen

α) grünes Laserlicht verwendet wird,

β) das Gitter bei unverändert senkrechtem Einfall des Laserstrahls um 90° gedreht wird. (5 BE)

(60 BE)

Tipps und Hinweise zum Aufgabenvorschlag 1

Tipps zu Teilaufgabe 1

a: Die Lorentzkraft ist die Zentripetalkraft (Dreifinger-Regel der rechten Hand!).

b: Verwenden Sie für die Berechnung den Kreisumfang.

c: Rechnen Sie relativistisch (Faustregel $0{,}79\,c > 0{,}1c$).

d: Lösungsansatz: Die Lorentzkraft ist hier die Zentripetalkraft.

e: Berechnen Sie zunächst die Flugdauer der Pionen.

f: Berücksichtigen Sie typische relativistische Effekte, die sich auf die Flugzeit bzw. die Kanallänge auswirken.

Tipps zu Teilaufgabe 2

a: Der Empfangsdipol kleinstmöglicher sinnvoller Länge hat die halbe Wellenlänge.

b: Es geht hier um stehende Wellen. An welchen Stellen wird deren Amplitude maximal?

c: Berechnen Sie erst die Induktivität und dann mit der Thomsonformel die Kapazität.

d: Wie kann man sich eine Antenne (Hertz'scher Dipol) aus einem Schwingkreis entstanden denken? Vergleichen Sie die Energieabstrahlung beider Systeme.

Tipps zu Teilaufgabe 3

a: Beleuchten Sie das Gitter mit dem Laserlicht und fangen Sie das Interferenzmuster auf einem Schirm dahinter auf!

b: Beachten Sie den Wertebereich der Sinusfunktion!

c: Grünes Laserlicht ist energiereicher als rotes.

Lösungen zum Aufgabenvorschlag 1

1. a) Abb. 2 zeigt einen **Ausschnitt der Protonen-Kreisbahn** für den Fall, dass das Magnetfeld senkrecht in die Zeichenebene hinein gerichtet ist; das Proton läuft dann gegen den Uhrzeigersinn. Die Lorentzkraft zeigt stets zum Kreismittelpunkt.

   Sie können natürlich die Magnetfeldrichtung entgegengesetzt wählen (aus der Zeichenebene heraus). Dann läuft das Proton im Uhrzeigersinn.

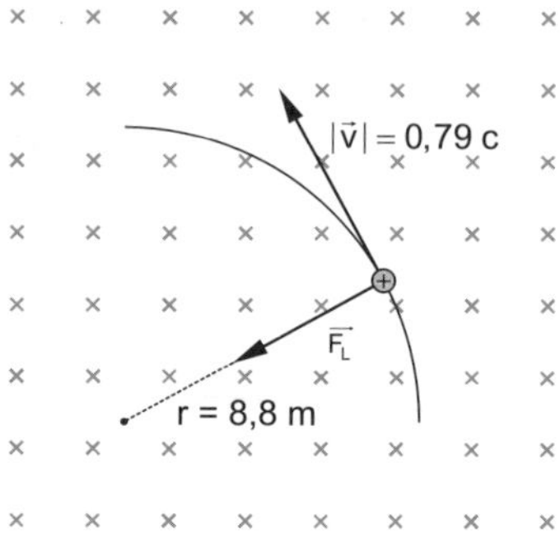

Abb. 2

   b) Die **Umlaufdauer** lässt sich sofort aus den gegebenen Daten berechnen:

$$T = \frac{2\pi \cdot r}{v} = \frac{2\pi \cdot 8{,}8\ \text{m}}{0{,}79 \cdot 3{,}0 \cdot 10^8\ \frac{\text{m}}{\text{s}}} = \underline{\underline{2{,}3 \cdot 10^{-7}\ \text{s}}}$$

   Deren Kehrwert liefert die **Umläufe je Sekunde**:

$$f = \frac{1}{T} = \underline{\underline{4{,}3 \cdot 10^6\ \frac{1}{\text{s}}}}$$

   c) Wegen der hohen Geschwindigkeit muss relativistisch gerechnet werden. Für die **relativistische Masse** des Protons gilt

$$m = \frac{m_0}{\sqrt{1-\left(\frac{v}{c}\right)^2}} = \frac{m_0}{\sqrt{1-(0{,}79)^2}} = \underline{\underline{1{,}6\,m_0}}$$

   und für seine **kinetische Energie**:

$$E_{kin} = E - E_0 = m \cdot c^2 - m_0 \cdot c^2 = 1{,}6\,m_0 \cdot c^2 - m_0 \cdot c^2$$
$$= 0{,}6\,m_0 \cdot c^2 = 0{,}6 \cdot 938{,}26\ \text{MeV} = \underline{\underline{563\ \text{MeV} > 0{,}5\ \text{GeV}}}$$

   Die Ruheenergie des Protons finden Sie in der Formelsammlung.

   d) Die Lorentzkraft ist eine Zentripetalkraft. Daraus folgt für den **Betrag der magnetischen Flussdichte**:

$$F_L = F_Z$$

$$e \cdot v \cdot B = \frac{m \cdot v^2}{r}$$

$$\Rightarrow\ B = \frac{m \cdot v}{e \cdot r} = \frac{1{,}6 \cdot 1{,}67 \cdot 10^{-27}\ \text{kg} \cdot 0{,}79 \cdot 3{,}0 \cdot 10^8\ \frac{\text{m}}{\text{s}}}{1{,}6 \cdot 10^{-16}\ \text{C} \cdot 8{,}8\ \text{m}} = \underline{\underline{0{,}45\ \text{T}}}$$

e) Für die Flugdauer t in dem 8 m langen Kanal ergibt sich

$$t = \frac{s}{v} = \frac{s}{c}$$

$$= \frac{8\ \text{m}}{3{,}0 \cdot 10^8\ \frac{\text{m}}{\text{s}}} = 27\ \text{ns},$$

sodass gemäß Abb. 3 am Kanalende noch etwa **50 % der ursprünglich vorhandenen Pionen** zu erwarten sind.

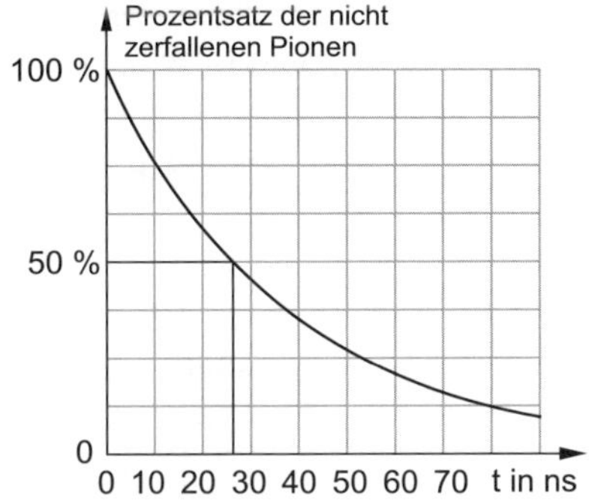

Abb. 3

f) Der Anteil „überlebender" Pionen am Kanalende ist deutlich höher, weil bei der Abschätzung in Teilaufgabe 1 e relativistische Effekte (die Pionen fliegen fast mit Lichtgeschwindigkeit) vernachlässigt werden. Berücksichtigt man die **Längenkontraktion** des Kanals (der im Bezugssystem der Pionen deutlich kürzer ist als 8 m) bzw. die **Zeitdilatation** (die Zeit der Pionen im Kanal vergeht aus der Sicht des Beobachters langsamer, sie benötigen im Bezugssystem des Beobachters deutlich weniger als 27 ns für den Flug), ist der höhere Pionenanteil plausibel.

2. a) Der Empfangsdipol sollte **parallel zum Sendedipol** ausgerichtet sein, also ebenfalls vertikal. Als **Mindestlänge** ergibt sich die halbe Wellenlänge:

$$\ell = \frac{\lambda}{2} = \frac{c}{2f}$$

$$= \frac{3{,}00 \cdot 10^8\ \frac{\text{m}}{\text{s}}}{2 \cdot 578 \cdot 10^6\ \text{Hz}} = \underline{\underline{0{,}259\ \text{m}}}$$

b) Es bildet sich durch Reflexion eine **stehende Welle** vor der Metallwand. Dort ist ein Knoten; beim ersten „Bauch" im Abstand d einer Viertelwellenlänge vor der Wand sollte dann der Empfänger sitzen. Für diesen **Minimalabstand** ergibt sich:

$$d = \frac{\lambda}{4} = \frac{c}{4f}$$

$$= \frac{3{,}00 \cdot 10^8\ \frac{\text{m}}{\text{s}}}{4 \cdot 578 \cdot 10^6\ \text{Hz}} = \underline{\underline{0{,}130\ \text{m}}}$$

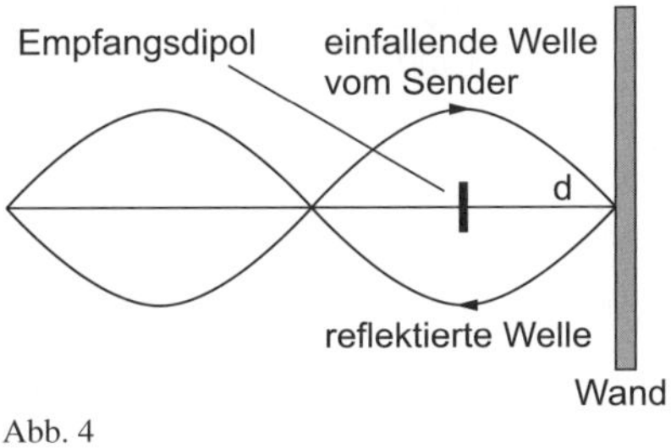

Abb. 4

c) Zunächst berechnet man aus den Spulendaten die Induktivität L (langgestreckte zylindrische Spule):

$$L = \mu_0 \cdot \frac{N^2 \cdot A}{\ell} = \mu_0 \cdot \frac{N^2 \cdot \left(\frac{d}{2}\right)^2 \cdot \pi}{\ell}$$

$$= 4\pi \cdot 10^{-7} \, \frac{Vs}{Am} \cdot \frac{12^2 \cdot (2{,}0 \cdot 10^{-3}\,m)^2 \cdot \pi}{8{,}0 \cdot 10^{-2}\,m} = 2{,}84 \cdot 10^{-8}\,H$$

Daraus folgt mithilfe der Thomsonformel für die **Kapazität** C:

$$f = \frac{1}{2\pi \cdot \sqrt{L \cdot C}}$$

$$\Rightarrow \quad C = \frac{\left(\frac{1}{2\pi \cdot f}\right)}{L} = \frac{1}{4\pi^2 \cdot f^2 \cdot L} = \frac{1}{4\pi^2 \cdot (578 \cdot 10^6\,Hz)^2 \cdot 2{,}84 \cdot 10^{-8}\,H}$$

$$= \underline{\underline{2{,}7 \cdot 10^{-12}\,F = 2{,}7\,pF}}$$

d) Bei einem Schwingkreis wird nach der Thomsonformel die Frequenz immer höher, je kleiner Induktivität und Kapazität der verwendeten Spule bzw. des Kondensators werden. Betrachtet man eine Dipol-Antenne als aufgebogene „Spule“ minimaler Induktivität, deren Enden (als gedachte Mini-„Kondensator-Platten“) eine (winzig kleine) Kapazität darstellen, dann lässt sich der **Sende- oder Empfangsdipol durchaus als Schwingkreis** bezeichnen.

Der große **Unterschied** zwischen Dipol-Antenne und „normalem“ Schwingkreis besteht in der Dämpfung: Ein Sendedipol strahlt als offener Schwingkreis mit einer gewissen Sendeleistung in den Raum ab, ein Empfangsdipol nimmt als ebenfalls offener Schwingkreis solche Sendesignale auf. Dagegen sind herkömmliche Schwingkreise geschlossen, sie strahlen fast nicht in den Raum ab. Zur gegenseitigen Anregung müssen zwei solche Schwingkreise explizit gekoppelt werden (kapazitiv über einen gemeinsamen Kondensator oder induktiv über eine Spule).

3. a) **Bestimmung der Wellenlänge**

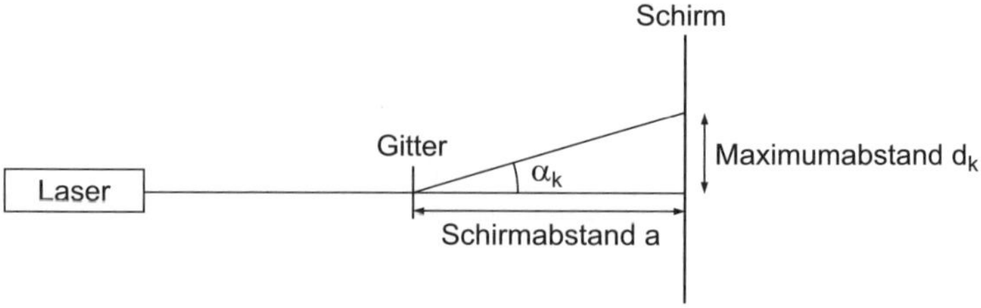

Abb. 5: Skizze zum Versuchsaufbau

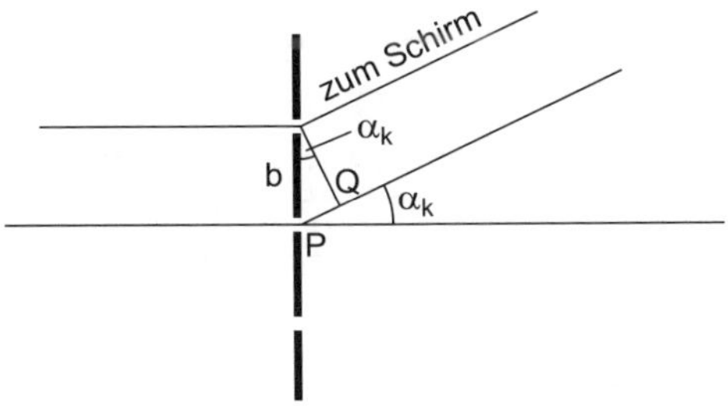

Abb. 6 Detailansicht am Gitter

Das Laserlicht fällt von links auf das Gitter und wird dort gebeugt (Abb. 5). Die rechts von den Spalten ausgehenden Strahlen haben einen Gangunterschied, der im Fall eines Maximums ein ganzzahliges Vielfaches der Wellenlänge ist. Es gilt dann (Abb. 6):

$$\overline{PQ} = \Delta s = b \cdot \sin\alpha_k = k \cdot \lambda \quad \Rightarrow \quad \sin\alpha_k = \frac{k \cdot \lambda}{b} \qquad (k = 1, 2, \ldots) \qquad (1)$$

Die Maxima k-ter Ordnung liegen auf dem Schirm im Abstand a (Messwert) hinter dem Gitter seitlich um die Strecke d_k (Messwert) versetzt neben dem nullten Hauptmaximum. Es gilt:

$$\tan\alpha_k = \frac{d_k}{a} \qquad (2)$$

Für kleine Winkel bis ca. 10° gilt die Kleinwinkelnäherung (Bogenmaß!) $\alpha \approx \sin\alpha \approx \tan\alpha$ und damit durch Kombination von (1) und (2):

$$\frac{k \cdot \lambda}{b} = \frac{d_k}{a} \qquad (3)$$

Die Wellenlänge lässt sich also beispielsweise für das Maximum 1. Ordnung (k = 1) aus den gemessenen Längen a und d_1 sowie der bekannten Gitterkonstante b berechnen zu

$$\lambda = b \cdot \frac{d_1}{a}.$$

b) Um auch die Maxima zehnter Ordnung beobachten zu können (k = 10), muss nach (1) $10 \cdot \lambda \leq b$ gelten (weil der Sinus höchstens den Wert 1 erreicht) und damit die Gitterkonstante b die folgende Bedingung erfüllen:

$$b \geq 10 \cdot \lambda = 10 \cdot 630\ \text{nm} \quad \Rightarrow \quad \underline{\underline{b \geq 6{,}3\ \mu\text{m}}}$$

c) Grünes Laserlicht hat eine höhere Energie als rotes, die Wellenlänge ist kleiner. Damit verringern sich wegen (3) die Abstände der Maxima benachbarter Ordnungen, das Interferenzmuster wird horizontal **gestaucht**.

Eine Gitterdrehung um 90 Grad führt zu einer **Drehung** des Interferenzmusters um ebenfalls 90 Grad.

Aufgabenvorschlag 2

1. **Linearbeschleuniger**

   Mit einem Linearbeschleuniger, dessen Aufbau die nachfolgende Abbildung schematisch zeigt, können Protonen geradlinig beschleunigt werden.

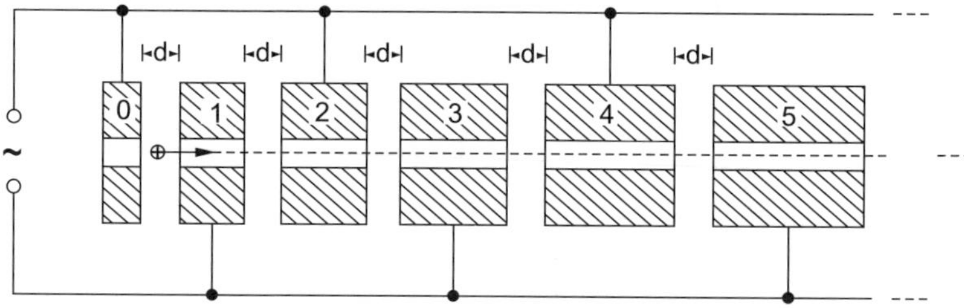

Abb. 1

Betrachtet wird ein Proton, das am Ende der 0-ten Röhre mit vernachlässigbarer Anfangsgeschwindigkeit in den Beschleuniger eingebracht wird. Zwischen je zwei aufeinanderfolgenden Röhren wird das Proton in einem schmalen Spalt der Breite $d = 2{,}0$ cm wie in einem Plattenkondensator mit Plattenabstand d und der anliegenden Spannung $6{,}0 \cdot 10^5$ V beschleunigt. Dies wird durch eine an den Röhren anliegende Wechselspannung der Frequenz $f = 20$ MHz und des Scheitelwerts $U_0 = 6{,}0 \cdot 10^5$ V erreicht. Die Aufenthaltsdauer des Protons in den Spalten soll vernachlässigt werden. Im Inneren der Röhren liegt kein elektrisches Feld vor.

a) Berechnen Sie den Betrag der elektrischen Kraft auf das Proton und seine Beschleunigung im Spalt zwischen zwei Röhren. Bestimmen Sie die Zunahme ΔE_{kin} der kinetischen Energie in jedem der Spalte.
[Zur Kontrolle: $\Delta E_{kin} = 9{,}6 \cdot 10^{-14}$ J] (8 BE)

b) Erläutern Sie, wie sich das Proton im Inneren der Röhren bewegt, und berechnen Sie sowohl die kinetische Energie als auch die Geschwindigkeit v_7 des Protons am Ende des 7. Spalts. Begründen Sie, warum eine nicht-relativistische Rechnung gerechtfertigt ist.
[Zur Kontrolle: $v_7 = 2{,}8 \cdot 10^7 \, \frac{m}{s}$] (8 BE)

c) Erläutern Sie, weshalb die Röhren in Bewegungsrichtung des Protons eine immer größere Länge haben müssen. Berechnen Sie die Länge s_7 der 7. Röhre. (7 BE)

2. **Kapazitiver Dehnungsmessstreifen**

In einem Dehnungsmessstreifen wird der Plattenabstand d eines eingebauten Messkondensators durch Dehnung verringert. Als Kondensator wird ein luftgefüllter Plattenkondensator mit quadratischen Platten der Seitenlänge 4,0 mm verwendet, der im ungedehnten Ausgangszustand des Messstreifens einen Plattenabstand von 1,0 mm hat.

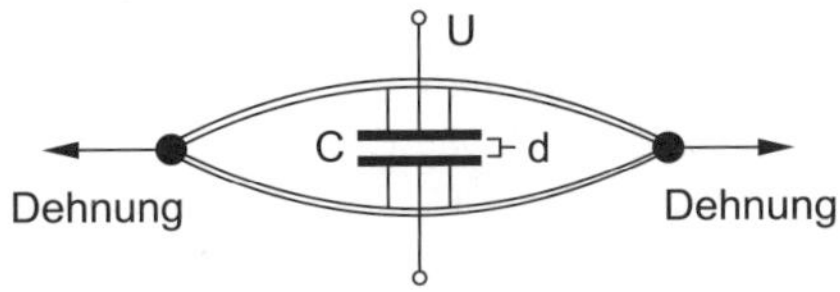

Abb. 2

a) Berechnen Sie die Kapazität C des Messkondensators im Ausgangszustand und seine Ladung bei einer anliegenden Spannung von 12,0 V. [Zur Kontrolle: $C = 0{,}14$ pF] (5 BE)

b) Der Messkondensator wird nach dem Ladevorgang von der Stromquelle getrennt. Beschreiben und begründen Sie, ob und gegebenenfalls wie sich die Ladung, die Kapazität und die Spannung des Kondensators bei Dehnung des Messstreifens ändern. (6 BE)

Nun bildet der Messkondensator zusammen mit einer Spule ($L = 20$ mH) einen elektromagnetischen Schwingkreis.

c) Berechnen Sie die Eigenfrequenz des Schwingkreises ohne Dehnung des Messstreifens. (3 BE)

d) Leiten Sie eine Formel für die Eigenfrequenz f des Schwingkreises in Abhängigkeit vom Plattenabstand d her. Wie verändert sich die Eigenfrequenz des Schwingkreises, wenn aufgrund einer Dehnung des Messstreifens der Plattenabstand halbiert wird? (5 BE)

3. **Induktionskochfeld**

Bei einem Induktionskochfeld durchsetzt ein magnetisches Wechselfeld der Flussdichte $B(t) = B_0 \cdot \sin(\omega \cdot t)$ einen metallischen Topfboden.

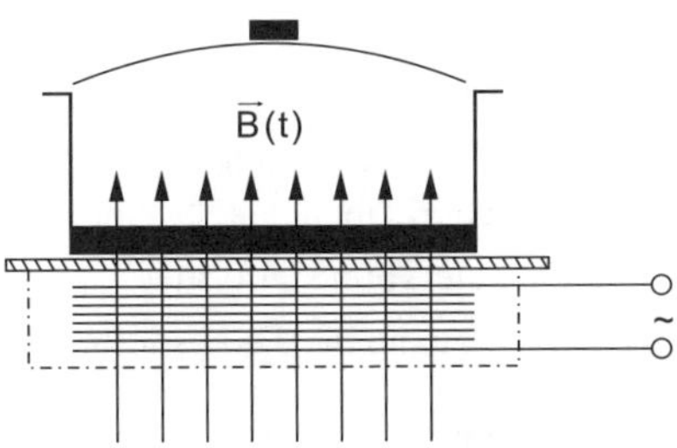

Abb. 3

a) Erklären Sie, warum sich der Boden eines Eisentopfs, der auf dem eingeschalteten Kochfeld steht, erwärmt. (4 BE)

Nun wird anstelle des Topfs eine Induktionsspule mit $N = 500$ Windungen so auf das eingeschaltete Kochfeld gelegt, dass ihre Querschnittsfläche ($A = 30\ \text{cm}^2$) vollständig und senkrecht vom Magnetfeld durchsetzt wird.

b) Zeigen Sie, dass zwischen den Enden der Spule eine Induktionsspannung mit $U_i(t) = -N \cdot A \cdot B_0 \cdot \omega \cdot \cos(\omega \cdot t)$ entsteht. (5 BE)

c) Ein an die Spule angeschlossenes Oszilloskop zeigt den nebenstehenden zeitlichen Verlauf der Induktionsspannung $U_i(t)$. Ermitteln Sie zusammen mit dem Ergebnis der Teilaufgabe 3 b den Scheitelwert B_0 des magnetischen Wechselfeldes.

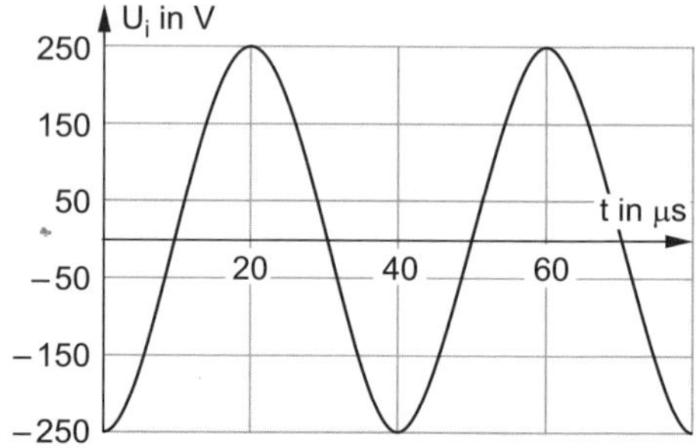

Abb. 4

(6 BE)

d) Begründen Sie, weshalb zur Erzeugung hoher Induktionsspannungen bei Induktionskochfeldern Wechselspannungen im kHz-Bereich und nicht solche mit der Frequenz 50 Hz der Netz-Wechselspannung verwendet werden. (3 BE)

(60 BE)

Tipps und Hinweise zum Aufgabenvorschlag 2

Tipps zu Teilaufgabe 1

a: Die Kraft hängt mit der Feldstärke zusammen. Zu deren Bestimmung beachten Sie den Hinweis, dass der Zwischenraum wie ein Plattenkondensator zu behandeln ist.

b: Beachten Sie gegebenenfalls das Kontrollergebnis zu Teilaufgabe 1a.

c: Wie wirkt sich die Spannungsfrequenz auf die Flugzeit im Rohrinneren aus?

Tipps zu Teilaufgabe 2

a: Verwenden Sie die Standardformeln für Kapazität und Ladung.

b: Überlegen Sie zunächst, welche Größen sich nach dem Abtrennen von der Spannungsquelle konstant bleiben, und beachten Sie die Formeln aus a.

c: Verwenden Sie die Thomsonformel.

d: Einsetzen von $0{,}5d_0$ in die Thomsonformel liefert auch dieses Ergebnis.

Tipps zu Teilaufgabe 3

a: Der Topfboden ist metallisch und besitzt einen elektrischen Widerstand.

b: Verwenden Sie das Induktionsgesetz (Zusammenhang zwischen Induktionsspannung und zeitlicher Änderung des magnetischen Flusses).

c: Lesen Sie fehlende Angaben zur Berechnung des Flussdichte-Scheitelwertes (mit der soeben in Teilaufgabe 3 b bestätigten Formel) aus dem Diagramm ab.

d: Wie hängen Frequenz und Wirbelstromstärke zusammen?

Lösungen zum Aufgabenvorschlag 2

1. a) Der Bereich zwischen zwei Röhren wird als Plattenkondensator betrachtet, also gilt die Beziehung $E = \frac{U}{d}$ und damit für die **elektrische Kraft** auf das Proton mit Ladung e:

$$F_{el} = E \cdot e = \frac{U \cdot e}{d} = \frac{6{,}0 \cdot 10^5\,\text{V} \cdot 1{,}6 \cdot 10^{-19}\,\text{C}}{0{,}020\,\text{m}} = \underline{\underline{4{,}8 \cdot 10^{-12}\,\text{N}}}$$

Die **Beschleunigung** beträgt wegen $F = m \cdot a$ dann

$$a = \frac{F}{m} = \frac{4{,}8 \cdot 10^{-12}\,\text{N}}{1{,}67 \cdot 10^{-27}\,\text{kg}} = \underline{\underline{2{,}9 \cdot 10^{15}\,\frac{\text{m}}{\text{s}^2}}}.$$

Die **Zunahme an kinetischer Energie** ist jeweils

$$\Delta E_{kin} = U \cdot e = 6{,}0 \cdot 10^5\,\text{V} \cdot 1{,}60 \cdot 10^{-19}\,\text{C} = \underline{\underline{9{,}60 \cdot 10^{-14}\,\text{J}}}.$$

b) Das Röhreninnere ist laut Angabe feldfrei, also wirkt dort keine Kraft auf die Protonen und diese fliegen geradlinig und mit konstanter Geschwindigkeit in Richtung nächstem Spalt. Die **kinetische Energie** am Ende des 7. Spaltes ist

$$E_7 = 7 \cdot \Delta E_{kin} = 7 \cdot 9{,}60 \cdot 10^{-14}\,\text{J} = \underline{\underline{6{,}72 \cdot 10^{-13}\,\text{J}}}.$$

Die Protonen erreichen dabei eine **Geschwindigkeit** von

$$E_7 = \frac{1}{2} m_0 \cdot v_7^2 \quad \Rightarrow \quad v_7 = \sqrt{\frac{2E_7}{m_0}} = \sqrt{\frac{2 \cdot 6{,}72 \cdot 10^{-13}\,\text{J}}{1{,}67 \cdot 10^{-27}\,\text{kg}}} = \underline{\underline{2{,}84 \cdot 10^7\,\frac{\text{m}}{\text{s}}}}.$$

Die nicht-relativistische Rechnung ist (im Nachhinein) gerechtfertigt, weil die Geschwindigkeit weniger als 10 % der Lichtgeschwindigkeit beträgt.

c) Die Frequenz der Wechselspannung ist konstant bei 20 MHz, die Flugzeit zwischen zwei Spalten also auch immer $\frac{T}{2}$. Da die Protonen von Spalt zu Spalt schneller werden, muss die feldfreie Flugstrecke zwischen den Spalten (also die Röhrenlänge) entsprechend größer werden, damit die Protonen „im Takt" bleiben. Für die **Länge der 7. Röhre** muss gelten:

$$s_7 = v_7 \cdot \frac{T}{2} = v_7 \cdot \frac{1}{2f} = 2{,}84 \cdot 10^7\,\frac{\text{m}}{\text{s}} \cdot \frac{1}{2 \cdot 20 \cdot 10^6\,\text{Hz}} = \underline{\underline{71\,\text{cm}}}$$

2. a) Beim mit Luft gefüllten Plattenkondensator ist die **Kapazität**

$$C = \varepsilon_0 \cdot \frac{A}{d} = 8{,}85 \cdot 10^{-12}\,\frac{\text{As}}{\text{Vm}} \cdot \frac{(0{,}0040\,\text{m})^2}{0{,}0010\,\text{m}} = \underline{\underline{1{,}4 \cdot 10^{-13}\,\text{F} = 0{,}14\,\text{pF}}} \qquad (1)$$

und seine gespeicherte **Ladung**

$$Q = C \cdot U = 1{,}4 \cdot 10^{-13}\,\text{F} \cdot 12{,}0\,\text{V} = \underline{\underline{1{,}7 \cdot 10^{-12}\,\text{C}}}. \qquad (2)$$

b) Die **Ladung** Q bleibt auch bei Dehnung **konstant**, weil nach Abtrennen der Stromquelle kein Zu- oder Abfluss von Ladungen möglich ist.
Verringert sich der Plattenabstand d, werden die **Kapazität** wegen $C \sim \frac{1}{d}$ **größer** und die **Spannung** wegen $U = \frac{Q}{C} \Rightarrow U \sim d$ **kleiner**.

c) Mit der Thomsonformel ergibt sich für die **Eigenfrequenz** des Schwingkreises:

$$f_0 = \frac{1}{2\pi \cdot \sqrt{L \cdot C}} = \frac{1}{2\pi \cdot \sqrt{0{,}020\ \text{H} \cdot 1{,}4 \cdot 10^{-13}\ \text{F}}} = \underline{\underline{3{,}0 \cdot 10^6\ \text{Hz} = 3{,}0\ \text{MHz}}}$$

d) Man setzt allgemein die Thomsonformel an und bekommt die **Frequenzfunktion**:

$$f(d) = \frac{1}{2\pi \cdot \sqrt{L \cdot C(d)}} = \frac{1}{2\pi \cdot \sqrt{L \cdot \varepsilon_0 \cdot \frac{A}{d}}} = 9{,}46 \cdot 10^9 \cdot \frac{1}{s \cdot \sqrt{m}} \sqrt{d}$$

Wegen $f(d) \sim \sqrt{d}$ erhält man bei halbiertem Plattenabstand eine um den Faktor $\sqrt{0{,}5}$ gegenüber der Eigenfrequenz **verringerte Frequenz**:

$$\frac{f(0{,}5d_0)}{f_0} = \frac{f(0{,}5d_0)}{f(d_0)} = \frac{\sqrt{0{,}5d_0}}{\sqrt{d_0}} = \sqrt{\frac{0{,}5d_0}{d_0}} = \underline{\underline{\sqrt{0{,}5}}}$$

3. a) Das ständig sich umpolende Magnetfeld erzeugt im Topfboden **Wirbelströme**, die wegen des ohmschen Widerstandes zur Erwärmung des Bodens führen.

b) Der magnetische Fluss ist $\Phi(t) = A \cdot B(t) = A \cdot B_0 \cdot \sin(\omega \cdot t)$. Die **Induktionsspannung** ergibt sich aus dem Induktionsgesetz:

$$U_{ind}(t) = -N \cdot \dot{\Phi}(t) = \underline{\underline{-N \cdot A \cdot B_0 \cdot \omega \cdot \cos(\omega \cdot t)}}$$

c) Der **Scheitelwert des magnetischen Wechselfeldes** ist im Term der Scheitelspannung enthalten, der in Teilaufgabe 3 b bestimmt wurde:

$$U_{ind}(t) = -N \cdot A \cdot B_0 \cdot \omega \cdot \cos(\omega \cdot t) = -U_0 \cdot \cos(\omega \cdot t)$$
$$\Rightarrow \quad U_0 = N \cdot A \cdot B_0 \cdot \omega$$

N und A sind gegeben, U_0 kann unmittelbar aus dem Diagramm abgelesen werden, $\omega = \frac{2\pi}{T}$ durch Ablesen der Schwingungsdauer T. Dann folgt:

$$B_0 = \frac{U_0}{N \cdot A \cdot \frac{2\pi}{T}} = \frac{250\ \text{V}}{500 \cdot 0{,}0030\ \text{m}^2 \cdot \frac{2\pi}{40 \cdot 10^{-6}\ \text{s}}} = \underline{\underline{1{,}1 \cdot 10^{-3}\ \text{T} = 1{,}1\ \text{mT}}}$$

d) Die **Induktionsspannung** und damit auch die Wirbelstromstärke ist **proportional zur Frequenz** ω, also tritt der Erwärmungseffekt bei Frequenzen im kHz-Bereich wesentlich stärker auf als bei nur 50 Hz.

Abitur Physik (Bayern) 2012
Themenbereich II: Aufbau der Materie

Aufgabenvorschlag 1

1. **Eindimensionaler Potenzialtopf**
Retinal ist ein Molekül, das beim Sehvorgang eine wichtige Rolle spielt. Es besteht aus einer Kette von Kohlenstoffatomen, entlang der 12 Elektronen sich frei bewegen können.

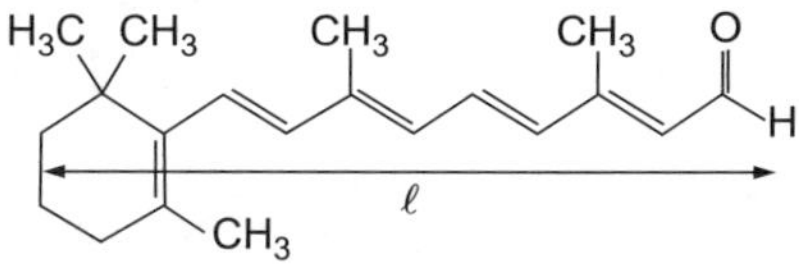

Abb. 1

Das Verhalten der Elektronen lässt sich näherungsweise durch das Modell eines eindimensionalen, unendlich hohen Potenzialtopfs der Breite $\ell = 1{,}44$ nm beschreiben.

a) Begründen Sie anschaulich und ohne Rechnung, warum ein im Potenzialtopf „eingesperrtes" Elektron grundsätzlich nur diskrete Energien annehmen kann. Erläutern Sie, warum seine kinetische Energie im Grundzustand nicht null sein kann. (6 BE)

b) Im Inneren des Tops gilt $E_{pot} = 0$; für die Wellenlänge λ_n eines Elektrons im n-ten Quantenzustand ist

$$\lambda_n = \frac{2\ell}{n} \quad (n = 1, 2, 3\ldots)$$

bekannt. Leiten Sie damit den Term

$$E_n = E_{n,\,kin} = \frac{h^2}{8m \cdot \ell} \cdot n^2$$

für die Energie E_n des Elektrons im n-ten Quantenzustand her. (6 BE)

Mit Ψ_n wird die Wellenfunktion eines Elektrons und mit $|\Psi_n|^2$ die zugehörige Wahrscheinlichkeitsdichte des n-ten Quantenzustands $(n = 1, 2, 3\ldots)$ bezeichnet.

c) Geben Sie die Quantenzahlen n an, für welche die Wahrscheinlichkeitsdichte $|\Psi_n|^2$ des Elektrons in der Mitte des Potenzialtopfs null ist. (3 BE)

Im Absorptionsspektrum des Moleküls findet man bei der Wellenlänge 500 nm eine Linie, die dem Übergang vom Grundzustand des Moleküls in den ersten angeregten Zustand entspricht.

d) Begründen Sie, warum im Grundzustand eines Retinal-Moleküls die Energieniveaus E_1 bis E_6 besetzt sind. (3 BE)

e) Berechnen Sie mithilfe des Potenzialtopfmodells die Wellenlänge λ der Absorptionslinie. Um wie viel Prozent weicht dieser berechnete Wert vom experimentell bestimmten Wert ab?
[Zur Kontrolle: $\lambda = 526$ nm] (8 BE)

f) Ein realistischeres Modell berücksichtigt, dass die Potenzialwände nicht unendlich hoch sind. Skizzieren Sie für einen solchen Potenzialtopf die Wahrscheinlichkeitsdichte eines Elektrons im Quantenzustand $n = 2$ und erläutern Sie den wesentlichen Unterschied bezüglich des Elektronenverhaltens zum unendlich hohen Potenzialtopf. (5 BE)

2. **Altersbestimmung mit der ^{14}C-Methode**

Wandmalereien, wie z. B. die Darstellung in der Chauvet-Höhle in Frankreich, gehören zu den ältesten Kulturleistungen der Menschheit. Ihr Alter kann mit der sogenannten ^{14}C-Methode, auch bekannt als Radiokohlenstoff- oder Radiokarbonmethode, bestimmt werden.

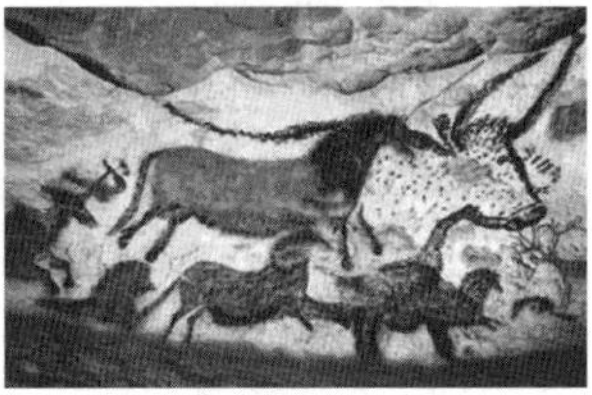
Abb. 2

Gegebene Atommassen: $m(^{14}C) = 14{,}0032420$ u; $m(^{14}N) = 14{,}0030744$ u; $m(^{1}H) = 1{,}00782522$ u; ($1\,u = 1{,}66054 \cdot 10^{-27}$ kg)

Das Kohlenstoffisotop ^{14}C entsteht, wenn ein Neutron der kosmischen Strahlung in der Atmosphäre auf ein ^{14}N-Atom trifft.

a) Stellen Sie die Reaktionsgleichung auf und zeigen Sie, dass es sich um einen exothermen Prozess handelt. (6 BE)

^{14}C ist radioaktiv und zerfällt mit einer Halbwertszeit von etwa 5730 Jahren durch β^--Zerfall.

b) Geben Sie die Gleichung für den ^{14}C-Zerfall an. Erklären Sie, wie es möglich ist, dass trotz des Zerfalls das Teilchenzahlverhältnis des instabilen ^{14}C-Isotops zum stabilen ^{12}C-Isotop in der Atmosphäre konstant bleibt. (6 BE)

Solange Organismen leben, ist in ihnen das Teilchenzahlverhältnis der beiden genannten Kohlenstoffisotope ebenfalls konstant. Danach sinkt der Anteil der ^{14}C-Atome aufgrund des β^--Zerfalls, was zur Altersdatierung verwendet werden kann. Einem Höhlenbildnis wird etwas Farbe entnommen und daraus auf chemischem Wege eine Kohlenstoff-Probe der Masse 10 mg gewonnen. Die Anzahl der ^{14}C-Atome in der Probe ist $1{,}3 \cdot 10^7$.

c) Weisen Sie rechnerisch nach, dass die Masse der ^{14}C-Atome einen verschwindend geringen Anteil der Probe ausmacht. (4 BE)

Abb. 2, Quelle: Ascot Elite/Cinetext. Cave of Forgotten Dreams, Dokumentarfilm, USA/CDN/FR/GB/BRD 2010, Regie: Werner Herzog.

d) Berechnen Sie die Aktivität der Probe und beurteilen Sie, ob sich eine Aktivitätsmessung zur Altersbestimmung dieser Probe eignet, wenn das verwendete Zählrohr eine Nullrate von 10 min^{-1} misst. (4 BE)

e) Mithilfe eines Massenspektrographen wird festgestellt, dass die Anzahl der ^{14}C-Atome in der Probe gegenüber einer Vergleichsprobe aus der Atmosphäre um 97,9 % abgenommen hat. Ermitteln Sie daraus das Alter des Höhlenbildes. (5 BE)

f) Bei genauerer Untersuchung stellt sich heraus, dass der ^{14}C-Anteil am atmosphärischen Kohlenstoff über einen langen Zeitraum nicht konstant war. Zur Zeit der Felsmalerei waren mehr Neutronen in der kosmischen Strahlung vorhanden als heute. Begründen Sie, ob das in Teilaufgabe 2e berechnete Alter des Höhlenbildes geringer oder höher als das tatsächliche Alter ist. (4 BE)

(60 BE)

Tipps und Hinweise zum Aufgabenvorschlag 1

Tipps zu Teilaufgabe 1

a: Schlüsselbegriffe: stehende Welle, Heisenberg'sche Unschärferelation. Die Informationen in Teilaufgabe b weisen ihr Denken in die richtige Richtung.

b: Verwenden Sie die Impulsbeziehung für de-Broglie-Wellen und den Zusammenhang zwischen kinetischer Energie und Impuls.

c: Die Wellenfunktion ist sinusförmig. Überlegen Sie, welche Periodenlänge sie besitzt; daraus können Sie auf die Nullstellen in Topfmitte schließen.

d: Berücksichtigen Sie das Prinzip von Pauli und die Angabe, dass hier 12 Elektronen beteiligt sind.

e: Verwenden Sie den Anregungsübergang zwischen n = 6 und n = 7.

f: Beachten Sie, dass in unendlich hohen Potenzialtopfwänden die Aufenthaltswahrscheinlichkeit an den Rändern null ist.

Tipps zu Teilaufgabe 2

a: Berechnen Sie den Q-Wert oder den Massendefekt.

b: Argumentieren Sie mit einem „Fließgleichgewicht" (Zerfall – Erzeugung).

c: Vergleichen Sie die Masse der C14-Atome mit der Masse der Gesamtprobe.

d: Sie benötigen die Zerfallskonstante; diese bekommen Sie aus der Halbwertszeit.

e: Wenden Sie das Zerfallsgesetz an. Der Anteil der noch vorhandenen C14-Atome ist angegeben.

f: Die Zahl der ursprünglich vorhandenen C14-Atome ist jetzt höher. Was folgt?

Lösungen zum Aufgabenvorschlag 1

1. a) Das sich frei im Potenzialtopf mit unendlich hohen Wänden bewegende Elektron lässt sich als **stehende de-Broglie-Welle** beschreiben (Modell: beidseitig eingespannte schwingende Saite). Wie im mechanischen Fall stehender Wellen sind nur bestimmte Wellenlängen und damit diskrete Energiezustände möglich. Die Grundschwingung (bei der die Topfbreite der halben Wellenlänge entspricht) besitzt die niedrigste Energie, die aber von null verschieden ist. Darin drückt sich die **Heisenberg'schen Unschärferelation** aus, nach der Ort und Impuls (und damit kinetische Energie) eines quantenmechanischen Teilchens nicht gleichzeitig exakt messbar sind – gerade das wäre aber bei $E_{kin} = 0$ der Fall (ruhendes Teilchen).

b) Für den Impuls des Elektrons im Topf gilt mit $\lambda_n = \frac{2\ell}{n}$:

$$p_n = \frac{h}{\lambda_n} = \frac{h \cdot n}{2\ell}$$

Die **Energie im n-ten Quantenzustand** erhält man, indem man den Impulsterm in die Formel für die kinetische Energie einsetzt:

$$E_n = \frac{1}{2} m \cdot v_n^2 = \frac{1}{2m} \cdot m^2 \cdot v_n^2 = \frac{p_n^2}{2m} = \frac{\left(\frac{h \cdot n}{2\ell}\right)^2}{2m} = \underline{\underline{\frac{h^2}{8m \cdot \ell^2} \cdot n^2}}$$

c) Die Wahrscheinlichkeitsdichte ist in der Topfmitte für **geradzahlige** Quantenzahlen $n = 2; 4; 6; \ldots$ null.

Laut Aufgabenstellung genügt es, die Quantenzahlen nur anzugeben, es ist also keine Begründung verlangt. Zum besseren Verständnis erfolgt sie hier: Die Wellenfunktionen im Potenzialtopf verlaufen sinusförmig und besitzen stets Nullstellen an den Rändern ($x = 0$ und $x = \ell$):

$$\Psi_n(x) \sim \sin(k_n \cdot x) = \sin\left(\frac{2\pi}{\lambda_n} \cdot x\right) = \sin\left(\frac{2\pi \cdot n}{2\ell} \cdot x\right) = \sin\left(\frac{\pi \cdot x}{\ell} \cdot n\right)$$

Die Wahrscheinlichkeitsdichte $|\Psi_n|^2$ hat dort Nullstellen, wo $\Psi_n(x)$ null wird. In der Topfmitte sind diese durch die folgende Bedingung bestimmt:

$$\Psi_n\left(\frac{\ell}{2}\right) = 0 \;\Rightarrow\; \sin\left(\frac{\pi \cdot \frac{\ell}{2}}{\ell} \cdot n\right) = 0 \;\Leftrightarrow\; \sin\left(\frac{\pi}{2} \cdot n\right) = 0$$

$$\Rightarrow\; \frac{\pi}{2} \cdot n = k \cdot \pi \;\Rightarrow\; \underline{\underline{n = 2k \quad (k \in \mathbb{N})}}$$

d) Nach dem Pauli-Prinzip kann jeder Zustand doppelt besetzt sein, bei insgesamt 12 Elektronen sind das gerade die genannten Zustände 1 bis 6.

e) Wenn im Grundzustand die Energieniveaus 1 bis 6 besetzt sind, dann handelt es sich bei der Anregungslinie um den Übergang zwischen n = 6 und n = 7. Der Energieunterschied zwischen diesen Niveaus ist

$$\left.\begin{aligned} \Delta E &= E_7 - E_6 = \frac{h^2}{8m \cdot \ell^2} \cdot (7^2 - 6^2) \\ \Delta E &= \frac{h \cdot c}{\lambda} \end{aligned}\right\} \Rightarrow \quad \frac{13h^2}{8m \cdot \ell^2} = \frac{h \cdot c}{\lambda}$$

und damit die **Wellenlänge** der Spektrallinie:

$$\lambda = \frac{8m \cdot \ell^2 \cdot c}{13h} = \frac{8 \cdot 9{,}11 \cdot 10^{-31}\,\text{kg} \cdot (1{,}44 \cdot 10^{-9}\,\text{m})^2 \cdot 3{,}00 \cdot 10^8\,\frac{\text{m}}{\text{s}}}{13 \cdot 6{,}626 \cdot 10^{-26}\,\text{Js}} = \underline{\underline{526\,\text{nm}}}$$

Die **prozentuale Abweichung** vom experimentell bestimmten Wert beträgt:

$$\frac{\Delta\lambda}{\lambda_{exp}} = \frac{\lambda - \lambda_{exp}}{\lambda_{exp}} = \frac{526\,\text{nm} - 500\,\text{nm}}{500\,\text{nm}} = 0{,}052 = \underline{\underline{5{,}2\,\%}}$$

Der Modellwert liegt um 5,2 % über dem gemessenen Wert.

f) Im Zustand n = 2 gilt bei unendlich hohen Wänden $\lambda = \ell$, $\Psi_2(x)$ und damit $|\Psi_2|^2$ besitzen außer am Rand genau eine weitere Nullstelle in Topfmitte.
Im Gegensatz dazu ist beim **Potenzialtopf mit endlich hohen Wänden** die Aufenthaltswahrscheinlichkeit der Elektronen außerhalb des Topfes zwar im Allgemeinen klein, aber nicht null (Abb. 3).

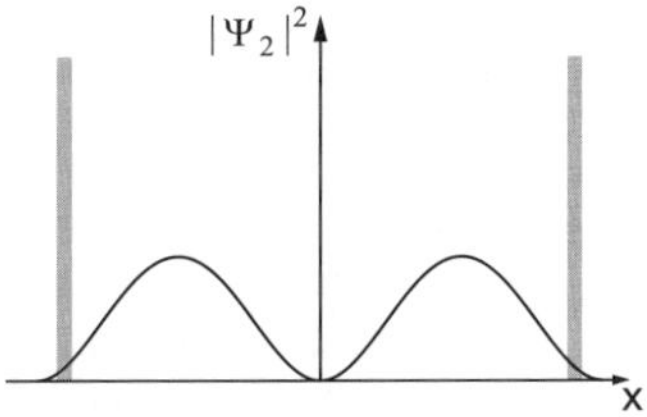

Abb. 3

2. a) Die **Reaktionsgleichung** lautet:

$$\underline{\underline{{}^{14}_{7}N + {}^{1}_{0}n \rightarrow {}^{14}_{6}C + {}^{1}_{1}p}}$$

Die Massenbilanz ist

(14,0030744 + 1,008665 – 14,0032420 – 1,00782522) u = 0,00067218 u > 0,

also sind die Reaktionsprodukte zusammen leichter als die Ausgangsteilchen und die Reaktion damit **exotherm**.

b) **Zerfallsgleichung für C14:**

$$\underline{\underline{{}^{14}_{6}C \rightarrow {}^{14}_{7}C + {}^{0}_{-1}e + {}^{0}_{0}\overline{\nu}}}$$

Während bereits vorhandene C14-Atome ständig zerfallen, werden in der Atmosphäre auch fortlaufend neue C14-Atome erzeugt, sodass sich ein (kleiner, aber konstanter) Anteil des C14 am Gesamtkohlenstoff der Atmosphäre dauerhaft eingestellt hat.

c) Die **Masse der C14-Atome** beträgt mit $u = 1{,}66054 \cdot 10^{-27}$ kg:

$$1{,}3 \cdot 10^7 \cdot 14\,u = 1{,}3 \cdot 10^7 \cdot 14 \cdot 1{,}66054 \cdot 10^{-27}\,\text{kg}$$
$$= 3{,}0 \cdot 10^{-19}\,\text{kg} = \underline{\underline{3{,}0 \cdot 10^{-13}\,\text{mg}}}$$

und ist damit wesentlich kleiner als die Probenmasse von 10 mg.

d) Die **Aktivität** ist mit

$$A(t) = \lambda \cdot N(C14) = \frac{\ln 2}{5\,730\,a} \cdot 1{,}3 \cdot 10^7 = 1\,573\,\frac{1}{a} = 0{,}0030\,\frac{1}{\min} \ll 10\,\frac{1}{\min}$$

deutlich kleiner als die Nullrate. Die Aktivitätsmethode eignet sich hier also **nicht gut**.

e) Es sind noch 2,1 % der C14-Atome vorhanden, also folgt für das **Bildalter**:

$$N_{C14}(t) = 0{,}021 \cdot N_{C14}(0) = e^{-\lambda \cdot t} \cdot N_{C14}(0)$$
$$\Rightarrow \quad 0{,}021 = e^{-\lambda \cdot t}$$
$$t = -\frac{\ln 0{,}021}{\lambda} = -\frac{5\,730\,a \cdot \ln 0{,}021}{\ln 2} = \underline{\underline{3{,}2 \cdot 10^4\,a}}$$

Das Höhlenbild ist ca. 32 000 Jahre alt.

f) Wenn in der kosmischen Strahlung mehr Neutronen vorhanden waren als heute, dann ist die Erzeugungsrate des C14 im Vergleich zum Zerfall höher gewesen, das Gleichgewicht hat sich auf einem höheren C14-Anteil als in der bisherigen Rechnung angenommen eingestellt. Das bedeutet, dass die heute gemessene Anzahl der C14-Atome von $1{,}3 \cdot 10^7$ einen geringeren Anteil an der ursprünglichen Anzahl darstellt, also weniger als 2,1 % noch vorhanden sind. Damit wird das in Teilaufgabe 2 e berechnete Alter größer: Das dort berechnete Bildalter ist zu klein, die Malerei ist **in Wirklichkeit älter**.

Aufgabenvorschlag 2

1. **Der Radioisotopengenerator des Marsrovers „Curiosity"**
Voraussichtlich ab August 2012 soll das Roboterfahrzeug „Curiosity" die Marsoberfläche erkunden. Das Fahrzeug ist mit einem Radioisotopengenerator ausgestattet, der die beim α-Zerfall des Isotops ^{238}Pu entstehende Wärmeleistung nutzt und sie mithilfe von Thermoelementen des Wirkungsgrads 5,5 % in elektrische Leistung umwandelt.
Die Halbwertszeit von ^{238}Pu beträgt 87,7 a, die Atommasse 238,049560 u ($1\ \text{u} = 1{,}66054 \cdot 10^{-27}$ kg).

   a) Stellen Sie die Zerfallsgleichung für den α-Zerfall von ^{238}Pu auf und berechnen Sie die gesamte pro Zerfall freiwerdende Energie Q. Die Atommasse eines ^{4}He-Atoms beträgt 4,002603 u, die des Zerfallsprodukts 234,040952 u.
   [Zur Kontrolle: $Q = 5{,}59$ MeV] (6 BE)

   b) Berechnen Sie die Wärmeleistung P, die in 1,0 g des Plutoniumisotops aufgrund der Aktivität entsteht.
   [Zur Kontrolle: $P = 0{,}57$ W] (6 BE)

   c) Nach der 250 Tage dauernden Anreise zum Mars soll „Curiosity" dort ein Marsjahr (687 Tage) lang aktiv sein. Berechnen Sie, um wie viel Prozent die Aktivität des Plutoniums während des Zeitraums vom Start auf der Erde bis zum Ende der Mission gesunken ist. (5 BE)

   Für den Betrieb des Marsrovers muss vom Zeitpunkt des Starts bis zum Ende der Mission eine elektrische Leistung von rund 0,1 kW dauerhaft bereitgestellt werden.

   d) Ermitteln Sie unter Berücksichtigung des Wirkungsgrads des Thermoelements die Masse an ^{238}Pu, die zum Zeitpunkt des Starts im Isotopengenerator dafür eingebaut sein muss. (4 BE)

   e) Vor 40 Jahren wurde im Radioisotopengenerator des sowjetischen Mondrovers „Lunochod" der α-Strahler ^{210}Po verwendet. Beurteilen Sie, ob auch ^{210}Po für den Marsrover als Energiequelle geeignet wäre. (5 BE)

Isotop	Atommasse	Wärmeleistung pro Gramm	Halbwertszeit
^{238}Pu	238,049560 u	0,57 W	87,7 a
^{210}Po	209,982874 u	144 W	138 d

2. **Messinstrumente an Bord des Marsrovers**
Das Messinstrument „ChemCam" besteht aus einem Laser und einem Spektrometer. Der Laser sendet Lichtpulse der Dauer 5,0 ns mit der Wellenlänge 1 067 nm aus, die jeweils eine Energie von 30 mJ transportieren.

   a) Berechnen Sie die Leistung eines Lichtpulses sowie die Anzahl der mit diesem Puls ausgesendeten Photonen. (5 BE)

Trifft ein solcher Lichtpuls auf einen Fels, so verdampfen Teile des Gesteins schlagartig. Dadurch wird das Ausgangsmaterial in seine Atome bzw. deren Ionen zerlegt. Die Atome bzw. Ionen liegen dabei in einem angeregten Zustand vor und senden ein für die Probe charakteristisches Licht aus, dessen Spektrallinien mit einem Spektrometer registriert werden. Im Folgenden wird das Spektrum von Wasserstoff untersucht, da dessen Auftreten auf das Vorhandensein von Wasser auf dem Mars hinweisen könnte.

b) Berechnen Sie die ersten fünf Energieniveaus von Wasserstoff und zeichnen Sie mit diesen ein Energieniveauschema. (6 BE)

c) Berechnen Sie mit den Ergebnissen von Teilaufgabe 2b die Wellenlängen der drei langwelligsten sichtbaren Spektrallinien von Wasserstoff und zeichnen Sie die drei zugehörigen Energieübergänge in das Energieniveauschema von Teilaufgabe 2b ein. (6 BE)

Außer mit der „ChemCam" kann „Curiosity" die Beschaffenheit des Marsgesteins auch mithilfe röntgenspektroskopischer Methoden untersuchen.

d) Fertigen Sie eine beschriftete Skizze einer Röntgenröhre inklusive der elektrischen Schaltung an. (5 BE)

e) In den nachfolgenden Abbildungen handelt es sich jeweils um Emissionsspektren von Röntgenröhren. Begründen Sie zu jeder Abbildung kurz, welche Veränderung im experimentellen Aufbau den Wechsel von der durchgezogenen zur gestrichelten Kurve bewirkt hat.

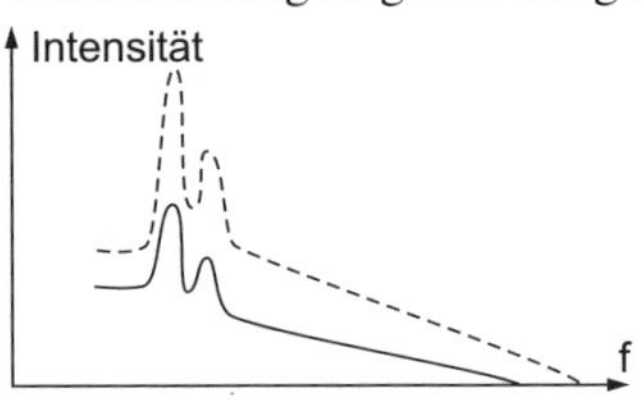

Abb. 1

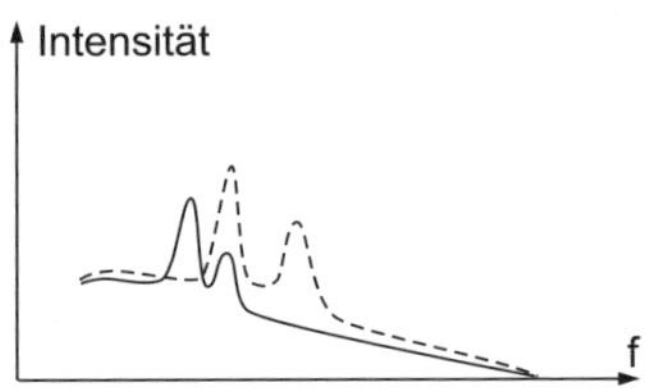

Abb. 2

(4 BE)

f) Mit dem Gesetz von Moseley

$$\frac{1}{\lambda_\alpha} = \frac{3}{4} R_H \cdot (Z-1)^2$$

lässt sich aus der Röntgenwellenlänge λ_α der K_α-Linie näherungsweise die Ordnungszahl Z des Anodenmaterials ermitteln (R_H ist die Rydbergkonstante für das Wasserstoffatom). Bestimmen Sie das Anodenmaterial für $\lambda_\alpha = 0{,}152$ nm. (4 BE)

g) Bei „Curiosity" soll das zu untersuchende Gestein mit α-Teilchen beschossen werden. Dabei wird Röntgenstrahlung vom Gestein emittiert, die Rückschlüsse auf die darin enthaltenen Elemente erlaubt. Erklären Sie die Vorgänge im Gestein. (4 BE)

(60 BE)

Tipps und Hinweise zum Aufgabenvorschlag 2

Tipps zu Teilaufgabe 1

a: Den Q-Wert erhalten Sie über die Massenbilanz der Zerfallsreaktion.

b: Verwenden Sie die Aktivität des Pu238 und das Ergebnis aus Teilaufgabe 1 a.

c: Beachten Sie, dass auch während des Fluges von der Erde in das Zielgebiet Pu238 zerfällt, obwohl in dieser Phase Curiosity die elektrische Leistung noch nicht nutzen kann.

d: Berücksichtigen Sie, dass von den 0,57 W thermischer Leistung je Gramm nur 5,5 % in elektrische Leistung umgewandelt werden.

e: Beachten Sie nicht nur die Wärmeleistung je Gramm, sondern auch die Halbwertszeiten. Berücksichtigen Sie die Dauer der Mission.

Tipps zu Teilaufgabe 2

a: Die Leistung folgt aus der Standardformel, zur Berechnung der Photonenanzahl benötigen Sie zunächst die Energie eines einzelnen Photons.

b: Verwenden Sie die Serienformel.

c: Sichtbar ist Licht mit Photonenenergien von 1,5 eV bis 3 eV.

d: Achten Sie auf die richtige Polung der Hochspannungsquelle.

e: Sind die Peaks der Kurven bzw. die Grenzfrequenz verändert?

f: Lösen Sie die Moseley-Formel nach Z auf und schlagen Sie das zugehörige chemische Element in Ihrer Formelsammlung nach.

g: Die Alphateilchen sind so energiereich, dass sie die Atomhülle im Gestein angreifen können.

Lösungen zum Aufgabenvorschlag 2

1. a) Die **Zerfallsgleichung** für den Pu238-Zerfall ist

$$^{238}_{94}Pu \rightarrow\ ^{234}_{92}U + ^{4}_{2}He.$$

Der Massendefekt beträgt

$$\Delta m = m_{Pu238} - m_{U234} - m_{He4} = 238{,}049560\ u - 234{,}040952\ u - 4{,}002603\ u$$
$$= 0{,}006005\ u$$

und **der Q-Wert** daher:

$$Q = \Delta m \cdot c^2 = 0{,}006005 \cdot 1{,}66054 \cdot 10^{-27}\ kg \cdot \left(2{,}998 \cdot 10^{-8}\ \frac{m}{s}\right)^2$$
$$= 8{,}96 \cdot 10^{-13}\ J = 5{,}59\ MeV$$

b) Bei jedem Zerfall werden 5,59 MeV frei, die Anzahl der Zerfälle pro Sekunde ist die Aktivität:

$$A = \lambda \cdot N = \frac{\ln 2}{T_{\frac{1}{2}}} \cdot \frac{m_{Probe}}{m_{Pu238}}$$

Die **Leistung** ergibt sich damit zu:

$$P = A \cdot Q = \frac{\ln 2}{T_{\frac{1}{2}}} \cdot \frac{m_{Probe}}{m_{Pu238}} \cdot Q$$

$$= \frac{\ln 2}{87{,}7\ a} \cdot \frac{0{,}0010\ kg}{238{,}049560 \cdot 1{,}66054 \cdot 10^{-27}\ kg} \cdot 8{,}96 \cdot 10^{-13}\ J$$

$$= 1{,}79 \cdot 10^7\ \frac{J}{a} = 1{,}79 \cdot 10^7\ \frac{J}{365 \cdot 24 \cdot 60 \cdot 60\ s} = 0{,}57\ W$$

c) Die Restaktivität nach Anflug sowie einem Marsjahr ist

$$A(687\ d + 250\ d) = A(937\ d)$$
$$= A_0 \cdot e^{-\lambda \cdot 937\ d} = A_0 \cdot e^{-\frac{\ln 2}{87{,}7 \cdot 365\ d} \cdot 937\ d} = A_0 \cdot 0{,}980,$$

also ist die **Aktivität um 2,0 % gesunken**.

d) Jedes Gramm Pu238 liefert thermisch 0,57 W, davon werden 5,5 % in elektrische Leistung umgewandelt. Für eine elektrische Dauerleistung von 0,1 kW muss also eine **Pu238-Masse** von

$$\frac{0{,}1\ kW}{0{,}57\ \frac{W}{g} \cdot 0{,}055} = \frac{0{,}1 \cdot 10^3\ W \cdot 0{,}0010\ kg}{0{,}57\ W \cdot 0{,}055} = 3{,}2\ kg$$

eingebaut werden.

e) Die Wärmeleistung ist bei Po210 zwar etwa 250-mal höher, dafür ist bei Pu238 die Halbwertszeit etwa 232-mal größer. Bis zum Ende der Mission nach 937 Tagen wäre die Aktivität bei Po210 auf unter 1 % gesunken:

$$A(937\text{ d}) = A_0 \cdot e^{-\frac{\ln 2}{138\text{ d}} \cdot 937\text{ d}} = A_0 \cdot 0{,}0090$$

Po210 eignet sich daher **nicht** als Energiequelle für den Marsrover.

2. a) Die **Leistung** eines Pulses ergibt sich zu $P = \dfrac{0{,}030\text{ J}}{5{,}0 \cdot 10^{-9}\text{ s}} = \underline{\underline{6{,}0\text{ MW}}}.$

Die Energie eines einzelnen Photons ist $E_{Photon} = h \cdot f = \frac{h \cdot c}{\lambda}$, die **Anzahl der Photonen pro Laserpuls** folglich

$$N = \frac{0{,}030\text{ J}}{\frac{h \cdot c}{\lambda}} = \frac{\lambda \cdot 0{,}030\text{ J}}{h \cdot c} = \frac{1067 \cdot 10^{-9}\text{ m} \cdot 0{,}030\text{ J}}{6{,}626 \cdot 10^{-34}\text{ Js} \cdot 3{,}0 \cdot 10^8\ \frac{\text{m}}{\text{s}}} = \underline{\underline{1{,}6 \cdot 10^{17}}}.$$

b) Für die **ersten fünf Energieniveaus** des Wasserstoff ergeben sich mit der Formel

$$E_n = 13{,}6\text{ eV} \cdot \left(1 - \frac{1}{n^2}\right)$$

und den Quantenzahlen n (n = 1, 2, 3, ...) die Werte

$\underline{\underline{E_1 = 0\text{ eV}}},$

$\underline{\underline{E_2 = 10{,}20\text{ eV}}},$

$\underline{\underline{E_3 = 12{,}09\text{ eV}}} \approx 12{,}1\text{ eV},$

$\underline{\underline{E_4 = 12{,}75\text{ eV}}} \approx 12{,}8\text{ eV},$

$\underline{\underline{E_5 = 13{,}06\text{ eV}}} \approx 13{,}1\text{ eV}.$

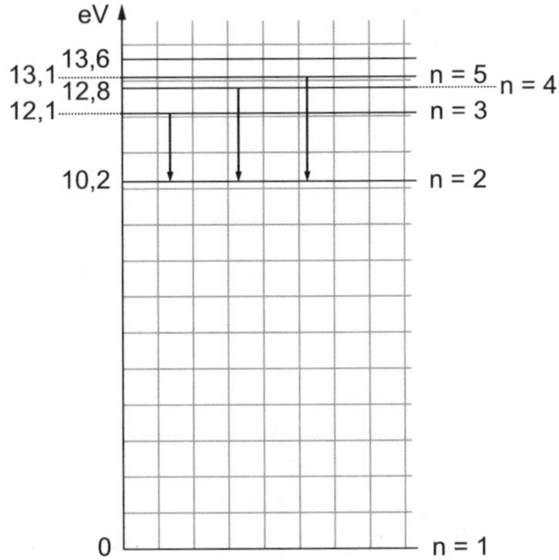

Abb. 3 Sichtbare Übergänge: siehe Teilaufgabe 2 c

Abb. 3 zeigt das **Energieniveauschema**.

Alternativ können Sie die Energieniveaus auch durch die stets negative Bindungsenergie $E_n = -13{,}6\text{ eV} \cdot n^{-2}$ beschreiben: Die Niveaus werden dann negativ gezählt (gebundene Zustände), das Nullniveau zeigt den Übergang zwischen gebundenen zu ungebundenen Zuständen an (Ionisierung).

c) **Sichtbares Licht** besitzt Photonen, deren Energien zwischen ca. 1,5 und 3 eV liegen. Die drei energieärmsten Übergänge, die hier darunter fallen, sind:

$$E_{3 \to 2} = 12{,}09\text{ eV} - 10{,}20\text{ eV} = 1{,}89\text{ eV}$$

$$E_{4 \to 2} = 12{,}75\text{ eV} - 10{,}2\text{ eV} = 2{,}55\text{ eV}$$

$$E_{5 \to 2} = 13{,}06\text{ eV} - 10{,}2\text{ eV} = 2{,}86\text{ eV}$$

Die zugehörigen **Wellenlängen** ergeben sich zu:

$$\lambda_{3\to 2} = \frac{h \cdot c}{E_{3\to 2}} = \frac{4{,}136 \cdot 10^{-15}\,\text{eVs} \cdot 2{,}998 \cdot 10^{8}\,\frac{\text{m}}{\text{s}}}{1{,}89\,\text{eV}} = \underline{\underline{656\,\text{nm}}}$$

$$\lambda_{4\to 2} = \frac{h \cdot c}{E_{4\to 2}} = \frac{4{,}136 \cdot 10^{-15}\,\text{eVs} \cdot 2{,}998 \cdot 10^{8}\,\frac{\text{m}}{\text{s}}}{2{,}55\,\text{eV}} = \underline{\underline{486\,\text{nm}}}$$

$$\lambda_{5\to 2} = \frac{h \cdot c}{E_{5\to 2}} = \frac{4{,}136 \cdot 10^{-15}\,\text{eVs} \cdot 2{,}998 \cdot 10^{8}\,\frac{\text{m}}{\text{s}}}{2{,}86\,\text{eV}} = \underline{\underline{434\,\text{nm}}}$$

d) **Röntgenröhre**

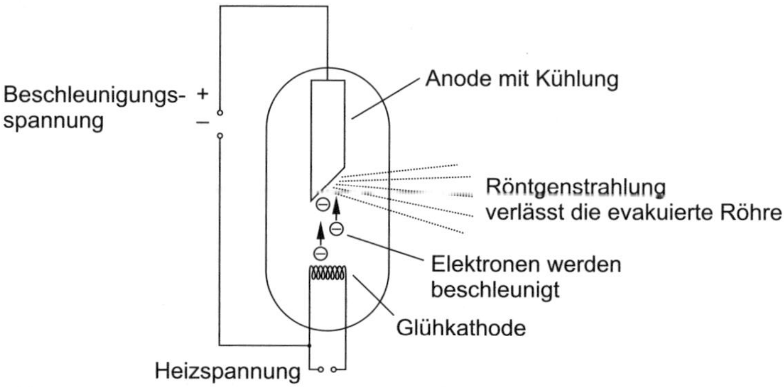

Abb. 4

e) Bei **Abb. 1** ist die Grenzfrequenz (= Nullstelle) bei der gestrichelten Kurve größer, die Lage der Peaks ist unverändert. Das ist ein Hinweis darauf, dass bei gleichem Anodenmaterial die **Beschleunigungsspannung erhöht** wurde.

Bei **Abb. 2** ist die Grenzfrequenz unverändert. Die Peaks sind dagegen deutlich verschoben, das charakteristische Spektrum ist also ein anderes. Offensichtlich wurde – bei gleicher Beschleunigungsspannung – das **Anodenmaterial ausgetauscht**.

f) Die Moseley-Formel $\lambda_\alpha^{-1} = \frac{3}{4} R_H \cdot (Z-1)^2$ wird nach Z aufgelöst:

$$Z = 1 + \sqrt{\frac{4}{3R_H \cdot \lambda_\alpha}} = 1 + \sqrt{\frac{4}{3 \cdot 1{,}097 \cdot 10^{7}\,\frac{1}{\text{m}} \cdot 0{,}152 \cdot 10^{-9}\,\text{m}}} = \underline{\underline{29}}$$

Die Anode besteht aus **Kupfer**.

g) Die Alphateilchen schlagen Elektronen aus den inneren Schalen der Gesteinsatome. Die Lücken werden anschließend von Elektronen höherer Schalen aufgefüllt. Dabei wird charakteristische Röntgenstrahlung emittiert, anhand derer sich die im Gestein enthaltenen chemischen Elemente identifizieren lassen.

Abitur Physik (Bayern) 2012
Themenbereich III: Astrophysik

Aufgabenvorschlag 1

Längenangaben:	$1\ pc = 3{,}26\ Lj = 3{,}09 \cdot 10^{13}$ km
	$1\ AE = 1{,}496 \cdot 10^{8}$ km
Daten zur Sonne:	$L_{\odot} = 3{,}82 \cdot 10^{26}$ W
	$R_{\odot} = 6{,}96 \cdot 10^{8}$ m
	$M_{\odot} = 4{,}8$

1. **Sedna**
Im Jahre 2003 wurde jenseits des Kuipergürtels der Asteroid Sedna entdeckt. Sein kürzester Abstand von der Sonne beträgt 76,3 AE, seine Umlaufzeit $12{,}6 \cdot 10^{3}$ Jahre.

a) Berechnen Sie die große Halbachse a und den Aphelabstand r_A.
[Zur Kontrolle: $a = 541$ AE; $r_A = 1{,}01 \cdot 10^{3}$ AE] (4 BE)

b) Zeichnen Sie, um die Abstandsverhältnisse zu veranschaulichen, auf einer Geraden liegend die Sonne, Pluto im mittleren Sonnenabstand von 39,5 AE sowie Sedna im Perihel und Aphel.
(Maßstab: 1 000 AE $\hat{=}$ 20 cm) (5 BE)

c) Bestimmen Sie die durchschnittliche Oberflächentemperatur von Sedna im Perihel unter der Annahme, dass 25 % der eingestrahlten Sonnenenergie reflektiert werden und der rotierende Asteroid sich im Strahlungsgleichgewicht befindet. (6 BE)

d) Sedna befindet sich derzeit in der Nähe des Perihels und damit auch nahe der Erde. Jemand behauptet, dass die auf der Erde gemessene Intensität seiner Strahlung in etwa ein Viertel der derzeitigen sein wird, wenn er doppelt so weit von der Erde entfernt sein wird. Beurteilen Sie die Richtigkeit dieser Behauptung. (4 BE)

2. **Ein Raser in unserer Galaxie**
Mithilfe des Hipparcos-Satelliten kamen Astronomen auf die Spur des Sterns HD 271 791, der besondere Eigenschaften besitzt.

Daten von HD 271 791	
Masse:	$2{,}2 \cdot 10^{31}\ kg = 11 \cdot m_{\odot}$
Oberflächentemperatur:	$1{,}8 \cdot 10^{4}\ K = 3{,}1 \cdot T_{\odot}$
Scheinbare Helligkeit:	10,6
Leuchtkraft:	$2{,}2 \cdot 10^{4}\ L_{\odot}$

a) Berechnen Sie den Radius des Sterns HD 271791 in Vielfachen des Sonnenradius und seine Entfernung r zur Erde.
[Zur Kontrolle: r = 21 kpc] (8 BE)

b) Zeichnen Sie in ein Hertzsprung-Russell-Diagramm die wichtigsten Sterngruppen, die Sonne und HD 271791 ein. Begründen Sie, warum letzterer als Blauer Überriese bezeichnet wird. (5 BE)

c) Vergleichen Sie den Aufbau von HD 271791 im heutigen Stadium des Blauen Überriesen mit dem in seinem früheren Stadium als Hauptreihenstern. Geben Sie begründet sein voraussichtliches Endstadium an. (5 BE)

d) Der Stern HD 271791 bewegt sich in einem Jahr um 0,0046 Bogensekunden am Firmament. Berechnen Sie seine Tangentialgeschwindigkeit v_t.
[Zur Kontrolle: $v_t = 4{,}7 \cdot 10^5 \frac{m}{s}$] (5 BE)

e) Mit nebenstehendem Spektrum des Sterns HD 271791, in dem die verschobene H_β-Absorptionslinie deutlich zu erkennen ist, kann seine Radialgeschwindigkeit bestimmt werden. Die Wellenlänge der unverschobenen Linie ist 486,1 nm. Berechnen Sie die Radialgeschwindigkeit v_r von HD 271791.
[Zur Kontrolle: $v_r = 4{,}3 \cdot 10^5 \frac{m}{s}$]

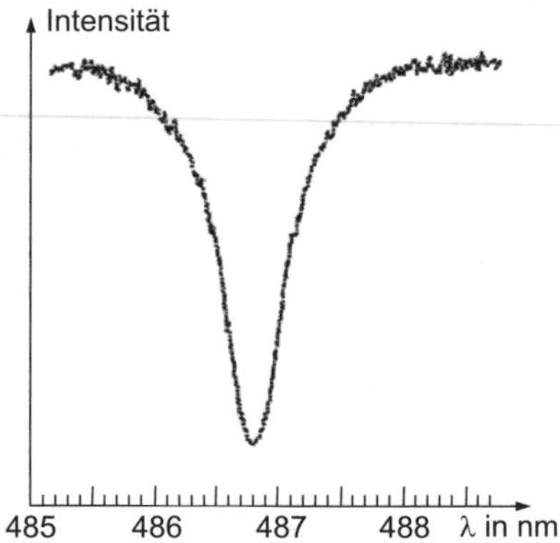

Abb. 1

(4 BE)

f) Bestimmen Sie die Raumgeschwindigkeit von HD 271791. Vergleichen Sie diese mit der Geschwindigkeit $v_\odot = 220$ km/s der Sonne um das galaktische Zentrum. (4 BE)

g) HD 271791 wird als Hypervelocity-Star geführt, da er das Gravitationsfeld der Milchstraße verlassen wird. Welche astronomischen Daten müssen berücksichtigt bzw. bestimmt werden, um dieses Verhalten eines Sterns vorhersagen zu können? (5 BE)

h) Erstellen Sie eine beschriftete Skizze unserer Milchstraße in Seitenansicht, tragen Sie die ungefähre Position der Sonne ein und geben Sie die Größenordnungen der wichtigsten Distanzen an. (5 BE)

(60 BE)

Tipps und Hinweise zum Aufgabenvorschlag 1

Tipps zu Teilaufgabe

a: Wie berechnet man große Halbachsen, wenn man die Umlaufzeit kennt? Denken Sie an die Gesetze von Herrn Kepler!
Wie hängen die Apheldistanz, die Periheldistanz und die große Halbachse zusammen?

b: Rechnen Sie die angegebenen (berechneten) Entfernungen entsprechend dem Maßstab um.

c: Überlegen Sie sich zunächst, was „Strahlungsgleichgewicht" bedeutet.
Stellen Sie Terme für die aufgenommene Strahlung (Scheibe vom Radius R) unter Berücksichtigung der Reflexion und für die abgestrahlte Leistung (Stefan und Boltzmann) auf.

d: Bedenken Sie, dass die Strahlung von der Sonne zu Sedna und nach Reflexion an Sedna zu uns kommen muss.

Tipps zu Teilaufgabe 2

a: Denken Sie an das Gesetz von Stefan und Boltzmann. Über die Leuchtkraft gelangt man zur absoluten Helligkeit, anschließend mithilfe des Entfernungsmoduls zur Entfernung.

b: Zeichnen Sie sorgfältig ein HR-Diagramm mit den gewohnten Gebieten (Hauptreihe, weiße Zwerge, Rote Riesen und Überriesen).
Lokalisieren Sie die Sonne und nehmen Sie die übliche Einteilung nach Spektralklassen und absolute Helligkeit vor. Abschließend tragen Sie HD 271791 ein. Denken Sie an die Zuordnung der Temperatur zur entsprechenden Spektralklasse.

c: Wie unterscheiden sich Überriesen von Hauptreihensternen?
Denken Sie beim Endstadium an die noch vorhandene Masse.

d: Gehen Sie von der allgemeinen Formel für die Geschwindigkeit auf einer Kreisbahn aus. Der Radius ist aus Teilaufgabe 2 a bekannt. Die Winkelgeschwindigkeit lässt sich mit des angegebenen pro Jahr zurückgelegten Winkels berechnen.
Achten Sie auf die korrekte Umrechnung der Längen-, Zeit- und Winkeleinheiten.
Alternativ können Sie, falls bekannt, auf die im Unterricht hergeleitete Formel zurückgreifen.

e: Die Radialgeschwindigkeit berechnen Sie über die Formel des Dopplereffektes.
Um $\Delta\lambda$ zu bekommen, benutzen Sie die Grafik.

f: Die Raumgeschwindigkeit erhalten Sie mithilfe des Satzes von Pythagoras.

g: Bedenken Sie die vielerlei relativen Bewegungen in der Galaxie und an die Ursache der möglichen Bewegungen.

h: Standardmäßig müssen der galaktische Kern, der Zentralbereich und die galaktische Scheibe zu sehen sein.
Auch das Halo sowie die wesentlichen Entfernungen sollten Sie nicht vergessen.

Lösungen zum Aufgabenvorschlag 1

1. *Vorbemerkung:* Sedna wurde im Jahre 2003 unter der Bezeichnung 2003VB12 entdeckt. Seine Perihelentfernung ist relativ genau bekannt. Andere Daten sind noch eher vage. Seine große Umlaufzeit zeigt, dass er nicht zu den Objekten des Kuipergürtel gehört. So ziemlich alles, was zurzeit sicher bekannt ist, ist, dass Sedna rötlich aussieht und dass es wohl an der Oberfläche kein Wasser- oder Methaneis gibt.

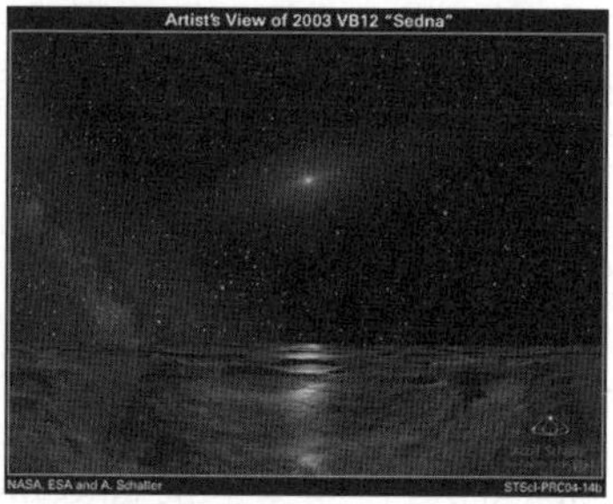

Abb. 1: Blick von Sedna – HST
(Quelle: NASA / ESA / Adolf Schaller)

a) Vorgegeben für die Berechnung der großen Halbachse und des Aphelabstandes r_A sind der Perihelabstand von $r_P = 76{,}3$ AE sowie seine siderische Umlaufzeit von $T_S = 12{,}6 \cdot 10^3$ a.

Die **große Halbachse** berechnet man mithilfe des 3. Kepler'schen Gesetzes. Mit $T_E = 1$ a erhält man:

$$\frac{a_S^3}{a_E^3} = \frac{T_S^2}{T_E^2} \quad \Rightarrow \quad a_S = \sqrt[3]{(12{,}6 \cdot 10^3)^2} \cdot 1\ \text{AE} = \underline{\underline{541\ \text{AE}}}$$

Der **Aphelabstand** folgt aus dem Ansatz $r_P + r_A = 2a$:

$$r_A = 2a - r_P = 2 \cdot 541\ \text{AE} - 76{,}3\ \text{AE} = 1\,006\ \text{AE} \approx \underline{\underline{1{,}01 \cdot 10^3\ \text{AE}}}$$

b) Wenn 1 000 AE = 20 cm sind, gilt:

- $r_A \mathrel{\hat{=}} \frac{1\,006}{1\,000} \cdot 20\ \text{cm} = 20{,}1\ \text{cm}$
- $r_P \mathrel{\hat{=}} \frac{76{,}3}{1\,000} \cdot 20\ \text{cm} = 1{,}5\ \text{cm}$
- $r_{Pluto} \mathrel{\hat{=}} \frac{39{,}5}{1\,000} \cdot 20\ \text{cm} = 0{,}8\ \text{cm}$

Abb. 2 verdeutlicht die **Abstandsverhältnisse**.

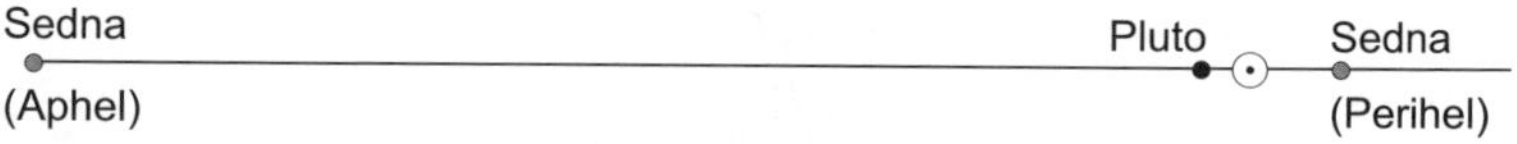

Abb. 2

Aus Platzgründen zeigt Abb. 2 die Verhältnisse in dem verkleinerten Maßstab 1 000 AE $\hat{=}$ 8 cm.

c) Da sich der Asteroid im thermischen Gleichgewicht befinden soll, ist die aufgenommene Strahlungsleistung gleich der abgegebenen Strahlungsleistung:

$$P_{auf} = P_{ab}.$$

Bezeichnet R_S den Radius von Sedna und E_S seine „Solarkonstante" im Perihel, gilt unter Berücksichtigung der angegebenen Reflexionsrate für die aufgenommene Leistung:

$$P_{auf} = E_S \cdot R_S^2 \cdot \pi \cdot (1 - 0{,}25)$$

E_S kann über

$$E_S = \frac{L_\odot}{4\pi \cdot r_P^2}$$

berechnet werden. Die abgestrahlte Leistung erhält man aus dem Gesetz von Stefan und Boltzmann:

$$P_{ab} = \sigma \cdot 4\pi \cdot R_S^2 \cdot T^4$$

R_S ist zwar nicht gegeben, fällt aber beim Gleichsetzen der beiden Leistungsterme heraus, sodass die **Oberflächentemperatur** T berechnet werden kann:

$$\frac{L_\odot}{4\pi \cdot r_P^2} \cdot R_S^2 \cdot \pi \cdot 0{,}75 = \sigma \cdot 4\pi \cdot R_S^2 \cdot T^4$$

$$\frac{0{,}75\, L_\odot}{4\pi \cdot r_P^2} = \sigma \cdot 4T^4$$

$$T = \sqrt[4]{\frac{0{,}75\, L_\odot}{16\pi \cdot \sigma \cdot r_P^2}}$$

$$= \sqrt[4]{\frac{0{,}75 \cdot 3{,}82 \cdot 10^{26}\,\text{W}}{16\pi \cdot 5{,}67 \cdot 10^{-8}\,\frac{\text{W}}{\text{m}^2 \cdot \text{K}^4} \cdot (76{,}3 \cdot 1{,}496 \cdot 10^{11}\,\text{m})^2}}$$

$$= \underline{\underline{30\,\text{K}}}$$

d) Wenn Sedna sich in der doppelten Entfernung zur Erde aufhält, dann hält er sich auch ca. doppelt so weit von der Sonne auf. Wegen $E \sim r^{-2}$ nimmt die ankommende Strahlung von der Sonne auf $\frac{1}{2^2} = \frac{1}{4}$ ab.

Die Strahlung muss nun aber wieder zurück zur Erde, sodass die auf der Erde ankommende Strahlung aufgrund der verdoppelten Entfernung nur mehr $\frac{1}{4}$ von $\frac{1}{4}$ beträgt, also $\frac{1}{16}$. Die Behauptung ist also **falsch**.

2. **Daten von HD 271791**

Masse:	$2{,}2 \cdot 10^{31}\ \text{kg} = 11 \cdot m_{\odot}$
Oberflächentemperatur:	$1{,}8 \cdot 10^{4}\ \text{K} = 3{,}1 \cdot T_{\odot}$
Scheinbare Helligkeit:	10,6
Leuchtkraft:	$2{,}2 \cdot 10^{4}\ L_{\odot}$

Vorbemerkung: Der Stern HD 271791 ist ein sich sehr schnell bewegender Stern eher am Rande der Galaxie. Seine große Geschwindigkeit hat er nicht (wie bei bis lang bekannten „Rasern") durch das Schwarze Loch im Zentrum unserer Galaxie erreicht.

Entdeckt haben den Stern eine Gruppe von Astronomen unter Leitung von Ulrich Heber, Norbert Przybilla (Universität Erlangen-Nürnberg) und Fernanda Nieva (Max-Planck-Institut für Astrophysik). Sie haben nachgewiesen, dass seine Oberfläche mit chemischen Elementen verunreinigt ist, die in Supernovae erzeugt werden. Ursprünglich muss es sich um ein Doppelsternsystem gehandelt haben, das durch die Explosion des massereicheren Sterns (man spekuliert hier über eine Masse von 55 Sonnenmassen bei einer finalen Umlaufzeit des B-Sternes von einem Tag!) zerrissen wurde. Der Partner wurde dabei ins Weltall hinaus katapultiert.

a) Zur Berechnung des relativen **Sternradius** verwendet man das Gesetz von Stefan und Boltzmann, einmal für den Stern (1) und einmal für die Sonne (2):

$$L = \sigma \cdot 4\pi \cdot R^2 \cdot T^4 \qquad (1)$$

$$L_{\odot} = \sigma \cdot 4\pi \cdot R_{\odot}^2 \cdot T_{\odot}^4 \qquad (2)$$

Division von (2) durch (2) und Umstellen ergibt:

$$\frac{L}{L_{\odot}} = \frac{R^2}{R_{\odot}^2} \cdot \frac{T^4}{T_{\odot}^4}$$

$$\Rightarrow \quad R^* = \sqrt{L^*} \cdot \frac{T_{\odot}^2}{T^2} = \sqrt{2{,}2 \cdot 10^4} \cdot \frac{1}{3{,}1^2} = \underline{\underline{15}}$$

Um die **Entfernung zur Erde** (eigentlich: Sonne) zu berechnen, nutzt man den Entfernungsmodul:

$$m - M = 5\,\lg \frac{r}{10\ \text{pc}} \qquad (3)$$

Die hierzu benötigte absolute Helligkeit M erhält man über die Beziehung

$$M - M_{\odot} = -2{,}5\,\lg L^*$$

$$\Rightarrow \quad M = M_{\odot} - 2{,}5\,\lg L^* = 4{,}8 - 2{,}5\lg\left(2{,}2 \cdot 10^4\right) = 4{,}8 - 10{,}86 = -6{,}06$$

Eingesetzt in (3) folgt:

$$10{,}6 + 6{,}1 = 5\,\lg \frac{r}{10\ \text{pc}} \quad \Rightarrow \quad r = 10^{\frac{16{,}66}{5}} \cdot 10\ \text{pc} = \underline{\underline{21\ \text{kpc}}}$$

b)

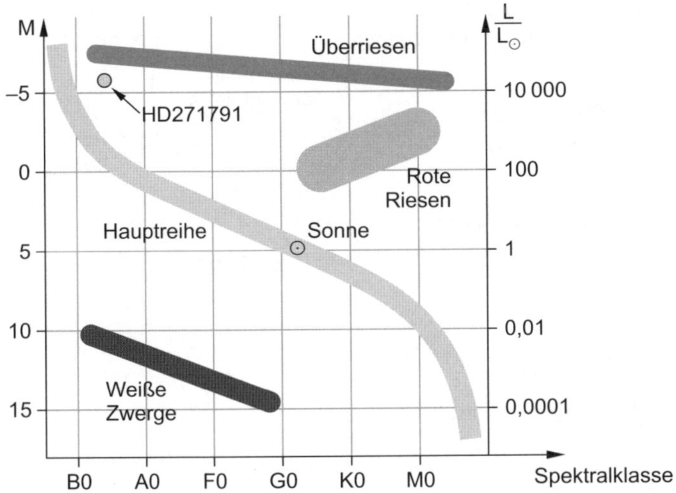

Abb. 3: HR-Diagramm

Bei 18 000 K Oberflächentemperatur gehört HD 271791 zur Spektralklasse B (10 000 K – 28 000 K), womit sein Strahlungsmaximum im UV-Bereich liegt und der Stern damit **bläulich** aussieht. Er liegt aufgrund seiner hohen Leuchtkraft oberhalb der Hauptreihe. Sein Radius von 15 Sonnenradien zeigt, dass er ein **Riesenstern** ist.

Nach dem Wien'schen Verschiebungsgesetz $\lambda_{max} \cdot T = b$ (b: Wien'sche Verschiebungskonstante $2{,}8978 \cdot 10^{-3}\ m \cdot K$) liegt das Strahlungsmaximum für $T = 18\,000\ K$ bei $\lambda_{max} = 161\ nm$ (UV).

c) **Aufbau:** Als Hauptreihenstern waren die wesentlichen Schichten des Sterns der Kern (in dem die Kernfusion von Wasserstoff zu Helium stattfindet), die Wasserstoffhülle und die „Photosphäre". Im Stadium des Überriesen werden im Zentrum höhere Elemente fusioniert, während in der Hülle zwiebelartig Schichten vorangegangener Fusionen (H zu He, He zu O …) bestehen.

Endstadium: Der Stern hat heute eine Masse von 11 Sonnenmassen, sodass er nach Abstoßen seiner Hülle immer noch mehr als 1,4 Sonnenmassen besitzen wird (Chandrasekhar-Grenze). Er wird daher in einer Supernova enden und anschließend ein Neutronenstern oder ein Schwarzes Loch werden.

d) *Lösungsweg 1*

Die Tangentialgeschwindigkeit des Sterns ist allgemein gegeben durch das Produkt aus der Entfernung r des Sterns und seiner Winkelgeschwindigkeit ω:

$$v_t = r \cdot \omega$$

r wurde in Teilaufgabe 2 a berechnet, umgerechnet in Meter beträgt er

$$r = 21 \cdot 10^3 \cdot 3{,}09 \cdot 10^{16}\ m = 6{,}489 \cdot 10^{20}\ m.$$

$\omega = \frac{\varphi}{t}$ (φ im Bogenmaß!) lässt sich mit den Angaben im Text berechnen. Mit

$$\varphi = \left(\frac{0,0046}{3600}\right)^{\circ} \cdot \frac{2\pi}{360^{\circ}} = 2,23 \cdot 10^{-8}$$

und

$$t = 1\,a = 365 \cdot 24 \cdot 3\,600\,s$$
$$= 31,536 \cdot 10^6\,s$$

erhält man

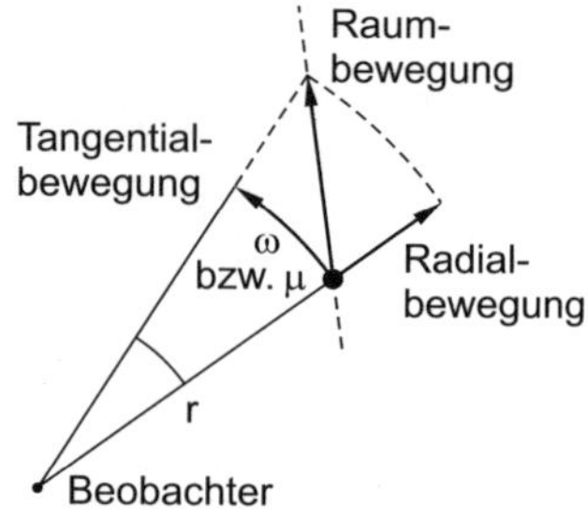

Abb. 4

$$\omega = \frac{2,23 \cdot 10^{-8}}{31,536 \cdot 10^6\,s} = 7,07 \cdot 10^{-16}\,\frac{1}{s}$$

und für die **Tangentialgeschwindigkeit**:

$$v_t = 6,489 \cdot 10^{20}\,m \cdot 7,07 \cdot 10^{-16}\,\frac{1}{s} = 459 \cdot 10^3\,\frac{m}{s} \approx \underline{\underline{460\,\frac{km}{s}}}$$

Lösungsweg 2

Sie kennen aus dem Unterricht die folgende **Formel für die Tangentialgeschwindigkeit**:

$$v_T = \frac{\mu}{p} \cdot \frac{1\,AE}{1\,a} = \frac{\mu}{p} \cdot \frac{1,496 \cdot 10^{11}\,m}{365 \cdot 24 \cdot 60 \cdot 60\,s} = \frac{\mu}{p} \cdot 4,74 \cdot 10^3\,\frac{m}{s} = \frac{\mu}{p} \cdot 4,74\,\frac{km}{s}$$

Darin bezeichnet μ die Winkelgeschwindigkeit in Bogensekunden pro Jahr, sie ist im Angabentext mit $m = 0,0046\,\frac{''}{a}$ gegeben. Mit dem Ergebnis aus Teilaufgabe 2 a lässt sich die Parallaxe p berechnen,

$$p = \left(\frac{1\,pc}{21 \cdot 10^3\,pc}\right)'' = \left(4,76 \cdot 10^{-5}\right)'',$$

sodass sich $v_T = \frac{0,0046}{4,76 \cdot 10^{-5}} \cdot 4,74\,\frac{km}{s} \approx \underline{\underline{460\,\frac{km}{s}}}$ ergibt.

e) Dem Diagramm entnimmt man die Wellenlänge 486,8 nm (Abb. 5). Aus der Gleichung für den Dopplereffekt

$$\frac{\Delta\lambda}{\lambda} = \frac{v_r}{c}$$

folgt für die **Radialgeschwindigkeit**:

$$v_r = \frac{486,8\,nm - 486,1\,nm}{486,1\,nm} \cdot c$$

$$= \underline{\underline{4,3 \cdot 10^5\,\frac{m}{s}}}$$

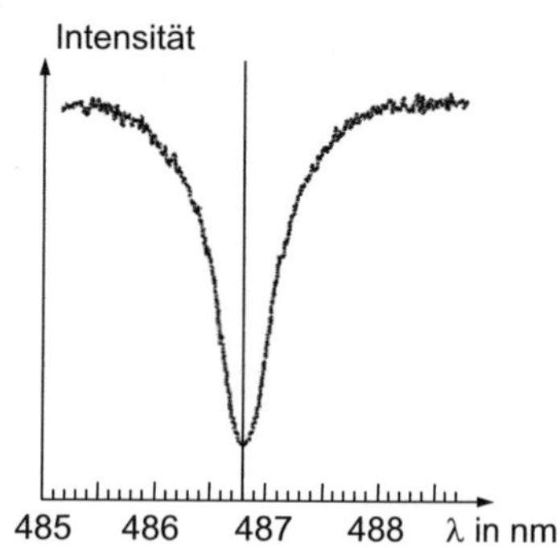

Abb. 5: Verschiebung der H_β-Linie

f) Den Betrag der **Raumgeschwindigkeit** bekommt man mithilfe des Satzes von Pythagoras (Abb. 6):

$$v_{Raum} = \sqrt{v_r^2 + v_t^2}$$
$$= 630\,\frac{km}{s}$$

Er ist rund das Dreifache der Rotationsgeschwindigkeit $v_{\odot}$ der Sonne um das galaktische Zentrum.

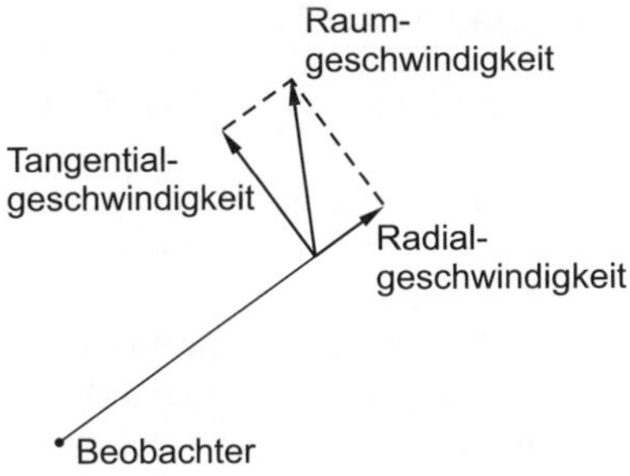

Abb. 6

g) Um vorhersagen zu können, ob ein Stern eine Galaxie verlassen kann, muss zunächst seine **Geschwindigkeit** bzgl. des galaktischen Zentrums bekannt sein. Zusätzlich muss die **Entfernung** des Sternes zum galaktischen Zentrum bestimmt werden. Außerdem muss man die **Massenverteilung** in der Galaxis kennen, um verlässlich den Wert seiner Bahngeschwindigkeit berechnen zu können.

h) **Skizze der Milchstraße** (Seitenansicht)

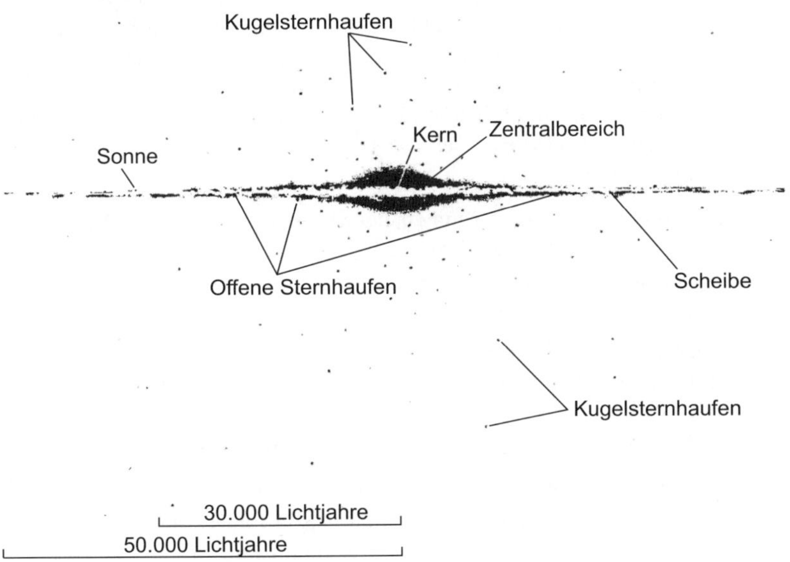

Abb. 7

Aufgabenvorschlag 2

Längenangaben: 1 pc = 3,26 Lj = $3{,}09 \cdot 10^{13}$ km

1. **Die kosmische Entfernungsleiter**
   Der Abstand Erde – Sonne ist Grundlage vieler weiterer astronomischer Entfernungsbestimmungen. Da eine direkte Messung nicht möglich ist, berechnet man ihn zum Beispiel aus dem Abstand Erde – Venus. Diese Entfernung kann man durch Messungen der Laufzeit von Radarsignalen von der Erde zur Venus bestimmen, wenn diese sich in unterer Konjunktion zur Erde befindet.

   a) Die Umlaufzeit der Venus beträgt 225 Tage, die Zeitdauer zwischen zwei aufeinanderfolgenden unteren Konjunktionen 584 Tage. Klären Sie diesen scheinbaren Widerspruch unter Zuhilfenahme einer qualitativen Skizze auf. (5 BE)

   b) Bei unterer Konjunktion beträgt die Laufzeit eines Radarsignals von der Erde zur Venus und zurück 274 s. Berechnen Sie daraus den Abstand d zwischen Erde und Venus bei dieser Konstellation.
   [Zur Kontrolle: $d = 4{,}11 \cdot 10^7$ km] (4 BE)

   c) Die Bahnen von Erde und Venus um die Sonne können in guter Näherung als Kreisbahnen betrachtet werden, wobei der Erdbahnradius 1 AE beträgt. Weisen Sie mithilfe des 3. Kepler'schen Gesetzes und der Umlaufzeit der Venus von 225 Tagen nach, dass der Radius der Venusbahn 0,724 AE beträgt. Berechnen Sie anschließend unter Zuhilfenahme des Ergebnisses von Teilaufgabe 1 b den Abstand Erde – Sonne in km. (8 BE)

   Zur Bestimmung der Entfernung naher Sterne verwendet man die jährliche trigonometrische Parallaxe.

   d) Erläutern Sie unter Verwendung einer Skizze das Prinzip dieser Methode zur Entfernungsbestimmung. (5 BE)

   e) Der Satellit GAIA, der 2013 gestartet werden soll, kann auch eine Parallaxe von 0,00001 Bogensekunden noch messen. Berechnen Sie, wie viele Lichtjahre ein Stern maximal entfernt sein darf, damit dessen Distanz mit GAIA noch bestimmt werden kann. (3 BE)

   Der Satellit GAIA wird auch Sternspektren aufnehmen.

   f) Erläutern Sie, wie mithilfe eines Sternspektrums die Oberflächentemperatur dieses Sterns bestimmt werden kann. (4 BE)

   g) Beschreiben Sie für einen Hauptreihenstern ausführlich eine Methode, wie man ausgehend von dessen Oberflächentemperatur und unter Zuhilfenahme des Hertzsprung-Russell-Diagramms seine Entfernung bestimmen kann. (8 BE)

Zu Beginn des 20. Jahrhunderts entdeckte Henrietta Leavitt, dass zwischen der mittleren absoluten Helligkeit und der Periodendauer der Helligkeitsschwankung von bestimmten Pulsationsveränderlichen, den δ-Cepheiden, ein einfacher Zusammenhang besteht.

h) In der Kleinen Magellan'schen Wolke befindet sich ein δ-Cephei-Stern, dessen scheinbare Helligkeit mit einer Periodendauer von 127 Tagen um einen Mittelwert von 11,6 schwankt. Berechnen Sie damit die Entfernung der Kleinen Magellanschen Wolke in Lichtjahren. (6 BE)

i) Beschreiben Sie ein Verfahren, mit dem der Abstand noch weiter entfernter kosmischer Objekte bestimmt werden kann. (4 BE)

2. **Die Rotationskurven des Sonnensystems und der Milchstraße**
Unter einer Rotationskurve versteht man ein Diagramm, bei dem die Bahngeschwindigkeit v über dem Bahnradius r aufgetragen ist.

a) Berechnen Sie für folgende Planeten unter der Annahme kreisförmiger Bahnen die jeweilige Bahngeschwindigkeit und erstellen Sie damit die Rotationskurve des Sonnensystems. (5 BE)

	Merkur	Mars	Jupiter	Saturn
Bahnradius r in 10^6 km	58	228	778	1 433
Umlaufzeit T in 10^6 s	7,6	59	374	930

Die Sterne der Milchstraße bewegen sich um das galaktische Zentrum. Das folgende Diagramm zeigt die Rotationskurve der Milchstraße.

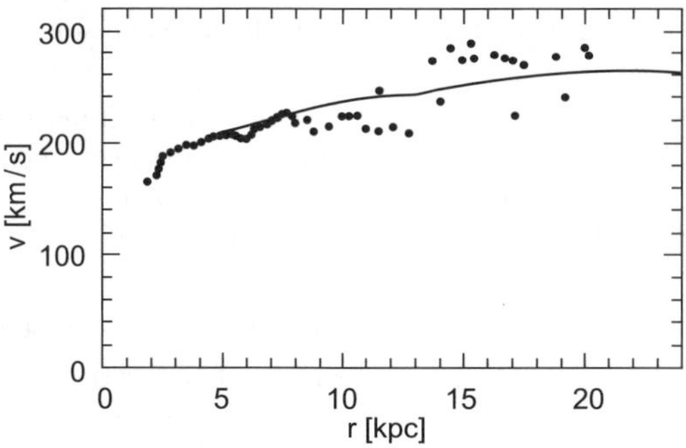

Abb. 1

b) Vergleichen Sie qualitativ die Rotationskurve der Milchstraße mit der des Sonnensystems aus Teilaufgabe 2a. (3 BE)

c) Welche Schlussfolgerung über die Massenverteilung der Milchstraße kann aus dem Vergleich der Rotationskurven gezogen werden? Begründen Sie Ihre Antwort. (5 BE)

(60 BE)

Tipps und Hinweise zum Aufgabenvorschlag 2

Tipps zu Teilaufgabe 1

a: Überlegen Sie anhand einer Zeichnung, was der Begriff „Untere Konjunktion“ bedeutet.
Unterscheiden Sie zwischen synodischer und siderischer Umlaufzeit.
Veranschaulichen Sie sich anhand der Zeichnung, wie weit die beiden Planeten in den genannten Zeiträumen auf ihren Bahnen fortschreiten.

b: Bedenken Sie, dass das Radarsignal auch wieder zurückkommen muss!
Welche Geschwindigkeit hat ein Radarsignal?

c: Wie setzt sich die Entfernung Erde–Sonne aus dem berechneten Wert von Teilaufgabe b und dem Bahnradius der Venus zusammen?
Wie erhält man den Bahnradius mithilfe der siderischen Umlaufzeit?
Beachten Sie, dass der Wert 1 AE bestimmt werden soll – und nicht gegeben ist.

d: Die unterste Stufe der Entfernungsleiter ist die trigonometrische Entfernungsbestimmung.
Erläutern Sie, was man unter Parallaxe versteht.
Entnehmen Sie Ihrer Skizze den notwendigen trigonometrischen Zusammenhang.
Eine Herleitung oder Verwendung der Formel aus der Formelsammlung ist nicht erforderlich.

e: Benutzen Sie nun die endgültige Parallaxenformel. Hier soll eine Parallaxenmessung möglich werden, deren Präzision alle bisherigen Messungen übertrifft.

f: Stellen Sie sich ein Bild eines Sternspektrums vor und diskutieren Sie, welche Daten aus solch einem Spektrum entnommen werden können.
Je nach Ausführung des Spektrums kann man über unterschiedliche Daten zum gewünschten Wert gelangen.

g: Überlegen Sie, welche Daten in einem komplett gezeichneten HR-Diagramm zu erkennen sind und welche dieser Werte zu Entfernungen führen – zumindest, wenn man einen Stern beobachtet hat und seine scheinbare Helligkeit eingestuft hat (z. B. mithilfe einer CCD-Kamera oder durch Vergleich seiner Helligkeit mit bekannten Sternen).

h: Verwenden Sie die Perioden-Leuchtkraft-Beziehung von Henrietta Swan Leavitt.

i: Die am weitest reichende Möglichkeit ergibt sich über die Ausdehnung des Universums.

Tipps zu Teilaufgabe 2

a: Berechnen Sie elementar aus den Bahnradien (Umfang des Kreises) und der Umlaufzeit die Bahngeschwindigkeit und stellen Sie diese grafisch gegen die Entfernung des Planeten dar (analog dem gegebenen Diagramm für die Galaxie).

b: Schreiben Sie die sichtbaren Unterschiede der beiden Diagramme zusammen.

c: Welchen Einfluss hat die vorhandene Masse auf das Rotationsverhalten?

Lösungen zum Aufgabenvorschlag 2

1. a) *Gegeben:*
   $T_V = 225$ Tage (siderische Umlaufzeit)
   $\Delta t = 584$ Tage (zwischen zwei aufeinander folgenden unteren Konjunktionen; synodische Umlaufzeit).

   In $T_V = 225$ Tagen (siderisch) legt die Erde einen Winkel von

   $$\frac{225}{365} \cdot 360° = 222°$$

   zurück (Stellung E' in der Zeichnung), sodass Erde und Venus zu dieser Zeit nicht in unterer Konjunktion stehen.
   Nach $\Delta t = 584$ Tagen (synodisch) steht die Erde in der Position E_1' und die Venus in der Position V' – wieder in der unteren Konjunktion. Die entsprechenden Winkel: Erde: 576°; Venus 934°.

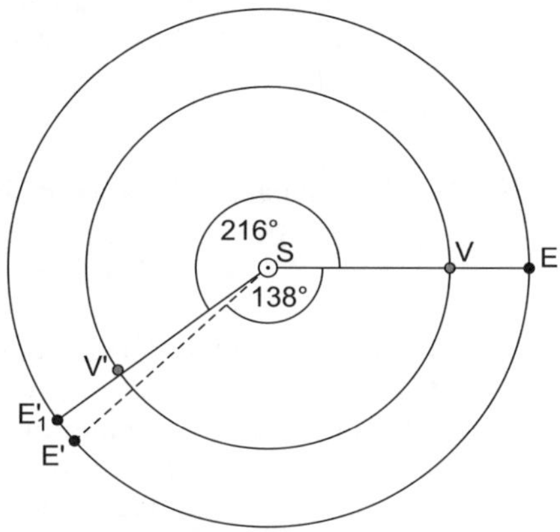

Abb. 1: Venus in unterer Konjunktion

b) Der **Abstand Erde – Venus** beträgt

$$\Delta s = c \cdot \frac{t_{Lauf}}{2} = 3{,}00 \cdot 10^8 \, \frac{m}{s} \cdot \frac{274\,s}{2} = 4{,}11 \cdot 10^{10}\, m = \underline{\underline{4{,}11 \cdot 10^7\, km}}$$

c) Nach dem 3. Kepler'schen Gesetz gilt:

$$\frac{a_V^3}{a_E^3} = \frac{T_V^2}{T_E^2}$$

$$\Rightarrow \quad a_V = \sqrt[3]{\left(\frac{225}{365}\right)^2} \cdot a_E = \underline{\underline{0{,}724\, a_E}}$$

Wegen

$$a_E = a_V + \Delta s$$

folgt mit dem Ergebnis aus Teilaufgabe 1 b für die **Entfernung Erde – Sonne**:

$$a_E - 0{,}724\, a_E = \Delta s$$

$$0{,}276\, a_E = \Delta s$$

$$a_E = \frac{\Delta s}{0{,}276} = \frac{4{,}11 \cdot 10^7\, km}{0{,}276} = \underline{\underline{1{,}49 \cdot 10^8\, km = 1\, AE}}$$

d) Die **jährliche trigonometrische Parallaxe** benutzt die Lageveränderung sonnennaher Sterne vor dem weit entfernten Sternenhintergrund. Als Vermessungsgrundlinie verwendet man die große Halbachse a = 1 AE der Erdumlaufbahn. Abb. 2 kann man folgenden trigonometrischen Zusammenhang entnehmen (r: Entfernung Sonne–Stern):

$$\tan p = \frac{1\,\text{AE}}{r}$$

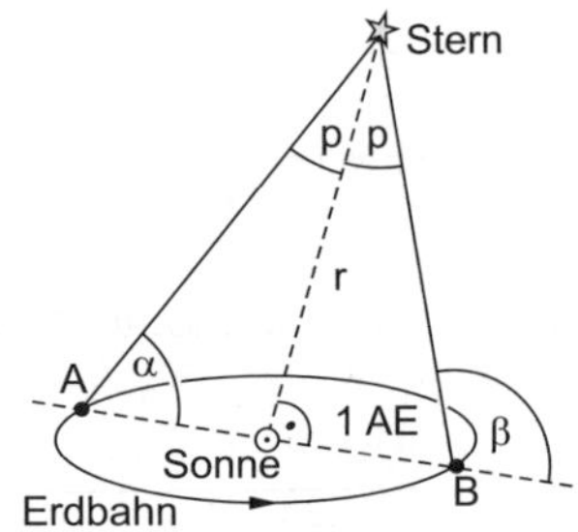

Abb. 2: Parallaxe

e) Mit der Parallaxenformel (Formelsammlung) $\frac{r}{1\,\text{pc}} = \frac{1''}{p}$ erhält man:

$$r_{max} = \frac{1''}{p_{min}}\,\text{pc} = \frac{1}{0{,}00001}\,\text{pc} = 0{,}1\,\text{Mpc} = \underline{\underline{3{,}26 \cdot 10^5\,\text{Lj}}}$$

f) **Möglichkeit 1: über Spektralklasse**
Man wertet das gemessene Sternspektrum aus, indem man die charakteristisch auftretenden Spektrallinien bestimmt. Sie erlauben einen Rückschluss auf die Spektralklasse (in Abb. 3 sieht man deutlich die Wasserstofflinien, der Stern gehört zur Spektralklasse A). Daraus lässt sich die Oberflächentemperatur abschätzen (hier ca. 10 000 K).

Abb. 3: Sternspektrum, optisch – Wega

Möglichkeit 2: über Wien'sches Verschiebungsgesetz
Würde die spektrale Verteilung der Intensität gemessen (z. B. mit einer CCD), kann aus der Wellenlänge λ_{max}, bei der die maximale Intensität vorliegt, die Oberflächentemperatur mit dem Wien'schen Verschiebungsgesetz $\lambda_{Max} \cdot T = b$ berechnet werden.

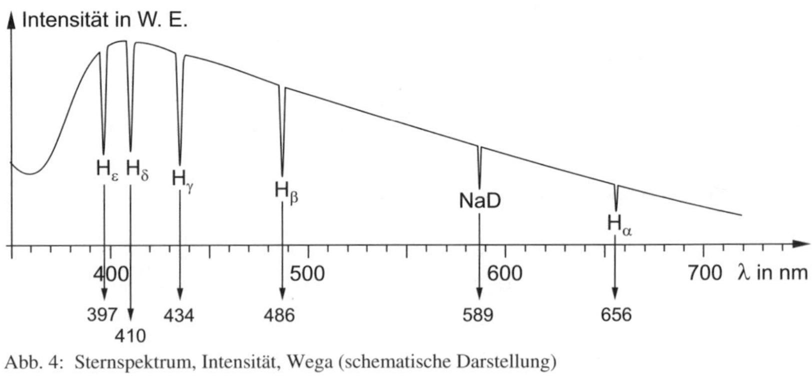

Abb. 4: Sternspektrum, Intensität, Wega (schematische Darstellung)

g) Man erstellt ein Hertzsprung-Russel-Diagramm mit der Oberflächentemperatur (Spektralklasse) als Abszisse und der absoluten Helligkeit als Ordinate. Zeichnet man den Hauptreihenstern bei der entsprechenden Oberflächentemperatur ein, lässt sich die absolute Helligkeit ablesen. Die scheinbare Helligkeit des Sternes kennt man aus der Beobachtung, sodass dann mithilfe des **Entfernungsmoduls** $m - M = 5 \lg \frac{r}{10\,\text{pc}}$ die Entfernung berechnet werden kann.

h) *Gegeben:* Cepheide mit $p = 127$ d, $m = 11{,}6$

Aus der Perioden-Leuchtkraftbeziehung von Leavitt erhält man die (mittlere) absolute Helligkeit

$$M = -1{,}67 - 2{,}54 \cdot \lg \frac{p}{1\,\text{d}} = -1{,}67 - 2{,}54 \cdot \lg 127 = -7{,}0.$$

Aus der absoluten und scheinbaren Helligkeit berechnet man mithilfe des Entfernungsmoduls die **Entfernung**:

$$m - M = 5 \lg \frac{r}{10\,\text{pc}}$$

$$\frac{1}{5} \cdot (11{,}6 - (-7{,}0)) = \lg \frac{r}{10\,\text{pc}}$$

$$\Rightarrow \quad r = 10^{3{,}72} \cdot 10\,\text{pc} = 5{,}25 \cdot 10^4\,\text{pc} = \underline{\underline{1{,}7 \cdot 10^5\,\text{Lj}}}$$

i) Für noch weiter entfernte kosmische Objekte verwendet man die **Hubblebeziehung** $v = H_0 \cdot r$. Nach Edwin Hubble bewegen sich alle Objekte von uns weg – je weiter entfernt, umso schneller.
Die Messung der Proportionalitätskonstanten H_0 liefert heutzutage einen Wert von ca. $74 \frac{\text{km}}{\text{s} \cdot \text{Mpc}}$. Durch Messung der Radialgeschwindigkeit v (z. B. über die Dopplerverschiebung der Spektrallinien) kann man die Entfernung bestimmen.

2. a) Mithilfe der Überlegung, dass der jeweilige Planet in der Zeit T den Weg eines vollen Umlaufs $s = 2\pi \cdot r$ zurücklegt, erhält man die entsprechenden Geschwindigkeiten:

$$v = \frac{2\pi \cdot r}{T}$$

In der erweiterten Tabelle sind die **Planetengeschwindigkeiten** eingetragen:

	Merkur	Mars	Jupiter	Saturn
Bahnradius r in 10^6 km	58	228	778	1 433
Umlaufzeit T in 10^6 s	7,6	59	374	930
Bahngeschwindigkeit v in $\frac{\text{km}}{\text{s}}$	48	24	13	9,7

Die Werte führen zu folgender **Rotationskurve**:

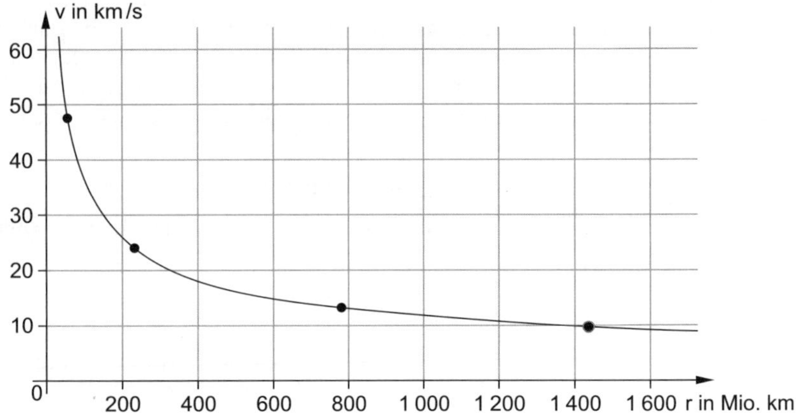

Abb. 5: Rotationskurve Sonnensystem

Der Ansatz Gravitationskraft = Zentralkraft führt zu:

$$G \cdot \frac{m \cdot M}{r^2} = m \cdot \frac{v^2}{r} \quad \Rightarrow \quad v = \sqrt{\frac{G \cdot M}{r}} \quad \Rightarrow \quad v \sim \sqrt{\frac{1}{r}}$$

b) Im Sonnensystem nimmt die Bahngeschwindigkeit mit zunehmendem Radius ab ($v \sim r^{-0,5}$), während in der Milchstraße die Geschwindigkeit zunächst zunimmt, um dann in größeren Entfernungen in etwa konstant zu werden.

c) Die Massenverteilung der Galaxis ist nicht zentrumsorientiert (obwohl die sichtbare Masse zentrumsorientiert aussieht). Es muss in den Außenbereichen viel mehr Materie anzutreffen sein, als man (optisch) sieht (dunkle Materie).

(Bitte blättern Sie um)